"十二五"职业教育国家规划教材修订版

国家职业教育应用电子技术专业教学资源库配套教材

icve 智慧职教 高等职业教育电类课程新形态一体化教材

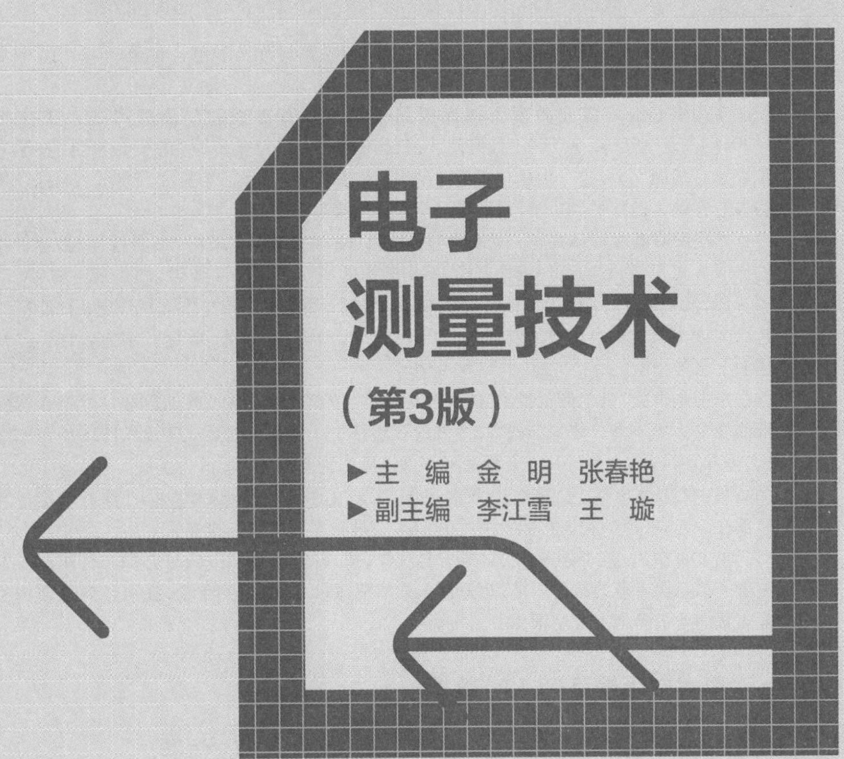

电子测量技术

（第3版）

▶主　编　金　明　张春艳

▶副主编　李江雪　王　璇

高等教育出版社·北京

内容提要

本书是国家职业教育应用电子技术专业教学资源库配套教材，也是“十二五”职业教育国家规划教材修订版。

应用电子技术专业教学资源库根据《职业教育专业教学资源库建设工作指南（2016）》相关要求，按照“一体化设计、结构化课程、颗粒化资源”的设计思路，在原有资源库运行基础之上，进一步优化了组库结构、完善了已有资源、丰富了资源类型，并以用户为中心完善了运行平台功能，从而提升了用户体验。

本次配套教材修订实现了互联网与传统教育的完美融合，采用“纸质教材+数字课程”的出版形式，以新颖的留白编排方式，突出资源的导航，扫描二维码，即可观看视频、动画等资源，随扫随学，突破传统课堂教学的时空限制，激发学生自主学习的兴趣，打造高效课堂。本书配套的数字化教学资源包括PPT、视频、动画、习题等，具体获取方式详见“智慧职教”服务指南。

本书是根据“电子测量技术”的课程标准编写的项目化教材，其深度和广度符合课程标准的要求。全书共分绪论与四章，主要内容包括电子测量与仪器的基础知识、单元电路测试、整机测试、综合测试和安全测试。本书以操作为基础，以项目为主线，有机地将电子产品测量中的技术参数、仪器选用、仪器操作、工艺文件、测量步骤和数据处理的理论与实践穿插在一起，相互映衬，在操作中学习理论，在理论学习中学会操作。

本书可作为高等职业院校、高等专科院校、成人高校、本科院校举办的二级职业技术学院电子信息类专业的教学用书，也适用于五年制高职、中职相关专业，还可作为社会相关从业人员的业务参考书及培训用书。

图书在版编目(CIP)数据

电子测量技术/金明，张春艳主编.--3版.--北京：高等教育出版社，2021.12

ISBN 978-7-04-053979-0

Ⅰ.①电… Ⅱ.①金… ②张… Ⅲ.①电子测量技术-高等职业教育-教材 Ⅳ.①TM93

中国版本图书馆CIP数据核字(2020)第056107号

电子测量技术(第3版)
DIANZI CELIANG JISHU

策划编辑 郑期彤　责任编辑 郑期彤　封面设计 赵 阳　版式设计 童 丹
插图绘制 于 博　责任校对 李大鹏　责任印制 韩 刚

出版发行	高等教育出版社	网　址	http://www.hep.edu.cn
社　址	北京市西城区德外大街4号		http://www.hep.com.cn
邮政编码	100120	网上订购	http://www.hepmall.com.cn
印　刷	北京印刷集团有限责任公司		http://www.hepmall.com
开　本	850mm×1168mm 1/16		http://www.hepmall.cn
印　张	15.75	版　次	2012年8月第1版
字　数	380千字		2021年12月第3版
购书热线	010-58581118	印　次	2021年12月第1次印刷
咨询电话	400-810-0598	定　价	43.80元

物 料 号　53979-00

“智慧职教”服务指南

“智慧职教”是由高等教育出版社建设和运营的职业教育数字教学资源共建共享平台和在线课程教学服务平台，包括职业教育数字化学习中心平台（www.icve.com.cn）、职教云平台（zjy2.icve.com.cn）和云课堂智慧职教App。用户在以下任一平台注册账号，均可登录并使用各个平台。

- 职业教育数字化学习中心平台（www.icve.com.cn）：为学习者提供本教材配套课程及资源的浏览服务。

登录中心平台，在首页搜索框中搜索“电子测试技术应用”，找到对应作者主持的课程，加入课程参加学习，即可浏览课程资源。

- 职教云（zjy2.icve.com.cn）：帮助任课教师对本教材配套课程进行引用、修改，再发布为个性化课程（SPOC）。

1. 登录职教云，在首页单击“申请教材配套课程服务”按钮，在弹出的申请页面填写相关真实信息，申请开通教材配套课程的调用权限。
2. 开通权限后，单击“新增课程”按钮，根据提示设置要构建的个性化课程的基本信息。
3. 进入个性化课程编辑页面，在“课程设计”中“导入”教材配套课程，并根据教学需要进行修改，再发布为个性化课程。

- 云课堂智慧职教App：帮助任课教师和学生基于新构建的个性化课程开展线上线下混合式、智能化教与学。

1. 在安卓或苹果应用市场，搜索“云课堂智慧职教”App，下载安装。
2. 登录App，任课教师指导学生加入个性化课程，并利用App提供的各类功能，开展课前、课中、课后的教学互动，构建智慧课堂。

“智慧职教”使用帮助及常见问题解答请访问 help.icve.com.cn。

出版说明

教材是教学过程的重要载体,加强教材建设是深化职业教育教学改革的有效途径,推进人才培养模式改革的重要条件,也是推动中高职协调发展的基础性工程,对促进现代职业教育体系建设,切实提高职业教育人才培养质量具有十分重要的作用。

为了认真贯彻《教育部关于"十二五"职业教育教材建设的若干意见》(教职成〔2012〕9号),2012年12月,教育部职业教育与成人教育司启动了"十二五"职业教育国家规划教材(高等职业教育部分)的选题立项工作。作为全国最大的职业教育教材出版基地,我社按照"统筹规划,优化结构,锤炼精品,鼓励创新"的原则,完成了立项选题的论证遴选与申报工作。在教育部职业教育与成人教育司随后组织的选题评审中,由我社申报的1 338种选题被确定为"十二五"职业教育国家规划教材立项选题。现在,这批选题相继完成了编写工作,并由全国职业教育教材审定委员会审定通过后,陆续出版。

这批规划教材中,部分为修订版,其前身多为普通高等教育"十一五"国家级规划教材(高职高专)或普通高等教育"十五"国家级规划教材(高职高专),在高等职业教育教学改革进程中不断吐故纳新,在长期的教学实践中接受检验并修改完善,是"锤炼精品"的基础与传承创新的硕果;部分为新编教材,反映了近年来高职院校教学内容与课程体系改革的成果,并对接新的职业标准和新的产业需求,反映新知识、新技术、新工艺和新方法,具有鲜明的时代特色和职教特色。无论是修订版,还是新编版,我社都将发挥自身在数字化教学资源建设方面的优势,为规划教材开发配备数字化教学资源,实现教材的一体化服务。

这批规划教材立项之时,也是国家职业教育专业教学资源库建设项目及国家精品资源共享课建设项目深入开展之际,而专业、课程、教材之间的紧密联系,无疑为融通教改项目、整合优质资源、打造精品力作奠定了基础。我社作为国家专业教学资源库平台建设和资源运营机构及国家精品开放课程项目组织实施单位,将建设成果以系列教材的形式成功申报立项,并在审定通过后陆续推出。这两个系列的规划教材,具有作者队伍强大、教改基础深厚、示范效应显著、配套资源丰富、纸质教材与在线资源一体化设计的鲜明特点,将是职业教育信息化条件下,扩展教学手段和范围,推动教学方式方法变革的重要媒介与典型代表。

教学改革无止境,精品教材永追求。我社将在今后一到两年内,集中优势力量,全力以赴,出版好、推广好这批规划教材,力促优质教材进校园、精品资源进课堂,从而更好地服务于高等职业教育教学改革,更好地服务于现代职教体系建设,更好地服务于青年成才。

高等教育出版社

国家职业教育应用电子技术专业教学资源库
配套教材编审委员会

序

为落实《教育部　财政部关于实施国家示范性高等职业院校建设计划加快高等职业教育改革与发展的意见》（教高〔2006〕14号）精神，深化高职教育教学改革，加强专业与课程建设，推动优质教学资源共建共享，提高人才培养质量，2010年6月，教育部、财政部正式启动了国家职业教育专业教学资源库建设项目，应用电子技术专业是首批立项的11个专业之一。

项目主持单位——湖南铁道职业技术学院，联合浙江金华职业技术学院、南京工业职业技术学院、成都航空职业技术学院、宁波职业技术学院、芜湖职业技术学院、威海职业学院、深圳职业技术学院、常州信息职业技术学院、南京信息职业技术学院、重庆电子工程职业学院、淄博职业学院等33所高职院校和伟创力珠海公司、西门子（中国）有限公司、株洲南车时代电气股份有限公司等30家电子行业知名企业，以及中国电子元器件行业协会等2家行业协会、高等教育出版社等2家资源开发及平台建设技术支持企业组成项目联合建设团队。聘请电子通信系统及控制系统领域统帅人物中国科学院、中国工程院院士王越教授担任资源库建设的首席顾问，聘请行业先进技术的企业专家、深谙教育规律的教育教学专家组成“企、所、校结合”的资源库建设指导小组把握项目建设方向，确保资源建设的系统性、前瞻性、科学性。

自项目启动以来，项目建设团队先后召开了20多次全国性研讨会议，以建设代表国家水平、具有高等职业教育特色的开放共享型专业教学资源库为目标，紧跟我国职业教育改革的步伐，确定了“调研为先、用户为本、校企合作、共建共享”的建设思路，依据“普适性+个性化”的人才培养方案，构建了以职业能力为依据，专业建设为主线，课程资源与培训资源为核心，多元素材为支撑的“四层五库”资源库架构。以应用电子技术专业职业岗位及岗位任务分析为逻辑起点开发了“电子电路的分析与应用”“电工技术与应用”“电子产品的生产与检验”“单片机技术与应用”“PCB板制作与调试”5门专业核心课程，“电子产品调试与检测”“EDA技术应用”“电子产品生产设备操作与维护”“传感器应用”“电气控制技术应用”“电子仪器仪表维修”“PLC技术应用”7门专业骨干课程；以先进技术为支撑建设了包括“课程开发指南”“课程标准框架”等2个课程开发指导性文件在内的课程资源库；开发了虚拟电子产品生产车间、电子电路虚拟实训室、虚拟电路实验实训学习平台、“单片机技术应用”项目录像和仿真学习包、智能测控电子产品实验系统、PCB制板学习包、电子产品生产设备操作与维护学习包7个标志性资源；以企业合作为基础，开发了师资培训包、企业培训包、学生竞赛培训包3个培训资源库；还构建了为课程资源库、培训资源库、标志性资源服务的专业建设标准库、职业信息库、素材资源库等大量资源和素材。目前应用电子技术专业教学资源库已在全国范围内推广试用，对推动专业教学改革，提高专业人才的培养质量，促进职业教育教学方法与手段的改革都起到了一定的积极作用。

本套教材是“国家职业教育应用电子技术专业教学资源库”建设项目的重要成果之一，也是资源库课程开发成果和资源整合应用的重要载体。五年来，项目组多次召开教材编写会议，深入研讨教学改革、课程开发、资源应用等方面的成果及经验总结，并集合全国教学骨干力量和企业技术核心人员成立教材编写委员会，以培养高素质的技能型人才为目标，打破专业传统教材框架束缚，根据高职应用电子技术专业教学的需求重新构架教材体系、设计教材体例，形成了以下四点鲜明特色：

第一，针对12门专业课程对应形成13本主体教材，教材内容按照专业顶层设计进行了明确划分，做到逻辑一致，内容相谐，既使各课程之间知识、技能按照专业工作过程关联化、顺序化，又避免了不同课程内容之间的重复，实现了顶层设计下职业能力培养的递进衔接。

第二，遵循工作过程系统化课程开发理论，突出岗位核心技术的实用性。整套教材是在对行业领域相关职业岗位群广泛调研的基础上编写而成的，全书注重专业理论与岗位技术应用相结合，将实际的工作案例引入教学，淡化繁复的理论推导，以形象、生动的例子帮助学生理解和学习。

第三，有效整合教材内容与教学资源，打造立体化、自主学习式的新型教材。在教材的关键知识点和技能点上，通过图标注释资源库中所配备的相应的特色资源，引导学习者依托纸质教材实现在线学习，借助多种媒体资源实现对知识点和技能点的理解和掌握。

第四，整套教材采用双色印刷，版面活泼、装帧精美。彩色标注，突出重点概念与技能，通过视觉搭建知识技能结构，给人耳目一新的感觉。

千锤百炼出真知。本套教材的编写伴随着资源库建设的历程，历时五年，几经修改，既具积累之深厚，又具改革之创新，是全国60余所高职院校的200余名骨干教师、40余家电子行业知名企业的20多名技术工程人员的心血与智慧的结晶，也是资源库五年建设成果的集中体现。我们衷心地希望它的出版能够为中国高职应用电子技术专业教学改革探索出一条特色之路，一条成功之路，一条未来之路！

国家职业教育应用电子技术专业教学资源库项目组

前　言

随着电子科技的迅猛发展，我国正在由世界加工大国转为自主创新大国。与之相适应，不可避免地需要大量的电子产品测量（调试）高级技术人员。为了配合我国的高职教育改革，培养面向生产、建设、服务和管理第一线需求的高技能人才，本书的编写引入企业技术标准，利用“校中厂”实习实训基地，采用工学交替形式，实施任务驱动、项目导向的教学模式。本书的特色是“以实用为基础，以够用为前提”“以技能训练为主导，以企业生产为背景”，通过典型电子产品的测试，系统地讲述了各种测量仪器的性能、结构、使用和测量数据处理，删除了繁琐的理论推导，代之以简单明了的实际操作方法，力求做到言之有理、言之有据、言之有用；操作明确、规范、易学。本书的宗旨是“以理论学习为基础，以技能培养为前提”，系统地培养学生的自学能力、查阅资料的能力和动手操作能力，力求做到使学生能学、会学、想学。

本书的编写与国家应用电子技术专业教学资源库紧密相连，内容编排采用以“模块”为主线，以“项目”为单元，学做结合的方式，避免了学生枯燥地学习理论或实习。全书共分绪论与四章，主要内容包括电子测量与仪器的基础知识、单元电路测试、整机测试、综合测试和安全测试。

为了充分体现任务引领、实践导向的课程思想，本书按照项目测试名称、测试指标、测试仪器的选用、测试仪器的使用、测试工艺过程和测试数据处理这一工作程序进行内容安排，体现了项目设计的先进性、实用性、科学性、产业特殊性和可操作性，图文并茂，易于接受。

本课程是学习电子装配工艺、电子线路等课程后的一门专业实践课，学生通过对熟悉的电子设备的测量（调试），能够更好地理解所学的理论知识，并掌握最基本的电子设备测量（调试）技术。

为了让读者更好地掌握本门课程的内容，高等教育出版社充分发挥在线教育方面的技术优势、内容优势，为读者提供一种“纸质图书+在线课程”的学习模式，依托高等教育出版社自主开发的在线教育平台——“智慧职教”（www.icve.com.cn），将更加优质、高效的数字化教学资源呈现给读者，为每位学习者提供完善的一站式学习服务。本书配套提供丰富的数字资源，包括 PPT、视频、动画、习题等，并在书中相应位置做了资源标记，读者可以登录“智慧职教”进行学习。对于视频、动画资源，书中还标注了二维码图标，读者可以通过手机等移动终端扫码观看。部分资源可发送电子邮件至 gzdz@pub.hep.cn 索取。

本书由南京信息职业技术学院金明、张春艳任主编，李江雪、王璇任副主编，由南京信息职业技术学院于宝明、胡小丽、俞金强、顾纪铭，四川信息职业技术学院贾正松与伊犁丝路职业学院杨军等多位教师，以及南京新联电讯仪器公司和宏图高科南京分公司多位企业人员共同编写完成。在编写过程中，得到了多位专家、教师、企业工程技术人员的指导，在此表示衷心的感谢。同时，对参考文献、网络文献的作者和资源库的建设者一并感谢，对关心、帮助本书编写、出版、发行的各位同志也表示感谢。

由于编者水平有限，书中难免有错误和不妥之处，恳请广大读者批评指正。

编者

2021 年 9 月

目 录

绪论 电子测量与仪器的基础知识 …… 1

一、电子测量的基本概念 …… 2

二、电子测量的特点和方法 …… 2

三、电子测量的误差和数据处理 …… 4

四、电子测量仪器 …… 5

知识小结 …… 8

习题 …… 8

第一章 单元电路测试 …… 9

引言 …… 10

项目 1-1 多级放大电路的测试——函数信号发生器的应用 …… 12

一、多级放大电路测试指标 …… 12

二、多级放大电路测试仪器选用 …… 13

三、多级放大电路测试过程 …… 18

知识小结 …… 25

习题 …… 25

项目 1-2 音频功率放大器的测试——毫伏表的应用 …… 27

一、音频功率放大器测试指标 …… 27

二、音频功率放大器测试仪器选用 …… 28

三、音频功率放大器测试过程 …… 37

知识小结 …… 45

习题 …… 45

项目 1-3 抢答器的测试——万用表的应用 …… 47

一、抢答器测试指标 …… 47

二、抢答器测试仪器选用 …… 47

三、抢答器测试过程 …… 54

知识小结 …… 61

习题 …… 61

项目 1-4 数字频率计的测试——数字(存储)示波器的应用 …… 62

一、数字频率计测试指标 …… 62

二、数字频率计测试仪器选用 …… 63

三、数字频率计的原理 …… 74

四、数字频率计测试过程 …… 76

知识小结 …… 82

习题 …… 82

第二章 整机测试 …… 85

引言 …… 86

项目 2-1 无线电收信机的测试——F40型函数信号发生器的应用 …… 88

一、无线电收信机测试指标 …… 88

二、射频电路频率特性测试仪器选用 …… 90

三、无线电收信机测试过程 …… 98

知识小结 …… 111

习题 …… 111

项目 2-2 F40 型函数信号发生器的测试——频谱分析仪的应用 …… 114

一、F40 型函数信号发生器测试指标 …… 114

二、F40 型函数信号发生器测试仪器选用 …… 115

三、F40 型函数信号发生器信号频谱测试过程 …… 124

知识小结 …… 133

习题 …… 133

项目 2-3 数字有线电视机顶盒的测试——D1660E68 型逻辑分析仪的应用 …… 136

一、数字有线电视机顶盒测试指标 …… 136

二、数字有线电视机顶盒测试仪器选用 …… 137

三、数字有线电视机顶盒测试过程 …… 143

知识小结 …… 151

习题 …… 152

第三章 综合测试 …… 153

引言 …… 154

项目 3-1 数传电台的测试——EE5113型无线电综合测试仪的应用 …… 155

一、数传电台测试指标 …… 155

二、数传电台测试仪器选用：EE5113 型无线电综合测试仪 …… 157

三、数传电台测试过程 …… 167

知识小结 …… 186

习题 …… 187

项目 3-2 低频函数信号发生器性能测试——虚拟仪器的应用 …… 188

一、低频函数信号发生器性能测试指标 …… 188

二、低频函数信号发生器性能测试仪器选用 …… 190

三、低频函数信号发生器性能测试过程 …… 197

知识小结 …… 206

习题 …… 206

第四章 安全测试 …… 209

引言 …… 210

项目 4-1 计算机机箱的接地电阻测试——接地电阻测试仪的应用 …… 212

一、计算机机箱接地电阻测试指标 …… 212

二、计算机机箱接地电阻测试仪器选用：CS2678X 型接地电阻测试仪 …… 213

三、计算机机箱接地电阻测试过程 …… 215

知识小结 …… 218

习题 …… 219

项目 4-2 计算机机箱的耐压测试——耐压测试仪的应用 …… 220

一、计算机机箱耐压测试指标 …… 220

二、计算机机箱耐压测试仪器选用：CS2670Y 型耐压测试仪 …… 221

三、计算机机箱耐压测试过程 …… 223

知识小结 …… 226

习题 …… 226

项目 4-3 计算机机箱的泄漏电流测试——泄漏电流测试仪的应用 …… 228

一、计算机机箱泄漏电流测试指标 …… 228

二、计算机机箱泄漏电流测试仪器选用：CS2675D 型灯具泄漏电流测试仪 …… 229

三、计算机机箱泄漏电流测试过程 …… 231

知识小结 …… 234

习题 …… 234

参考文献 …… 235

绪论

电子测量与仪器的基础知识

学习目标

电子测量分为广义的电子测量和狭义的电子测量，是指利用电子技术进行的测量。对非电量的测量属于广义电子测量的内容，可以通过传感器将非电量变换为电量后进行测量。狭义的电子测量是指对电子技术中各种电参量所进行的测量。测量所得的数据需要进行各种处理后才具有实际的作用。

绪论部分主要介绍电子测量的仪器与数据处理的方法，这是电子测量中最基本的内容，是电工电子类专业学生必备的知识和技能。

学习完本部分后，你将能够：

- 理解电子测量的基本概念和重要意义
- 了解电子测量的基本内容和基本方法
- 了解电子测量仪器的基本分类
- 了解电子测量仪器的使用原则
- 了解电子测量误差的概念、来源、分类和表示方法
- 了解电子测量数据的处理方法
- 了解电子测量仪器的发展趋势

一、电子测量的基本概念

1. 电子测量的定义

测量是通过实验方法对客观事物取得定量信息,也就是数量概念化的过程。通过测量能使人们对事物有定量的概念,从而发现事物的规律性。测量是用数字语言描述周围世界,揭示客观世界规律,进而改造世界的重要手段,所以测量在生活中必不可少。

广义地说,凡是利用电子技术的测量都称为电子测量,即以电子技术理论为依据,以电子测量仪器和设备为手段,对各种电量、电信号及电路元器件的特性和参数进行测量,还可以通过各种传感器对非电量进行测量,而测量的对象并不一定是电子线路,可以涉及物理、化学、生物、气象、地质等各种领域。

狭义地说,电子测量是指用电子线路制造的仪器对电子线路中各种电量和参数进行的测量,如对电流、电压、频率,以及对电路或元件的各种参数、指标等进行测量。

2. 电子测量的意义

电子测量是测量学的重要组成部分。电子测量涉及从直流到极宽频率范围内所有电量、磁量以及各种非电量的测量。如今,电子测量已成为一门发展迅速、应用广泛、精确度越来越高、对现代科学技术的发展起着巨大推动作用的独立学科。电子测量不仅应用于电学,也广泛应用于物理学、化学、光学、机械学、材料学、生物学、医学等科学领域以及生产、国防、交通、信息技术、贸易、环保、日常生活领域等各个方面。

电子测量在电子信息技术产业中的地位十分显著。电子信息技术产业的研究对象及产品都与电子测量紧密联系,从元器件的生产到电子设备的组装调试,从产品的销售到维护都离不开电子测量。如果没有统一和精确的电子测量,就无法对产品的技术指标进行鉴定,也就无法保证产品的质量。从某种意义上说,电子测量永远是电子技术中最尖端的领域,电子测量的水平是衡量一个国家科学技术水平的重要标志之一。

3. 电子测量的内容

电子测量是指对电子学领域内电参量的测量,其内容很多,大致如下。

① 电子元件和电路参数的测量:包括电阻、电容、电感、阻抗、品质因数、电子器件参数等的测量。

② 电能量的测量:包括电流、电压、功率、电场强度、电磁干扰、噪声等的测量。

③ 电信号特性和质量的测量:包括波形、频率、周期、时间、相位、失真度、调制度、逻辑状态、信噪比等的测量。

④ 电路性能的测量:包括增益、衰减、灵敏度、通频带、噪声系数、滤波器的截止频率和衰减特性等的测量。

⑤ 特性曲线的显示测量:包括幅频特性曲线、相频特性曲线、器件特性曲线等的显示测量。

二、电子测量的特点和方法

1. 电子测量的特点

与其他测量技术相比,电子测量具有以下几个明显的特点。

(1) 测量频率范围宽

电子测量的频率范围极宽,在目前的技术水平下,测量的频率范围是 $10^{-5}\sim10^{12}$ Hz。在不同的频率范围内,电子测量所依据的原理、使用的测量仪器、采用的测量方法也各不相同。

(2) 测量量程范围宽

由于可以使用电路对微弱的信号进行足够的放大,或对过大的信号进行衰减,电子测量的量程范围非常宽。例如,从宇宙飞船上发射到太空的信号功率通常低于 10^{-14} W,而远程雷达的发射功率可高达 10^{8} W,两者之比为 $1:10^{22}$。通常,一台测量仪器难以覆盖如此宽广的范围。但电子测量的这一特点,也要求电子测量仪器应具有足够的测量范围。

(3) 测量准确度高

测量准确度是决定测量技术水平和测量结果可靠性的关键。一般来说,电子测量的准确度比其他测量方法高得多。例如,长度测量的准确度最高为 10^{-8} 量级。而用电子测量方法对频率和时间进行测量时,由于采用原子频标和原子秒作为基准,通常测量准确度可达到 $10^{-14}\sim10^{-13}$ 量级。这一特点是电子测量在现代科学技术中广泛应用的原因之一。

(4) 测量速度快

电子测量是基于电子运动和电磁波传播的原理进行的,具有其他测量不能比拟的高速度,这也是它在现代科学技术中得到广泛应用的另一个原因。另外,现在的测量系统通过利用计算机和网络,能使电子测量、测量结果处理和传输都以极高的速度进行。

(5) 易于实现测量的自动化

电子测量的被测量和它所需要的控制信号都是电信号,非常有利于直接或通过模数转换与计算机相连接,实现自动记录、数据运算和分析处理,组成各种自动测试系统。

(6) 易于实现遥测

通过各种类型的传感器,采用有线或无线的方式,可以实现对人体不便于接触或无法达到的领域(如深海、地下、卫星、高温炉、核反应堆内等)进行远距离测量,即遥测。

电子测量除了具有以上的优点之外,还存在测量易受干扰、误差处理较为复杂等缺点。

2. 电子测量的方法

电子测量的方法多种多样,为了便于分析和研究,可根据被测信号特性将其分为以下几类。

① 时域测量:测量被测信号幅度与时间的函数关系。

② 频域测量:测量被测信号幅度与频率的函数关系。

③ 调制域测量:测量被测信号频率随时间变化而变化的特性。

④ 数据域测量:测量数字量或电路的逻辑状态随时间变化而变化的特性。

另外,还可以根据测量手段把电子测量的方法分为直接测量、间接测量和组合测量;根据测量的统计特性把电子测量的方法分为平均测量和抽样测量;根据被测量的状态把电子测量的方法分为静态测量和动态测量。在实际测量过程中,为了完成特定的电子测量任务,以上的多种测量方法是互相补充或者组合运用的。

在进行测量方法选择时,需要考虑被测量本身的特性、所要求的准确度、测量环境、现有测量设备等因素,选择正确的测量方法和合适的测量仪器。

三、电子测量的误差和数据处理

1. 电子测量的误差

进行测量的目的是想找出被测量的真实值,但由于测量仪器本身的不精确、测量方法的不完善、测量条件的不稳定,以及人员操作的失误等原因,会使测量值和真实值有差异,造成测量误差。测量误差是不可避免的,因此,研究误差的来源及其规律性,减小或尽可能消除误差,得到准确的测量结果非常重要。

由于测量时所依据的理论不严密或使用了不适当的简化,用近似公式计算测量结果所引起的误差,称为理论误差。由于测量方法不合理所引起的误差,称为方法误差。由于仪器本身及其附件性能不够完善所引起的误差,称为仪器误差。由于各种环境因素与要求的条件不一致所引起的误差,称为影响误差。由于测量者的素质,例如反应速度、分辨能力、视觉疲劳、固有习惯、责任心等因素所引起的误差,称为人为误差。

测量结果与被测量真实值之差称为误差。由于测量方法和使用仪表的不同,测量误差表示法多种多样,其中最基本的误差表示法是绝对误差和相对误差。

(1) 绝对误差

设对量 A 进行测量,其真实值为 A_0,而测量值为 A_x,则绝对误差的定义为

$$\Delta A = A_x - A_0$$

绝对误差 ΔA 的符号是正(负),表示测量值大(小)于真实值。事实上,由于微观量值的离散性和不确定性,绝对的真实值是不可测知的。所以,上式中的 A_0 总是用更高一级的标准仪器的测量值 A(称为标准值)来代替,于是,上式可写成

$$\Delta A = A_x - A$$

绝对误差的大小和符号分别表示示值偏离实际值的程度和方向,不能用它来说明测量的准确程度,描述测量的准确程度时,要使用相对误差的概念。

(2) 相对误差

绝对误差与标准值之比的百分数被定义为相对误差 γ,即

$$\gamma = \Delta A / A \times 100\% \approx \Delta A / A_x \times 100\%$$

相对误差 γ 要比绝对误差有更多的实用性,因为 γ 能表示出测量的精确程度。例如,测量 10 V 电压和测量 1 000 V 电压,设它们的绝对误差相等,都是差 1 V。但是,前者的相对误差是 10%,而后者是 0.1%,显然后者的测量精确度高得多。

根据测量误差的基本性质和特点,可以把误差分成三类:随机误差、系统误差和粗大误差。在相同条件下,多次测量同一量值时,绝对值和符号均以不可预定的方式变化的误差,称为随机误差。在测量条件不变或某些条件按一定规律变化,多次重复测量同一量值时,误差的绝对值和符号均保持恒定,或者某一条件改变时,误差按某种规律变化,这种误差称为系统误差。粗大误差主要是由于测量过程中的操作错误引起的,也称出现坏值。

测量误差是用以评价测量结果质量好坏(正确度、精密度和准确度)的标准。

2. 电子测量的数据处理

数据处理就是对测量的原始数据进行处理，得出被测量的最佳结果，并确定其精确度，分析和整理出科学结论，用一定的形式加以表述，或将数据绘制成曲线，或归纳成经验公式。

(1) 有效数字的处理

定义 n 位有效数字：一个 n 位有效数字前 $(n-1)$ 位是准确可靠的，而末尾一位是欠准的估计数。一般规定末位欠准数的误差不超过 ±0.5。从有效数字基本可估计出数据的误差。有效数字的位数与小数点无关，尾数是零也要写出，它表示测量精确到几位。在读取数据时，有效位数应与测量误差一致。

在处理测量数据的过程中，遇到一些数字的位数多于所需的有效位时，通常采用传统的四舍五入法来删除多余的数位。

在对测量数据进行运算时，运算结果的有效位数原则上等于参与运算的有效数字中有效位最少者的位数。但是，在实际计算中，对于一些重要数据的运算，为了提高运算精确度，一般都要多保留 1 位或 2 位有效位数。

(2) 绘制曲线

除了用数字表示测量结果外，通常也用曲线图表示测量结果。用曲线表示测量结果能比较形象、直观和清晰地反映测量结果所表达的物理特性。

根据测量数据绘制曲线，必须注意以下几点。

① 坐标分度值的稀密要恰当，要与仪表的分辨力吻合。若分度值太细，就会夸大测量的精确度；若太粗，就会影响原有精确度，增加制图误差。纵、横坐标比例不必取得一样，可根据具体情况而定。除了等分的线性坐标之外，也常用非线性的对数坐标。

② 在曲线弯曲变化快和曲线陡峭的地方，数据点必须取得密一些。在曲线的峰值和谷值处，应该取得峰值和谷值的数据，并画出峰值和谷值点。

③ 在实际测量中，由于随机误差的影响，数据出现分散性，如果直接把数据点连接起来，得不到一条光滑的曲线，而会成为折线或波动线。这时要设法对这些数据点进行平均化，使之变成一条光滑和均匀的曲线。简单的方法是：将数据点进行分组，估计出每组的几何中心，再连接这些中心，使其成为曲线。连接曲线点的时候，还必须很好地进行手工圆滑和均匀，才能得出平滑曲线。

四、电子测量仪器

测量仪器是将被测量转换成可供直接观察的指示值或等效信息的器具，包括各类指示仪器、比较仪器、记录仪器、传感器和变送器等。利用电子技术对各种被测量进行测量的设备，统称为电子测量仪器。

1. 电子测量仪器的分类

电子测量仪器品种繁多，有多种分类方法。按使用范围，电子测量仪器可分为专用仪器和通用仪器两大类。专用仪器是为特定目的而专门设计制造的，它只适用于特定的测量对象和测量条件。通用仪器的灵活性好、应用面广，按功能主要可以分为以下几类。

(1) 电源

用于为试验电路或设备提供电源。电源类仪器不是测量仪器，而属于提供测量环境的设备,在具体的测量中,采用合适的电源是保证测量正确进行的必要条件。常用的电源设备有直流稳压电源、交流稳压电源、跟踪电源等。

(2) 信号发生器

用于提供测量所需的各种波形的信号,如低频信号发生器、高频信号发生器、脉冲信号发生器、函数信号发生器和噪声信号发生器等。

(3) 信号分析仪器

用于观测、分析和记录各种电量的变化,包括时域、频域和数字域分析仪,如电压表、示波器、电子计数器、频谱分析仪和逻辑分析仪等。

(4) 网络特性测量仪器

用于测量电气网络的频率特性、阻抗特性等,如频率特性测试仪、阻抗测试仪和网络分析仪等。

(5) 电子元器件测试仪器

用于测量各种电子元器件的各种电参数或显示元器件的特性曲线等,如电路元件(R、L、C)测试仪、晶体管特性图示仪、集成电路测试仪等。

(6) 电波特性测试仪器

用于对电波传播、电磁场强度、干扰强度等参量进行测量,如测试接收机、场强测量仪、干扰测试仪等。

(7) 辅助仪器

用于配合上述各种仪器对信号进行放大、检波、衰减、隔离等,以便上述仪器更充分地发挥作用,如各种放大器、检波器、衰减器、滤波器、记录仪等。

2. 电子测量仪器的使用原则

电子测量仪器是精密仪器,要正确地使用才能保证仪器的正常工作而不至损坏,且能正确有效地获得测量结果。电子测量仪器的使用有三大原则。

(1) 安全使用原则

安全使用原则是指在使用电子测量仪器时,应充分考虑人身安全和仪器、被测量电路安全,避免安全事故。一般说来,安全使用原则具体如下。

① 安全用电原则。安全用电是仪器使用中首先要注意的,安全用电指不对人身、仪器和被测电路造成危害的用电方式,其重点是仪器的正确接地。

大多数仪器使用交流市电作为电源,这时要特别注意使用带地线的交流电,使仪器本身不带电,否则可能会造成人身安全,也有可能对仪器和被测电路造成危害。

接地时还要注意不能形成电路回路,有接地的仪器和与交流电源有热连接的被测电路时要特别注意这一点。

② 量程裕量原则。如果被测量超过仪器的量程,会给仪器带来不安全因素,严重时会损坏仪器,即使未给仪器造成损坏,也会导致性能下降。因此在使用时,仪器的量程应大于被测量,但不要过大,否则会导致测量精度下降。

一般来说,在不知被测量大致值的情况下,应首先选用仪器的高挡位,然后逐渐减小量程。

③ 降低冲击电流或瞬时高压的影响原则。在电源开、关的瞬间,或仪器接入电路的瞬间,电路中或多或少地都会产生冲击电流或瞬时高压,给电路或仪器造成危害,对

于含有电感和电容的电路更是如此。因此，在使用测量仪器时，应先分析被测电路；在接入测量仪器时，最好先将电路断电，最大限度地降低冲击电流或瞬时高压的影响。

④ 仪器和被测电路安全原则。一些测量仪器，如稳压电源、信号发生器等，会向电路提供电源或信号，如果提供的电源或信号超过电路的承受能力，也可能会对电路造成危害。因此在使用这些仪器时，应先分析电路，再选择合适的挡位。

在实际电路中，由于电路板的焊点很近或导线位置很近，测量时极易导致短路而损坏电路或仪器，因此在将仪器接入电路时，应先断开电路的电源，如果有大电容等储能元件，还应用安全的方法先将其中储存的电能放掉，再进行测量。

⑤ 正确运输和保管原则。仪器是精密设备，要正确地运输和保管才能保证其不致损坏和降低性能。一般说来，在运输、搬动及移动仪器时，应轻拿轻放，避免剧烈震动。在储放仪器时，应保持低湿度，同时避免高温和低温。储存室的地面和放置架应有防静电措施，并且储存室和使用仪器的实验室不能与避雷针的接地线过近。

(2) 正确测量原则

正确测量原则是指使用仪器时，应按规范要求和程序进行，以提高测量的精度，避免误差，如正确读数、正确选择量程等。

仪器的正确测量还包括测量的有效性，这主要应考虑频率范围和噪声等因素的影响。例如，使用万用表测量交流电压时，如果被测交流电的频率超过了万用表的最高测量频率，或信号不是正弦波，就会导致测量结果出现错误；在测量信号时，应保证测量信号比噪声信号强得多，否则会因噪声信号的影响而导致测量结果出现错误。

(3) 有效使用原则

仪器的精度是其最重要的指标之一，要保证仪器的有效使用，应定期对仪器进行校准。

3. 电子测量仪器的发展趋势

随着数字技术的发展，仪器的精度、分辨力与测量速度都提高了好几个量级，并为实现产品测试自动化打下了良好的基础，特别是计算机的引入，使仪器的功能发生了质的变化，从测量个别参量转变为测量整个系统的特征参数，从单纯的接受、显示转变为控制、分析、处理、计算与显示输出，从用单个仪器进行测量转变为用测量系统进行测量。总体来看，电子测量仪器的发展趋势主要表现在以下几方面。

第一，虚拟测量技术在电子测量设备中的应用呈增长趋势。使用虚拟测量技术软件对测量仪器中各类传感器件测得的数据进行处理，能提升测量数据的精度和准确度。

第二，安卓操作系统逐步进入电子测量仪器的操作系统构成中。安卓操作系统与其他操作系统分层的总体结构基本相同，又具有开放性，因此很容易被开发者用来进行新程序研发并运用在电子测量仪器的操作系统中。从传统的框架类操作系统转变为开放性的、非单一性的安卓操作系统也是智能电子测量仪器的一个发展特点。

第三，无线网络技术可以让现有的电子测量仪器脱离信号传输线的束缚，应用起来更为灵活方便，因此也成为测量仪器的发展趋势之一。

第四，理论研究将在新的测试理论和方法、相关测量及仪器标准、总线及结构、人工智能等方面重点开展。

第五，目前发展较快的电子测量技术有测控总线、数据处理、故障诊断与综合测试、光频标技术和高精度时域频域测试等。

第六，构建以矢量网络分析仪为核心的自动测量技术和自动测试系统成为矢量网络分析仪的一个重要发展方向。

第七，在设备生产技术的发展中将重点解决产品设计和过程监管模式问题，研究新型的仪用器件，研制高精度和高质量的仪器专用元器件、零部件和整机的质量检验设备，研究虚拟试验验证和工程化验证技术，研究先进的生产工艺和流程，研究对稳定性、可靠性、可维护性和可测性的新的评估方法，以及产品的标准化认证体制。

第八，对于电子测量仪器综合测试系统的研究重点包括综合测试系统的体系优化研究，测控系统的统一性和整体性技术研究，传感器信息处理和多传感器数据融合技术研究，大区域现场测试的分布式网络互联、触发、同步等技术研究，以及基于合成仪器与系统的可重构测控系统技术研究等多个方面。

知识小结

本部分对电子测量与仪器的基础知识做了简要的介绍。电子测量是利用电子技术进行的测量。电子测量广泛应用于电学、物理学、化学、光学、机械学、材料学、生物学、医学等科学领域以及生产、国防、交通、信息技术、贸易、环保、日常生活等各个方面。电子测量的内容包含电子学领域内各种电参量的测量。电子测量与其他测量技术相比具有明显不同的特点。电子测量方法多种多样，根据不同的特性，分类方法不同。

测量结果与被测量真实值之差称为误差。电子测量过程中误差是不可避免的，最基本的误差表示法是绝对误差和相对误差。得到测量数据之后要进行数据处理，即对测量的原始数据进行处理，得出被测量的最佳结果，并确定其精确度，以分析和整理出科学结论。

利用电子技术对各种被测量进行测量的设备，统称为电子测量仪器。电子测量运用的仪器多种多样，需要根据测量的目的选择适合的仪器。了解和认识了电子测量仪器的基本使用原则，才能正确有效地使用这些仪器。

习 题

1. 什么是测量？什么是电子测量？
2. 电子测量有何重要意义？
3. 电子测量的内容包含哪些？电子测量的特点是什么？
4. 电子测量怎样分类？
5. 什么是误差？电子测量中的误差怎样表示？
6. 进行电子测量之后怎样处理数据？
7. 电子测量仪器分为哪些类型？
8. 电子测量仪器的使用原则是什么？

第一章

单元电路测试

学习目标

单元电路测试是使用电子测量仪器对电子技术基础电路中的各种电参量进行的测量或测试，是综合测量电子产品性能的基本方法。

学习完本章后，你将能够：

- 了解单元电路测试方法的分类
- 理解静态测试的概念和测试方法
- 理解动态测试的概念
- 掌握多级放大电路、音频功率放大器、抢答器、数字频率计的测试方法
- 掌握函数信号发生器、毫伏表、万用表、数字(存储)示波器的使用方法

引 言

单元电路测试包括静态测试和动态测试。静态测试是指在没有外加信号的条件下测试电路中各点的直流工作电压与电流,如晶体管的静态工作点,将测得的数据与设计数据相比较,若超出规定的范围,应分析其原因,并做适当调整,直到符合设计要求为止。动态测试是指在加入信号(或自身产生信号)后,测量晶体管、集成电路等的动态工作情况,以及有关的波形、频率、相位、电路放大倍数,在这期间要通过调整相应的可调元件,使每项指标都符合设计要求。若经过静、动态测试后电路仍不能达到原设计要求,应深入分析测量数据,并做出修正。

1. 静态测试

晶体管、集成电路等有源器件都必须在一定的静态工作点下才能正常工作,电路才能有好的动态特性,所以在进行动态测试与整机调试之前必须要对各单元电路的静态工作点进行测试与调整,使其符合设计要求,以提高调试效率。

(1) 直流电路的测试

直流电路是最基本的电子电路,因此直流电路测试技术是调试人员应具备的最基本的技术。调试直流电路首先要对电路进行测试,而测试直流电路的基本依据是电路基本参数之间的关系,如欧姆定律、KVL、KCL 等。基本的直流电路有串联电路、并联电路和混联电路三种形式。利用电压表、电流表及相关电路的理论,这类测试是最基本的,如测量电压要将电压表并接在待测量的两端,测量电流要将电流表串接在回路中等,此处不做详述。

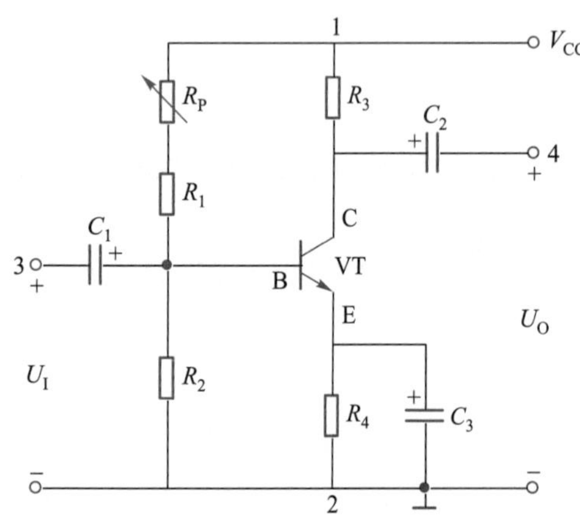

图 1.0.1 单管共射放大电路(NPN)

(2) 晶体管放大电路的静态测试

晶体管电路是电子设备中的常用电路,其功能多、分类广,下面以单管共射放大电路(NPN 型晶体管)为例,介绍其测试要点,如图 1.0.1 所示。将放大电路输入短路,即 3 与 2 之间用导线连接起来,用万用表的直流电压挡测出 V_B(B 点到地之间)、V_C(C 点到地之间)、V_E(E 点到地之间),用公式 $I_C=(V_{CC}-V_C)/R_3$ 和 $U_{CE}=V_C-V_E$ 计算出晶体管的静态工作点 I_C、U_{CE}。用 I_C、U_{CE} 的数值对晶体管的工作状态进行判别,判别的规律如下:若测得 V_C 等于电源电压 V_{CC} 或 $V_E=0$ 或 $I_C=0$,则说明晶体管工作于截止状态;若测得 U_{CE} 很小(小于 1 V),则说明工作点过高,晶体管工作于饱和状态或接近饱和状态。正常情况下,U_{BE} 约为 0.2 V(锗管)或 0.7 V(硅管),U_{CE} 约为 3 V 以上。在工作点测定完成后,将理论计算或图解法得到的值与测量值相比较,这时可能出现的情况有:工作点过低、工作点过高、工作点与理论值相差甚远。调整的方法是通过调节电位器 R_P,达到改变 I_B、I_C 及 U_{CE} 的目的,从而使其参数符合要求。

当然也可以通过测量晶体管集电极静态电流来确定工作点中的电流分量,测量方法有两种。

① 直接测量法：把集电极连接导线断开，然后串入万用表，用电流挡测其电流。不过在实际工作中很少使用这种方法，因为在已焊接好的电路中串接电流表是比较麻烦的，除非要精确测量其电流。

② 间接测量法：通过测量晶体管集电极电阻或发射极电阻上的电压，然后根据欧姆定律，计算出集电极静态电流。

(3) 集成电路的静态测试

集成电路是将晶体管、电阻器等元件及其相互间的连线集中制作于一块硅片上，并实现一定功能的电路。在电子设备的设计中，集成电路已占主导地位，其静态测试要点如下。

① 集成电路各引脚电位的测量：集成电路内的晶体管、电阻、电容都封装在一起，无法进行调整。一般情况下，集成电路各引脚对地电压基本上反映了其内部工作状态是否正常。在排除外围元件损坏（或插错元件、短路）的情况下，只要将所测得电压值与正常电压值进行比较，即可做出正确判断。

② 集成电路静态工作电流的测量：有时集成电路虽然正常工作，但发热严重，说明其功耗偏大，是静态工作电流不正常的表现，要测量其静态工作电流。测量时应断开集成电路供电引脚铜线，串入万用表，使用电流挡来测量；若是双电源供电（即正负电源），则必须分别测量。

(4) 脉冲与数字电路的静态测试

正常情况下，数字电路只有两种电平即高电平与低电平，对一系列的逻辑电路都有一套标准参数，都会给出输入、输出的高电平电压值和低电平电压值标准。以 74 系列 TTL 电路为例，其标准参数如下：

$U_{OH(min)}$　输出高电平下限 = 2.4 V

$U_{OL(max)}$　输出低电平上限 = 0.4 V

$U_{IH(min)}$　输入高电平下限 = 2.0 V

$U_{IL(max)}$　输入低电平上限 = 0.8 V

由此可见，该系列电路输出低电平时的电压应小于或等于 0.4 V，输出高电平时的电压应大于或等于 2.4 V。输出电压在 0.4~2.4 V 之间时电路状态是不稳定的，所以该电压范围是不允许的。假如调试过程中出现 0.4~2.4 V 的输出电压，说明电路有故障。对于不同类型的数字电路，其高低电平界限及电源供电电压有所不同，可通过查阅集成电路参数手册获取。

在测量数字电路的静态逻辑电平时，先按标准参数的要求，在输入端加入高电平或低电平，然后再测量各输出端的电压是高电平还是低电平，并做好记录；测量完毕后分析其状态电平，判断是否符合该数字电路的逻辑关系，若不符合，则要对电路引线做一次详细检查，或者更换该集成电路。因集成电路的引脚之间靠得很近，在测量集成电路的参数时，应特别注意不要让引脚短路，以免损坏集成电路或者导致测量结果不正确。

2. 动态测试

当单元电路通过了静态测试之后，就要通入信号进行动态测试，如发现有问题一般是由于电路级间耦合不良、信号传输不畅或振荡电路停振所引起的，此时就要根据测量结果逐级检查信号通道，分析信号参数的变化，根据实际情况进行处理。

项目 1-1 多级放大电路的测试
——函数信号发生器的应用

多级放大电路的测试

学习目标

多级放大电路是构成电子产品的基础电路。测试多级放大电路所需的最基本的测量仪器是函数信号发生器。函数信号发生器的基本功能是为被测电路提供各种标准信号(波形)。

学习完本项目后,你将能够:

- 理解函数信号发生器的工作原理和工作过程
- 掌握函数信号发生器的特性和性能参数
- 掌握函数信号发生器的使用方法
- 掌握函数信号发生器的使用注意事项
- 理解被测多级放大电路的技术指标
- 学会编制测试工艺文件

一、多级放大电路测试指标

课内阅读

多级放大电路的部分技术参数如表 1.1.1 所示。

表 1.1.1 多级放大电路的部分技术参数

序号	技术参数	要求
1	电压增益	60 dB
2	短期增益稳定度	±0.5 dB/min
3	幅率特性	0.001~100 kHz 内,输出电平偏差≤0.6 dB(以 1 kHz 为基准点)
4	过渡响应过程	500 kHz(上限转折频率)

讨论

① 电压增益:放大电路的一个重要的技术指标,表示放大电路对输入信号的放大能力,其定义为 $G_u=20\lg\frac{u_o}{u_i}=20\lg A_u$。增益的单位是分贝,用符号 dB 表示。

② 幅频特性:表示输出电平和标称电平之间的差值(单位为 dB)与频率(在恒定输入电平下)之间的关系。

③ 增益稳定度：在某段规定时间内，某个频率上的实际增益与其标称值之间的偏差。增益稳定度可分为短期增益稳定度（1 min 的量级）和长期增益稳定度（24 h 的量级）。

④ 输入/输出电平特性：在规定的输入电平范围内改变输入信号的电平，测量输出电平与输入电平的关系。

⑤ 输入阻抗：用来衡量放大器对信号源的影响程度。

⑥ 输出阻抗：用来衡量放大器带负载能力的强弱。

二、多级放大电路测试仪器选用

1. 仪器选择（如表 1.1.2 所示）

表 1.1.2 多级放大电路测试仪器选择

序号	测试仪器	数量	备注
1	函数信号发生器（如 EE1641B 型）	1	① 根据实际情况可选用指标相同或相近的仪器 ② 根据实际测试要求进行仪器选择
2	示波器（如 GOS-6021 型）	1	
3	直流稳压电源（如 YB1731A3A 型）	1	

2. 主要仪器介绍：EE1641B 型函数信号发生器

（1）面板结构

EE1641B 型函数信号发生器的面板图如图 1.1.1 所示。

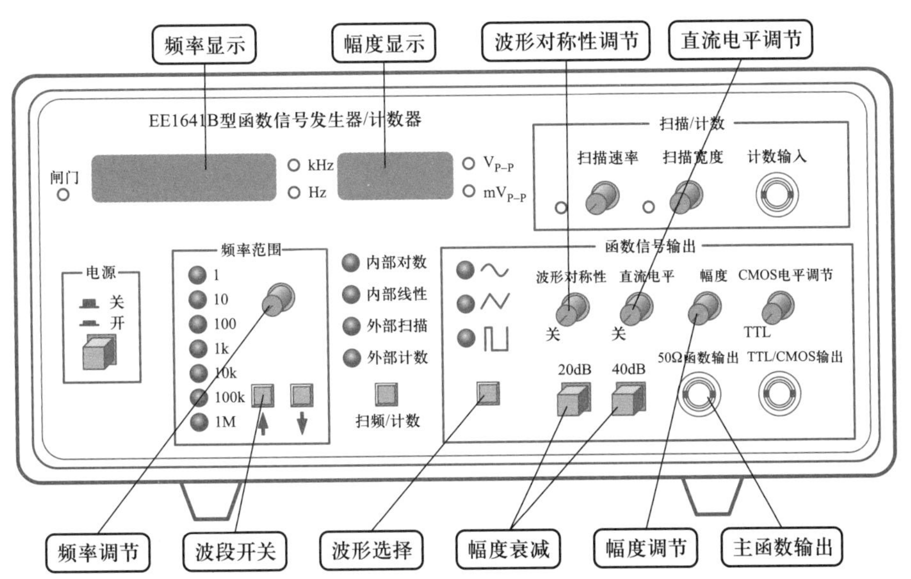

图 1.1.1 EE1641B 型函数信号发生器的面板图

① 波段开关：选择仪器 7 个波段中的任意一个波段。

② 频率调节旋钮：在同一波段范围内进行频率调节。

③ 函数信号输出幅度调节旋钮：函数信号幅度调节，调节范围为 2～20 V（1 MΩ 负载）或 1～10 V（50 Ω 负载）。这里的幅度是峰-峰值。

④ 函数信号输出幅度衰减开关："20 dB"和"40 dB"键均不按下，输出信号不经衰减，直接输出到插座口；"20 dB"或"40 dB"键分别按下，则输出信号分别衰减 20 dB 或 40 dB。

⑤ 函数信号输出波形选择按钮：可选择正弦波、三角波、方波输出。

⑥ 函数信号输出波形对称性调节旋钮：打开此旋钮，可改变输出信号的对称性，即方波变为脉冲波，三角波变为锯齿波。

⑦ 函数信号输出直流电平调节旋钮：打开此旋钮，为交流信号加载直流电平，调节范围为-5～+5 V（50 Ω 负载），当旋钮处于中心位置时为 0 V。

（2）主要性能指标（如表 1.1.3 所示）

表 1.1.3 EE1641B 型函数信号发生器主要性能指标

序号	性能指标	规格
1	频率范围	0.3 Hz～3 MHz，按十进制分类共分 7 挡
2	输出幅度	10 V_{P-P}（50 Ω）、20 V_{P-P}（1 MΩ）
3	输出衰减	0 dB/20 dB/40 dB/（20+40）dB
4	正弦波失真	≤2%
5	函数输出	（对称或非对称输出）正弦波、三角波、方波
6	输出阻抗	函数输出 50 Ω，TTL 同步输出 600 Ω
7	输出波形	正弦波、三角波、方波等 7 种波形
8	输出信号类型	单频扫描、扫频信号
9	扫频信号输出	内扫频方式有内部对数、内部线性，外扫频方式由 UCF 输入信号决定

（3）工作原理

函数信号发生器是一种多波形信号源，其工作频率可从几毫赫（mHz）直到几十兆赫（MHz）。函数信号发生器能产生某些特定的周期性时间函数波形，通常包括正弦波、方波和三角波，有的还可以产生锯齿波、矩形波（宽度和重复周期可调）、正负尖脉冲等；也能具有调频、调幅等调制功能。其可在生产、测试、仪器维修和实验时作为信号源使用，除工作于连续状态外，有的还能键控、门控或工作于外触发方式。函数信号发生器的电路形式多样，可以由单片集成函数信号发生器、运放及分立元件等构成，还可以采用直接数字频率合成技术。

① 由单片集成函数信号发生器构成。

EE1641B 型函数信号发生器是一款以单片机为核心的智能化函数信号发生器，具有连续信号、扫描信号、函数信号、脉冲信号等多种输出信号和外部测频功能。它主要

由两片单片机、单片集成函数信号发生器、宽带直流功率放大器、扫描电路、直流电源和数字显示屏等组成,其原理框图如图 1.1.2 所示。函数信号发生器工作时,由两片单片机进行协调管理,控制函数信号发生器产生的频率以及输出信号的波形,测量输出的频率以及输出信号的幅度并进行显示。

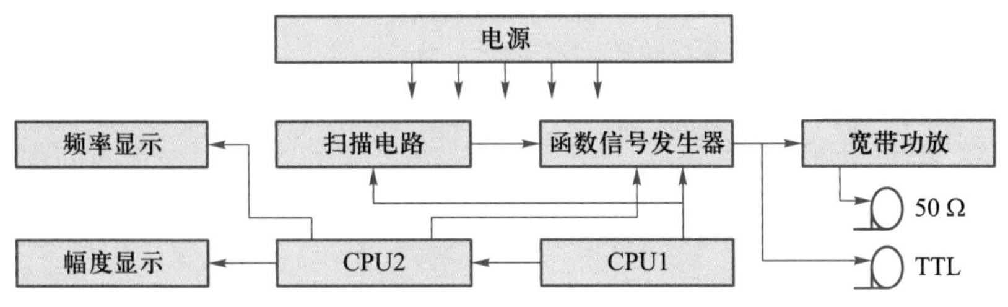

图 1.1.2 EE1641B 型函数信号发生器的原理框图

函数信号由专用的集成电路产生,扫描电路由多片运算放大器组成,宽带直流功率放大器能保证输出信号的带载能力,直流电源具有过电压、过电流、过热保护功能。

② 由运放及分立元件构成。

这类函数信号发生器的构成方案很多,通常有以下三种。

- 方波—三角波—正弦波函数信号发生器。

如图 1.1.3 所示,施密特触发器用来产生方波,它可由外触发脉冲来触发,也可由内触发脉冲发生器提供触发信号,这时输出信号频率由触发信号的频率决定。施密特触发器在触发信号的作用下翻转,并产生方波。方波信号送到积分器,通常积分器使用线性良好的密勒积分电路,于是在积分器输出端可得到三角波信号。调节积分时间常数 RC 值,可改变积分速度,即改变三角波的斜率,从而调节三角波的幅度。最后由正弦波形成电路产生正弦波,并经缓冲放大器输出。

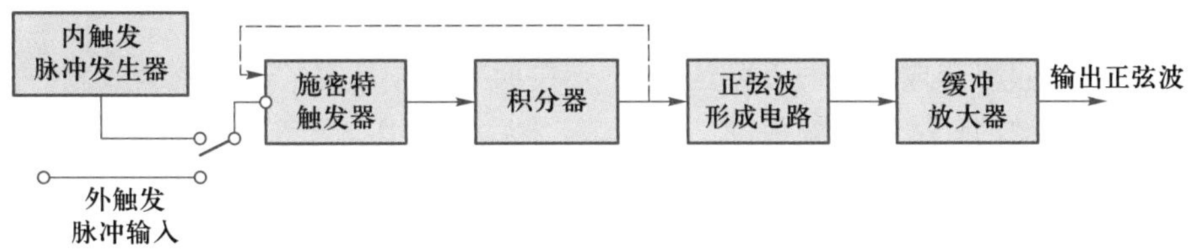

图 1.1.3 方波—三角波—正弦波函数信号发生器的原理框图

也可按图中虚线所示,将积分器输出的三角波信号反馈到施密特触发器的输入端,构成正反馈环,组成振荡器,这时工作频率由反馈决定。调节 RC 值可改变到达触发电平所需的时间,从而改变所产生的方波与三角波的频率,当 RC 数值很大时可获得频率很低的信号。

- 三角波—方波—正弦波函数信号发生器。

如图 1.1.4 所示,先由三角波发生器产生三角波,然后经方波形成电路产生方波,或经正弦波形成电路产生正弦波,最后经缓冲放大器输出所需信号。虽然方波可由三角波通过方波形成电路产生,但在实际中,三角波和方波是难以分开的,方波形成电路通常是三角波发生器的一部分。

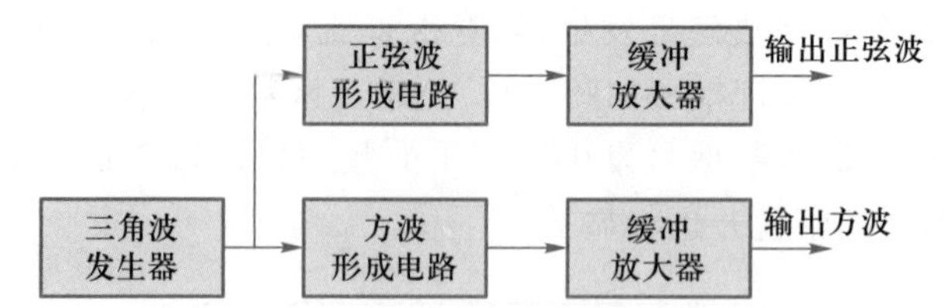

图 1.1.4 三角波—方波—正弦波函数信号发生器的原理框图

- 正弦波—方波—三角波函数信号发生器。

如图 1.1.5 所示,先由正弦波发生器产生正弦波,然后经微分电路产生尖脉冲,用脉冲触发方波形成电路产生方波,经三角波形成电路产生三角波,最后经缓冲放大器输出所需信号。

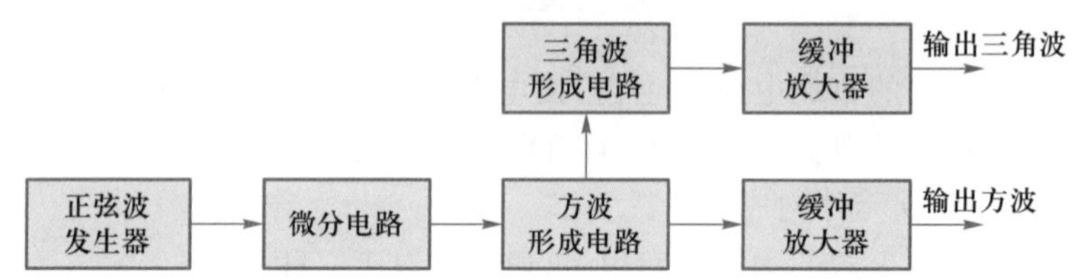

图 1.1.5 正弦波—方波—三角波函数信号发生器的原理框图

③ 采用直接数字频率合成技术。

现代电子测量对信号源频率准确度、稳定度的要求越来越高。信号源的输出频率准确度、稳定度很大程度上取决于主振荡器的频率稳定度,频率合成技术解决了频率稳定度问题。频率合成技术的发展大致分为三个阶段:第一阶段是直接频率合成技术,第二阶段是锁相频率合成技术,第三阶段是直接数字频率合成(DDS)技术。直接频率合成技术是通过对频率的加、减、乘、除运算来实现频率合成,直接数字频率合成技术则是通过对相位的运算进行频率合成。

直接数字频率合成技术的思路是,按一定的时钟节拍从存放有正弦函数表的 ROM 中读出这些离散的代表正弦幅值的二进制数,然后通过 D/A 转换并滤波,得到一个模拟的正弦波波形,改变读数的节拍频率或者取点的个数,就可以改变正弦波的频率。其工作原理框图如图 1.1.6 所示。

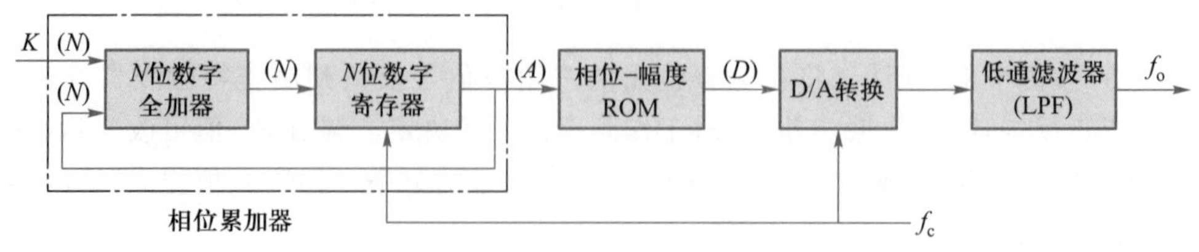

图 1.1.6 DDS 工作原理框图

图中,K 为频率控制字,也称为相位步进码,寄存器每接收一个时钟 f_c,它所存的数就增加 K,此数对应的地址代表了相位,通过读取该地址(相位)对应的(正弦)幅度二进制数,并通过 D/A 转换和滤波,即可获得一个连续变化的正弦波。图 1.1.7 所示为正弦波相位-幅度关系图。

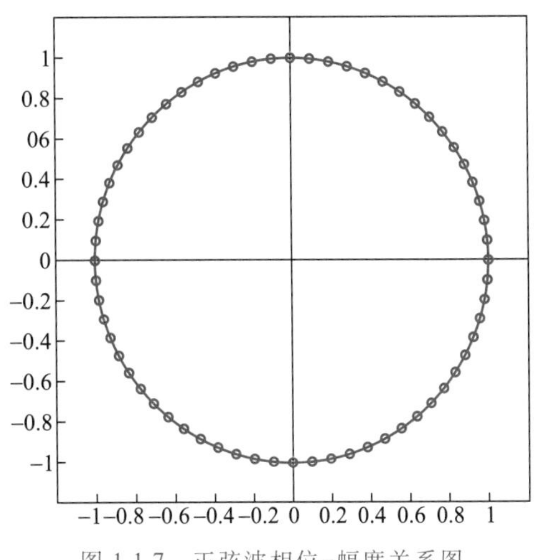

图 1.1.7 正弦波相位-幅度关系图

由此可知，寄存器每接收一个时钟，相位增加 $\Delta\varphi=\frac{2\pi}{2^N}K$

输出信号周期 $T_o=T_c\frac{2\pi}{\Delta\varphi}=\frac{2^N}{K}T_c$

输出信号频率 $f_o=\frac{K}{2^N}f_c$

直接数字频率合成技术的特点如下：

a. 改变时钟频率 f_c 和频率控制字 K，就可改变输出信号频率。

b. 频率范围宽，$K=1$ 时，最低输出频率 $f_{omin}=f_c/2^N$，最高输出频率 $f_{omax}=f_c/2$，根据取样定理，DDS 的最高输出频率应小于 $f_c/2$，实际应用中一般只能达到 $40\%\times f_c$。

c. 频率分辨力高（由相位累加器的位数 N 来保证其分辨力）。

d. 方便进行数字调制。

e. 易实现任意函数输出。

操作

（4）使用方法

50 Ω 主函数信号输出的使用方法如下：

① 使用与 50 Ω 输出阻抗相匹配的测试电缆，由前面板“50 Ω 函数输出”端口输出函数信号。

② 由波段开关选定输出函数信号的频段，由频率调节旋钮调整输出信号频率，直到所需的工作频率值。

③ 由函数信号输出波形选择按钮选定输出函数的波形，分别获得正弦波、三角波、方波。

④ 由函数信号输出幅度调节旋钮和幅度衰减开关调节输出信号的幅度。

⑤ 由函数信号输出直流电平调节旋钮选定输出信号所携带的直流电平。

⑥ 由函数信号输出波形对称性调节旋钮改变输出脉冲信号占空比，若输出波形为

视频
EE1641B 型函数信号发生器的使用

三角波或正弦波，可将三角波调整为锯齿波，将正弦波调整为正半周与负半周分别为不同角频率的正弦波形，且可移相 180°。

三、多级放大电路测试过程

1. 多级放大电路的工作原理

多级放大电路是指由两个或两个以上的单级放大电路所组成的电路。其中，各级放大电路输入和输出之间的连接方式称为耦合方式。常见的耦合方式有三种：阻容耦合、直接耦合和变压器耦合。其中直接耦合方式具有良好的低频特性，可以放大变化缓慢的信号。

图 1.1.8 所示为直接耦合式两级放大电路，由三个运放电路组成。其中，运放 A_1、A_2 为同相输入方式，增益都是 30 dB。同相输入可以大幅度提高电路的输入阻抗，减少电路对微弱输入信号的衰减。运放 A_3 为积分电路，作用是消除运放 A_1、A_2 的直流失调漂移。当开关处于 ON 状态时，此电路为交流放大电路；当开关处于 OFF 状态时，此电路为直流放大电路。

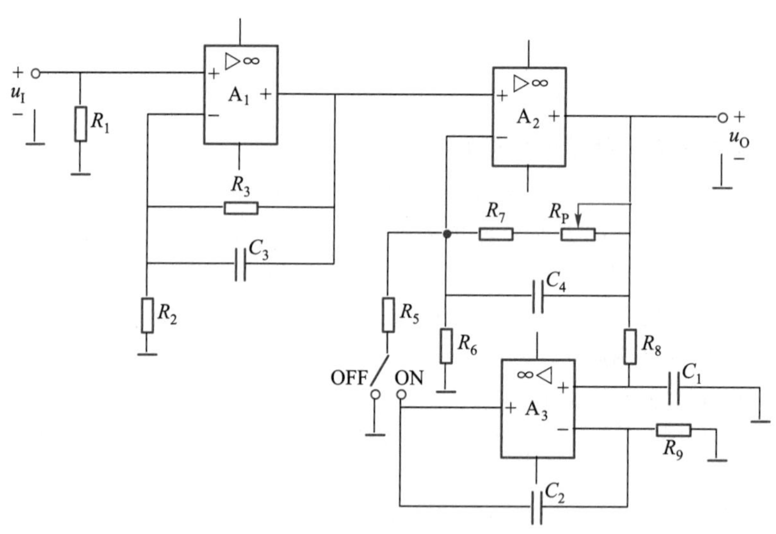

图 1.1.8 直接耦合式两级放大电路

2. 多级放大电路的测试

操作

多级放大电路的测试

(1) 测试准备

① 先仔细检查电源电压是否符合本仪器的电压工作范围，确认无误后方可将电源线插入本仪器后面板的电源插座内；仔细检查测试系统电源情况，保证系统间接地良好，仪器外壳和所有的外露金属均已接地；在与其他仪器相连时，各仪器间应无电位差。仪器开机预热 10 min。

② 函数信号发生器自检。

③ 示波器前期准备工作。

a. 打开电源,检查辉度和聚焦。

b. 将示波器的一个探头地线与电路地线连接好。

c. 同时将两个探头接信号源,让示波器双踪显示,检查屏幕上波形是否正确。

d. 给两个探头上都夹上一个短硬导线,导线头裸露 1 cm 左右。

e. 将其中通道 1 的探头信号端拿在手上,含硬导线。注意不要让导线脱离示波器探头,应该习惯于用导线去接被测信号。

f. 最终的工作状态是:示波器两个通道都正常,通道 1 的地线与电路地线牢靠接触,通道 1 的信号端含一个导线,通道 2 的信号端也含导线,备用。

④ 根据被测电路指标,进行仪器面板调节。

⑤ 准备多级放大电路的测试工艺文件,如表 1.1.4 所示。

⑥ 按图 1.1.9 所示测试电路。

(2) 测试步骤

测试线路和仪器连接如图 1.1.9 所示。

① 测量电压增益。

调节函数信号发生器的幅值使示波器的读数为 5 mV_{P-P}。把示波器的另一个通道接在输出端,并接入 600 Ω 负载,观察输出波形不失真。用示波器测量此时输出电压的峰-峰值,并记下输出电压为________ V_{P-P}。断开负载电阻使放大电路空载,用示波器测量输出电压的峰-峰值,计算放大器的电压放大倍数 A_u 为________。

② 短期增益稳定度测试。

在放大电路输入端输入 1 kHz、5 mV_{P-P}的正弦信号,并用示波器测量输出信号的幅值,以示波器读数为准。然后开始计时 1 min,在此期间,用示波器观察输出信号的幅值变化,并记下最大变化量为________。将信号频率分别改为 0.5 kHz、10 kHz,重复以上步骤并记下每次的最大变化量为________、________。

③ 幅频特性测试。

采用逐点法测量。在放大电路输入端输入 5 mV_{P-P} 的正弦信号,并用示波器观察输入、输出波形,调节信号频率,使输出频率在 0.02~100 kHz 之间变化。用示波器观察输出电压的变化。

④ 观察过渡响应过程。

a. 在放大电路输入端加入 100 kHz 的方波信号,用示波器观察输出电压波形,逐渐加大输入信号的幅度,使多级放大器的输出为 5 V_{P-P},记录下此时的输出波形与信号的上升时间,由公式 $f_1 = 0.35/t_r$(上升时间),计算上限转折频率 f_1 =________。

b. 在放大电路输入端加入 100 kHz 的方波信号,用示波器观察输出电压波形,逐渐加大输入信号的幅度,使多级放大器的输出为 10 V_{P-P},记录下此时的输出波形与信号的上升时间,由公式 $f_1 = 0.35/t_r$(上升时间),计算上限转折频率 f_1 =________。

c. 在放大电路输入端加入 100 kHz 的方波信号,用示波器观察输出电压波形,逐渐加大输入信号的幅度,使多级放大器的输出为 20 V_{P-P},记录下此时的输出波形与信号的上升时间,由公式 $f_1 = 0.35/t_r$(上升时间),计算上限转折频率 f_1 =________。

表 1.1.4 多级放大电路测试工艺文件

技 术 条 件

1. 技术要求

1.1 工作温度：-5～+50 ℃保证指标

1.2 储存温度：-40～+70 ℃应无损坏

1.3 工作频带：0.001～100 kHz

1.4 电压增益：60 dB

1.5 幅频特性：0.001～100 kHz 内，输出电平偏差≤0.6 dB（以 1 kHz 为基准点）

1.6 短期增益稳定度：0.001～100 kHz 内，1 分钟输出电平偏差≤±0.5 dB

1.7 阻抗：输入阻抗 100 kΩ，反射衰耗≥20 dB

输出阻抗 1 Ω，反射衰耗≥18 dB

1.8 最大输出电压：10 V

1.9 波形：输入正弦波，输出应为正弦波，无寄生振荡

2. 试验方法

2.1 测试仪器和设备

直流稳压电源（±15 V，1 A）	1 台
函数信号发生器（0.3 Hz～3 MHz）	1 台
20 MHz 示波器	1 台

2.2 测试条件

2.2.1 环境温度：0～35 ℃。

2.2.2 相对湿度：45%～85%。

2.3 测试时注意事项

2.3.1 不允许带电插拔。

2.3.2 测试时必须用同轴线。

2.3.3 电源±15 V 必须同时加电，不允许缺+15 V 或缺-15 V。

2.3.4 接通电源，先预热 15 min 左右。

2.3.5 函数信号发生器自检，示波器做前期准备工作。

2.4 测试步骤

根据图 1.1.9 所示连接好电路。

旧底图总号								
				标记	数量	更改单号	签名	日期
底图总号		拟制		多级放大电路测试工艺	×××2.×××			
		审核						
		工艺			阶段标记		第 1 张	共 2 张
日期	签名							
		标准化						
		批准						

格式（4） 描图： 幅面：

续表

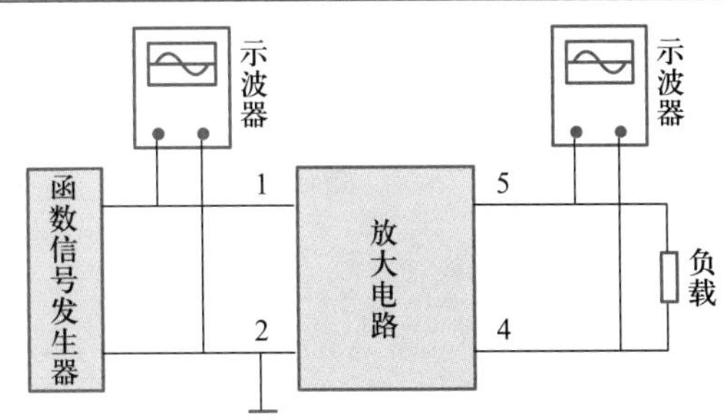

图 1.1.9 测试电路连线图

2.4.1 加直流电压，进行直流失调电压调整：

不加输入信号，加±15 V、+5 V 直流电压。

① 作为直流放大器使用时的直流失调电压的调整。

② 作为交流放大器使用时的直流失调电压的调整。

2.4.2 电压增益测试：

① 调节函数信号发生器，输出频率为 1 kHz、幅值为 5 mV_{P-P}的正弦信号，并用示波器观察，以示波器读数为准。

② 用示波器观察输出波形，以不失真为准。用示波器测量此时输出电压。

③ 断开负载电阻使放大电路空载，重复步骤①、②。

2.4.3 短期增益稳定度测试：

① 调节函数信号发生器，输出频率为 1 kHz、幅值为 5 mV_{P-P}的正弦信号，并用示波器测量输出信号的幅值，以示波器读数为准。

② 计时 1 min，用示波器测量输出信号的幅值，输出电平偏差应该小于 0.5 dB。

③ 改变信号的频率、幅值，重复步骤①、②，输出电平偏差应该小于 0.5 dB。

2.4.4 幅频特性测试：

采用逐点法或扫频法进行测量。本次选用逐点法测量：

① 调节函数信号发生器，输出幅值为 5 mV_{P-P}的正弦信号，并用示波器观察，以示波器读数为准。

② 调节函数信号发生器，使输出信号频率在 0.02~100 kHz 变化。用示波器观察输出电压的变化。输出电平偏差应该小于 0.6 dB。

2.4.5 过渡响应过程测试：

在放大电路输入端加入 100 kHz 的方波信号；用示波器观察输出电压波形，逐渐加大输入信号的幅度，使多级放大器的输出为 10 V_{P-P}，测量信号的上升时间，由公式 $f_1=0.35/t_r$（上升时间）得到上限转折频率 f_1，应在 500 kHz 左右。

改变输入信号的幅度，使多级放大器的输出为 5 V_{P-P}、20 V_{P-P}，重复测试步骤。

2.4.6 波形：输入正弦波，输出应为正弦波，无寄生振荡。

媒体编号
旧底图总号
底图总号

							拟 制		×××2.×××
日期	签名						审 核		
							工 艺		
		标记	数量	更改单号	签名	日期	标准化		第 2 张

格式（4a） 描图： 幅面：

(3) 测试报告(记录与数据处理)

多级放大电路测试记录

测试日期:________________ 测试人:________________

1. 电压增益

指标要求/dB		60	
负载情况		接入负载	空载
电压增益/dB (输入信号频率为 1 kHz、幅值为 5 $mV_{p\text{-}p}$)	常温		
	高温		
	检验		

2. 增益稳定度

指标要求/dB		偏差≤0.5		
输入信号频率/kHz		0.5	1	10
增益稳定度/dB (输入信号幅值为 5 $mV_{p\text{-}p}$)	常温			
	高温			
	检验			

3. 幅频特性

指标要求/dB		偏差≤0.6									
输入频率/Hz		20	40	60	80	100	200	400	600	800	1 000
幅频特性/dB (输入信号幅值为 5 $mV_{p\text{-}p}$)	常温										
	高温										
	检验										

指标要求/dB		偏差≤0.6									
输入频率/kHz		2	3	4	5	6	7	8	10	20	30
幅频特性/dB (输入信号幅值为 5 $mV_{p\text{-}p}$)	常温										
	高温										
	检验										

指标要求/dB		偏差≤0.6									
输入频率/kHz		40	50	52	54	56	60	70	80	90	100
幅频特性/dB（输入信号幅值为 5 mV_{P-P}）	常温										
	高温										
	检验										

4. 过渡响应过程

输出为 10 V_{P-P}时，上升时间为________；输出为 5 V_{P-P}时，上升时间为________；输出为 20 V_{P-P}时，上升时间为________。

指标要求/kHz		约 500		
输出幅值/V_{P-P}		5	10	20
上限转折频率/kHz（输入信号为频率 100 kHz 的方波）	常温			
	高温			
	检验			

在方框中画出输出为 20 V_{P-P}时的过渡响应过程曲线：

课外阅读

EE1641B 型函数信号发生器的其他功能

EE1641B 型函数信号发生器的 TTL/CMOS 信号、扫频信号输出相关面板如图 1.1.10所示。

（1）TTL 脉冲信号输出

① 除信号电平为标准 TTL 电平外，其频率调节操作均与主函数信号输出一致。

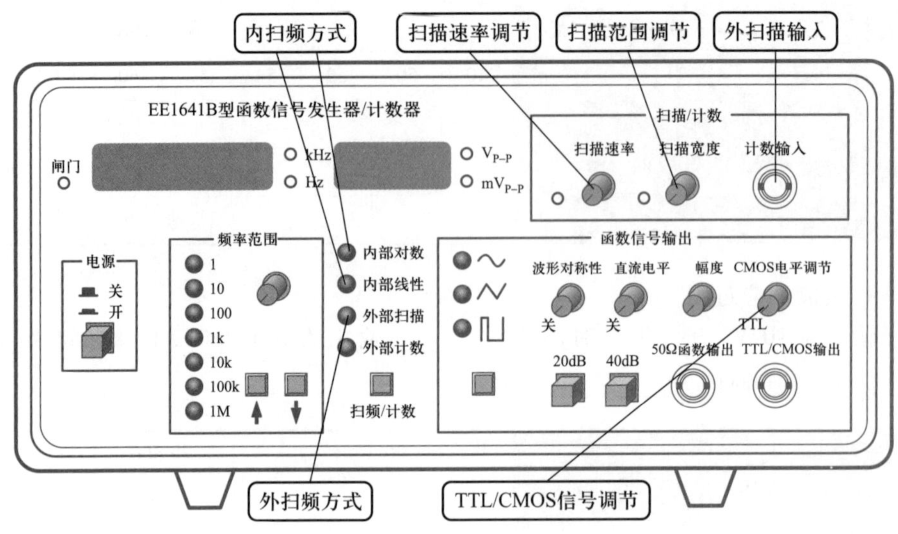

图 1.1.10 TTL/CMOS 信号、扫描信号输出相关面板

② 通过测试电缆，由“TTL/CMOS 输出”端口输出 TTL 脉冲信号。

(2) 扫频信号输出

这里主要介绍内扫频信号输出。

① 使用“扫频/计数”按钮选择内扫频方式(“内部线性”或“内部对数”)。

② 分别调节“扫描宽度”旋钮和“扫描速率”旋钮获得所需的扫频信号输出。

③ “50 Ω 函数输出”端口和“TTL/CMOS 输出”端口均能输出相应的内扫频信号。

(3) 计数器功能

计数器功能相关按键与旋钮如图 1.1.11 所示。

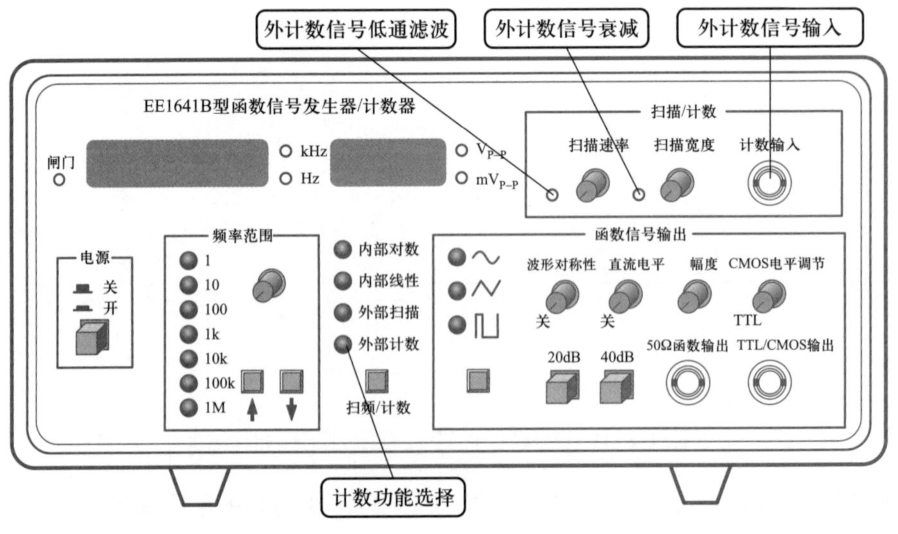

图 1.1.11 计数器功能相关按键与旋钮

① 使用“扫频/计数”按钮选择“外部计数”方式。

② 将“扫描宽度”旋钮和“扫描速率”旋钮左旋到底，使绿灯亮；此时这两个旋钮的功能分别为外计数信号衰减和外计数信号低通滤波。

③ 信号从“计数输入”端输入，经过滤波或“20 dB”衰减，进入测量系统。

④ 在频率窗口显示测量结果。

注　意

滤波器截止频率约为 100 kHz，因此对于 100 kHz 以下频率的信号，测量时必须滤波。

知识小结

在实际工作中，为了放大非常微弱的信号，需要把若干个基本放大电路连接起来，组成多级放大电路，以获得更高的放大倍数和功率输出。多级放大电路内部各级之间的连接方式称为耦合方式。常用的耦合方式有三种，即阻容耦合方式、直接耦合方式和变压器耦合方式。多级放大电路的主要技术参数是用来衡量放大器性能的，包括电压增益、幅频特性、增益稳定度、输入/输出电平特性、输入阻抗、输出阻抗等。

函数信号发生器是一种能够产生正弦波、方波、三角波、锯齿波等多种波形的信号发生器。它的主要性能指标有频率范围、输出幅度、输出衰减、正弦波失真、函数输出、输出阻抗等。按信号产生的方法不同区分，有单片集成函数信号发生器型、运放及分立元件型及直接数字频率合成技术型等。

EE1641B 型函数信号发生器是一款以单片机为核心的智能化函数信号发生器，具有连续信号、扫描信号、函数信号、脉冲信号等多种输出信号和外部测频功能。

本项目的主要工作任务是完成对直流耦合式两级放大电路性能的测试。通过测试，学生能够熟练掌握函数信号发生器和示波器的使用方法，加深对函数信号发生器内部结构与工作原理的理解，熟悉分贝等概念，熟悉放大电路主要参数含义以及测量方法，提高实践能力。

习　题

（一）理论题

1. 阐述信号发生器的三大性能指标。
2. 函数信号发生器的构成方案通常有哪几种？
3. 某放大电路的放大倍数为 1 000，试计算其增益是多少？
4. 阐述 dB、dBm、dBV、dBμV 之间的区别？
5. EE1641B 型函数信号发生器提供 50 Ω 函数信号输出，其中 50 Ω 的含义是什么？
6. 说明直接数字频率合成技术的原理。
7. 下列说法正确的是（　　）。

A. 采用频率合成技术可以把信号发生器的频率稳定度和准确度提高到与基准频率相同的水平

B. 高频信号发生器只能输出等幅高频正弦波

C. 低频信号发生器的指示电压表的示数就是它输出电压的实际值

D. 脉冲信号的上升时间是指脉冲幅度从零上升到满幅度值所需的时间

8. 简述多级放大电路的耦合方式,并说明各种耦合方式的优缺点。

(二)实践题

1. 画出多级放大电路的幅频特性曲线。

2. 当电路作为直流放大电路,输入信号为 5 mV 时,电路的增益是________。

3. 简单叙述多级放大电路输入、输出阻抗的测量方法。

项目 1-2　音频功率放大器的测试
——毫伏表的应用

音频功率放大器的测试

学习目标

音频功率放大器也是构成电子产品的基础电路。测试音频功率放大器所需的最基本的测量仪器是毫伏表。毫伏表的基本功能是测量正弦电压的交流电压值，主要用于测量毫伏级以下的交流电压。

学习完本项目后，你将能够：

- 了解音频功率放大器的组成
- 了解音频功率放大器的工作原理
- 掌握电压测量的原理
- 掌握电压测量的方法
- 了解毫伏表、失真度仪的工作特性
- 掌握毫伏表、失真度仪的使用方法

一、音频功率放大器测试指标

课内阅读

音频功率放大器的主要技术参数如表 1.2.1 所示。

表 1.2.1　音频功率放大器的主要技术参数

序号	技术参数	要求
1	通频带	0.08～15 kHz [音频信号源幅度 U_i(有效值)≤100 mV]
2	最大不失真输出功率 P_{om}	≥6 W
3	电压增益 A_u	≥26 dB
4	输出信号失真度 *THD*	≤5.0%(有载)
5	最大效率 η	≥60%
6	高音(15 kHz)、低音(0.08 kHz) 相对增益最大可控变化比	≥12 dB

讨论

① 输出效率：最大不失真输出功率与直流电源供给功放的平均功率之比，即

$\eta=\frac{P_{om}}{P_{DC}}$。

② 最大不失真输出功率：用函数信号发生器输入 1 kHz 的正弦波，用 8.2 Ω/10 W 的功率电阻代替扬声器，加大输入信号的幅度，用示波器观察输出波形最大不失真时的输出电压（或用失真度仪测量输出波形失真度小于 5%时的最大输出电压），此时负载上获得的功率就是最大不失真输出功率。

③ 通频带：功率放大器的电压增益相对于中频（1 kHz）的电压增益下降 3 dB 时所对应的高音频率与低音频率之差。

④ 输出信号失真度：信号中各次谐波总量与基波的比值。

二、音频功率放大器测试仪器选用

1. 仪器选择（如表 1.2.2 所示）

表 1.2.2 音频功率放大器测试仪器选择

序号	测试仪器	数量	备注
1	GOS-6021 型通用示波器	1	① 根据实际情况选用 ② 根据实际测试要求进行选择
2	EE1641B 型函数信号发生器	1	
3	SG2172B 型双路数显毫伏表	1	
4	HM8027 型失真度仪	1	
5	直流稳压电源（如 YB1731A3A 型）	1	

2. 主要仪器介绍：SG2172B 型双路数显毫伏表

观察

（1）面板结构

SG2172B 型双路数显毫伏表的面板图如图 1.2.1 所示。

动画

SG2172B 型双路数显毫伏表

① 量程切换按键：进行量程切换，可切换量程为 3 mV、30 mV、300 mV、3 V、30 V、300 V。

② 量程切换模式：可进行量程的自动或手动切换。当选择自动模式时，显示窗口左边的“自动”指示灯亮，如图 1.2.2(a)所示，电压表会根据输入信号自动切换量程，直到找到合适的量程。当选择手动模式时，显示窗口左边的“手动”指示灯亮，如图 1.2.2(b)所示，需要用户自己根据输入信号选择合适量程。如果找不到合适的量程，则“溢出”指示灯亮，如图 1.2.2(c)所示。

③ 量程指示：当选择毫伏表的某一个量程时，该量程的指示灯亮。例如，当选择 30 V 量程时，该量程的指示灯亮，如图 1.2.3 所示。

④ 显示单位转换：用户可根据自己的测试需要选择测量单位，使其在 mV、V、dB、dBm 之间切换，此时显示窗口右边的单位指示灯亮。例如，当选择 dB 为单位时，“dB”指示灯亮，如图 1.2.4 所示。

⑤ 通道选择：用户可根据信号大小并结合通道的技术参数选择相应的通道。

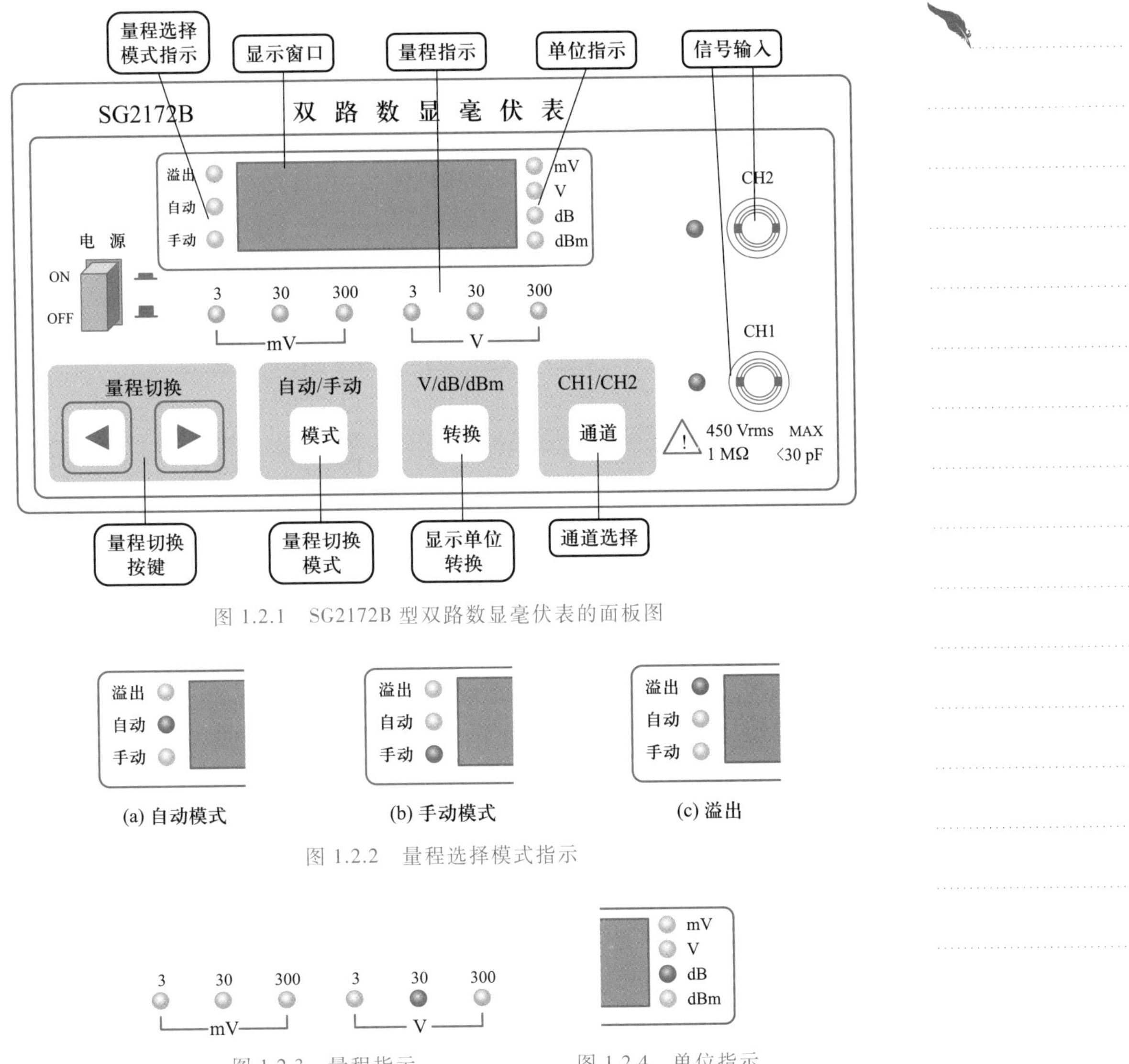

图 1.2.1 SG2172B 型双路数显毫伏表的面板图

图 1.2.2 量程选择模式指示

图 1.2.3 量程指示

图 1.2.4 单位指示

(2) 主要性能指标(如表 1.2.3 所示)

表 1.2.3 SG2172B 型双路数显毫伏表主要性能指标

序号	性能指标	规格
1	交流电压测量范围	30 μV ~ 300 V
2	电平测量范围	−79 ~ +20 dB(0 dB = 1 V) −77 ~ +22 dBm(0 dBm = 1 mW, 600 Ω)
3	频率范围	2 Hz ~ 2 MHz
4	输入电阻	1 MΩ(±10%连续可调)
5	输入电容	不大于 30 pF

(3) 工作原理

① 概述。

数字化测量是将连续的模拟量转化为断续的数字量,然后进行编码、储存、显示和打印等。数字电压表(DVM)在近几年内已成为极其精确、灵活多用、价格也正在逐渐下降的电子仪器,并能很好地与计算机连接,在自动测试系统发展中占有重要地位。

这里只讨论用于直流电压测量的 DVM,其组成框图如图 1.2.5 所示。

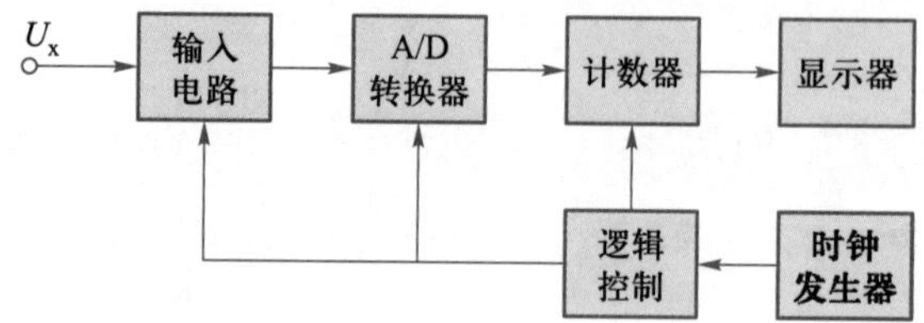

图 1.2.5 直流 DVM 的组成框图

加到 DVM 的直流电压,可以是被测电压本身,也可以是被测交流电压经检波器转化的直流电压。

A/D 转换器是 DVM 的核心部分,有比较型与积分型等形式。

比较型 A/D 转换器:采用对输入模拟电压与标准电压进行比较的方法,是一种直接转换形式。其又分为反馈比较型和无反馈比较型。具有闭环反馈系统的逐次逼近比较型是常用的类型。

积分型 A/D 转换器:是一种间接转换形式。首先将输入的模拟电压通过积分器变成时间(T)或频率(f)等中间量,再把中间量转换成数字量。其根据中间量的不同分为 $U-T$ 式和 $U-f$ 式。$U-T$ 式利用积分器产生与模拟电压成正比的时间量,$U-f$ 式利用积分器产生与模拟电压成正比的频率量。

② 双斜式积分型 DVM 的工作原理。

双斜式积分型 DVM 的特点是在一次测量过程中,用同一积分器先后进行两次积分。首先对被测电压 U_x 定时积分,然后对基准电压 U_{ref} 定值积分。通过两次积分的比较,将 U_x 变换成与之成正比的时间间隔,这种 A/D 转换属于 $U-T$ 式。图 1.2.6 所示为双斜式积分型 DVM 的基本原理框图。它由积分器、零比较器、逻辑控制、闸门、计数器及电子开关($S_1 \sim S_4$)等部分组成。

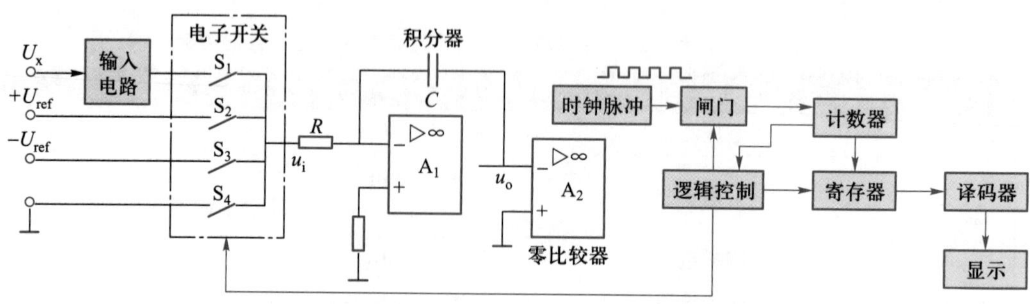

图 1.2.6 双斜式积分型 DVM 的基本原理框图

a. 工作过程。

双斜式积分型 DVM 的工作过程分为三个阶段，如图 1.2.7 所示。

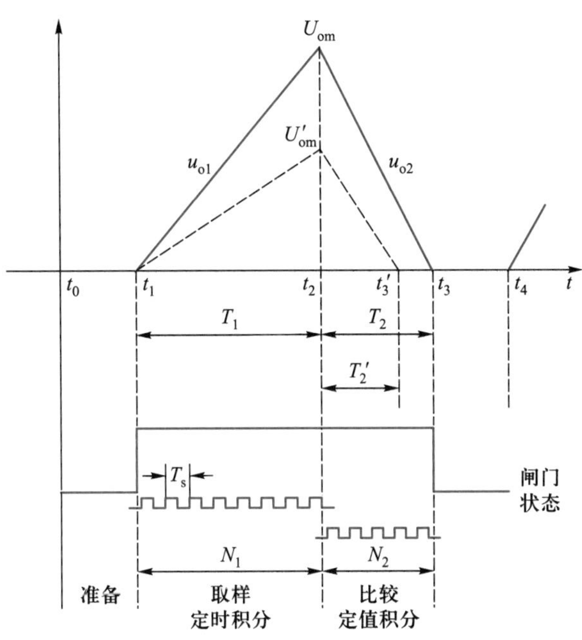

图 1.2.7　双斜式积分型 DVM 的工作波形图

- 准备阶段（$t_0 \sim t_1$）：由逻辑控制电路将电子开关中的 S_4 闭合，使积分器输入电压 $u_i=0$，其输出电压 $u_o=0$，作为初始状态，对应图 1.2.7 中的 $t_0 \sim t_1$区间。
- 取样阶段（$t_1 \sim t_2$）：即对被测电压的定时积分过程。设被测电压 U_x 为负值。在 t_1时刻，逻辑控制电路将电子开关 S_4 打开，S_1 闭合，接入被测电压 U_x，积分器对被测电压做正向积分，输出电压 u_{o1}线性增加，就在此瞬间，逻辑控制电路将闸门打开，释放时钟脉冲（即计时）。当经过预定时间 T_1（$T_1=N_1T_s$，也即计数器计数容量到达 N_1）时，即 t_2 时刻，计数器溢出，产生一个进位脉冲，通过逻辑控制电路将电子开关 S_1 断开，获得时间间隔 T_1，则

$$u_{o1}=-\frac{1}{RC}\int_{t_1}^{t_2}(-U_x)\,dt \tag{1.2.1}$$

在 t_2时刻，有
$$u_{o1}=U_{om}=\frac{T_1}{RC}\overline{U}_x$$

当 U_x 为直流时，$\overline{U}_x=U_x$，则

$$U_{om}=\frac{T_1}{RC}U_x \tag{1.2.2}$$

设时钟脉冲的周期 $T_s=10\ \mu s$，$N_1=6\ 000$ 时，有

$$T_1=N_1T_s=6\ 000\times10\times10^{-6}\ s=60\ ms$$

所以，$t_1 \sim t_2$区间是定时积分，T_1是预先设定的。u_{o1}的斜率由 U_x 决定（U_x 越大，充电电流也越大，斜度越陡，U_{om}的值则越大）。当 U_x（绝对值）减小时，其顶点 U'_{om}如图 1.2.7

中虚线所示，由于是定时积分，因而 U'_{om} 和 U_{om} 在一条直线上。

● 比较阶段($t_2\sim t_3$)：即对基准电压的定值积分过程。在 t_2 时刻 S_1 断开，同时将 S_2 闭合，接入正的基准电压 U_{ref}，则积分器从 t_2 时刻开始对 U_{ref} 进行反向积分，同时 t_2 时刻计数器清零，闸门仍然开启，重新计数，送入寄存器。

到 t_3 时刻，积分器输出电压 $u_{o2}=0$，获得时间间隔 T_2，在此期间

$$\begin{aligned} u_{o2} &= U_{om} + \left(-\frac{1}{RC}\int_{t_2}^{t_3} U_{ref}\,\mathrm{d}t\right) \\ &= U_{om} - \frac{T_2}{RC}U_{ref} \end{aligned} \tag{1.2.3}$$

在 t_3 时刻，将式(1.2.2)和式(1.2.3)联立，得

$$U_{om}=\frac{T_1}{RC}U_x=\frac{T_2}{RC}U_{ref}$$

则

$$T_1U_x=T_2U_{ref}$$

$$U_x=\frac{T_2}{T_1}U_{ref} \tag{1.2.4}$$

因为 U_{ref} 和 T_1 均为固定值，则被测电压 U_x 正比于时间间隔 T_2，从而完成了 $U-T$ 转换。又因为 $T_1=N_1T_s$，$T_2=N_2T_s$，则

$$U_x=\frac{U_{ref}}{N_1}N_2 \tag{1.2.5}$$

可见，若参数选择合适，被测电压 U_x 可以直接通过计数器上的数来显示。

同时，在 t_3 时刻，$u_{o2}=0$，由零比较器发出信号，通过逻辑控制电路关闭闸门，停止计数，并令寄存器释放脉冲数到译码显示电路，显示出 U_x 的数值。同时将开关 S_2 断开、S_4 闭合、C 放电，进入休止阶段($t_3\sim t_4$)，做下一个测量周期的准备，自动转入第二个测量周期。

b. 特点。

双斜式积分型 DVM 的准确度主要取决于基准电压 U_{ref} 的准确度和稳定度，而与积分器的参数无关(RC 等)，即不必选用精密的积分元件去提高整个仪表的准确度，这是该仪表的主要特点。

由于两次积分都是对同一时钟脉冲源进行计数，从而降低了对脉冲源频率准确度的要求。

由于测量结果所反映的是被测电压在取样时间 T_1 内的平均值，故串入被测电压信号中的各种干扰成分通过积分过程而减弱。一般选取时间 T_1 均为交流电源周期(20 ms)的整数倍，使电源干扰电压的平均值接近 0，因而这种 DVM 具有较强的抗干扰能力。但是，也因为这个原因，它的测量速度较低，一个周期约为几十到几百毫秒。

操作

(4) 使用方法

SG2172B 型双路数显毫伏表的基本功能分为电压测量功能和分贝测量功能。

信号电压测量过程：

① 打开电源。

② 刚开机时，机器处于 CH1 输入、自动测量、电压显示方式；如果采用手动测量模式，则应在加入被测电压前选择合适量程。

③ 两个通道有记忆功能，如果输入信号没变，转换通道不必重新设置量程。

④ 当处于手动测量模式时，从输入端接入被测电压后，应马上显示被测电压数据。当处于自动测量模式时，接入被测电压后，几秒钟后才会显示被测电压数据。

实例操作

EE1641B 型函数信号发生器输出正弦信号，频率为 2 kHz，峰-峰值为 8 V，输入电压表的 CH1 通道，测量其有效值。

操作步骤：

① 信号从电压表的 CH1 通道输入。

② 打开仪器电源，默认量程切换模式为自动、显示单位为电压（V）。

③ 几秒钟后，相应的量程指示灯亮，显示窗口中显示数据，如图 1.2.8 所示。

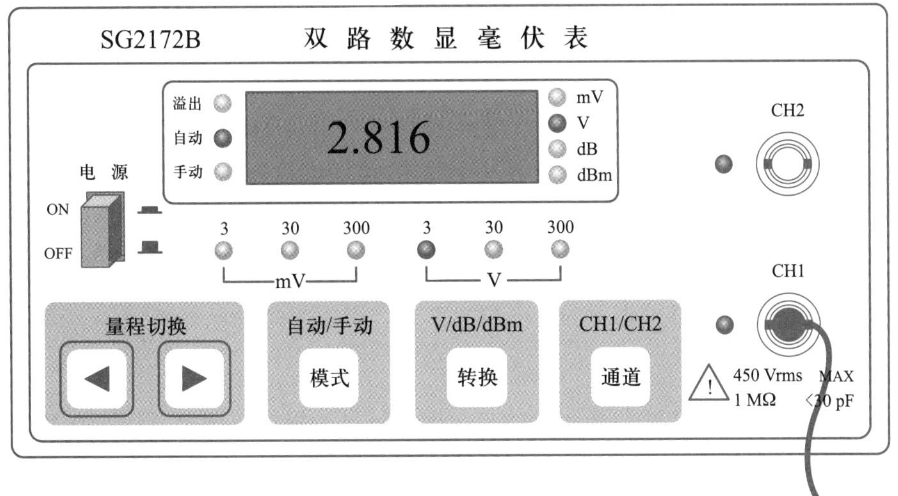

图 1.2.8　某次测量时电压表的状态

注　意

电压表是以正弦波的有效值显示的。

④ 当需要进行信号的电平测量时，应将单位调整为“dB”或“dBm”。

注　意

$V_{P-P}=8$ V 的正弦信号，理论计算有效值为 $U_{rms}=2.828$ V，本次测量电压表显示“2.816”。通常信号的大小以电压表测量结果为准，因为传统信号发生器幅度显示误差较大，一般在 10% 左右。

探究

(5) 注意事项

① 电压测量范围。

DVM 利用量程、显示位数及超量程能力来反映它的测量范围。

a. 量程。

DVM 的量程是由输入通道中的步进衰减器及输入放大器适当配合来实现的。

基本量程:即未经衰减和放大的量程,亦即 A/D 转换器的电压范围。

扩展量程:借助于步进衰减器和输入放大器向两端扩展,下限可低于 1 mV,上限为 1 kV 左右。

DVM 的基本量程多半为 1 V、10 V,也有 2 V、20 V 等。例如,某 DVM 的量程有 200 mV、2 V、20 V、200 V、1 000 V,其中 2 V 是它的基本量程。

量程转换除手动外,一般都可自动转换。自动转换方式是借助于逻辑控制电路来实现的。当被测电压超过量程满度值时,DVM 的量程自动提高一挡;当被测电压不足满度值的 1/10 时,量程自动降低一挡。

b. 显示位数。

满位:在 DVM 的各位数码显示中,能够显示 0~9 十个数码的位,称为满位。

半位:有的位上只能显示 0、1、2 等几个数字,这样的位称为半位。

DVM 的显示位数,是指能显示 0~9 十个数码的位数。例如,一台 DVM 的最大显示数为 9999,另一台 DVM 的最大显示数为 19999,根据上述定义,二者均为 4 位。但前者表示为 4 位,后者经常可表示为 $4\frac{1}{2}$位。

c. 超量程能力。

超量程能力是指 DVM 所能测量的最大电压超过量程值的能力,它是 DVM 独有的特性。DVM 有无超量程能力,要根据它的基本量程和能够显示的最大数字情况来决定。

显示位数全是完整位的 DVM,没有超量程能力。带有 1/2 位的 DVM,如果按 2 V、20 V、200 V 为量程,也没有超量程能力。

带有 1/2 位,并以 1 V、10 V、100 V 等为量程的 DVM,才具有超量程能力。例如,$4\frac{1}{2}$的 DVM 在 10 V 量程上,最大显示数可为 19.999 V ,因此允许有 100%的超量程能力。

② 分辨力。

分辨力(或称最高灵敏度)是指 DVM 能够显示出的被测电压的最小变化值。显然,在不同量程上,分辨力是不同的。在最小量程上,DVM 有最高的分辨力。这里指的分辨力应理解为最小量程上的分辨力。例如,某 DVM 的最小量程为 0.2 V,最大显示数为 1999,则其分辨力为 100 μV;某 DVM 的最小量程为 0.2 V,最大显示数为 19999,则其分辨力为 10 μV。

利用 DVM 高分辨力的特点,可以测量弱信号电压。

③ 测量速度。

对被测电压每秒钟所进行测量的次数，称为测量速度，也可用测量一次所需要的时间来表示。它取决于 A/D 转换器的转换速度。DVM 完成一次测量（从信号输入到数字显示）只需几到几十毫秒，有的更快。例如，逐次逼近比较型 DVM 的测量速度每秒可达 10^2次以上。

④ 输入阻抗。

DVM 输入阻抗一般为 10 MΩ 左右，最高可达 10^{10} Ω。通常，DVM 在基本量程时具有最大的输入电阻；而在较大量程时，由于输入电路使用了衰减器，因此输入电阻变小。

使用交流电压挡时，除输入电阻外，还有输入电容 C_i，一般为几到几百皮法（pF）。此外还有频率响应问题，由于所采用的线性检波器等电路的频带较窄，所以积分型 DVM 的上限频率 f_H 较低，一般只能到几十千赫，精度高的 DVM 可达数百千赫。

⑤ 抗干扰能力。

由于 DVM 的灵敏度较高，因而干扰信号对测量精确度的影响更为重要。

3. 其他仪器简单介绍：HM8027 型失真度仪

(1) 面板结构

HM8027 型失真度仪的面板图如图 1.2.9 所示。

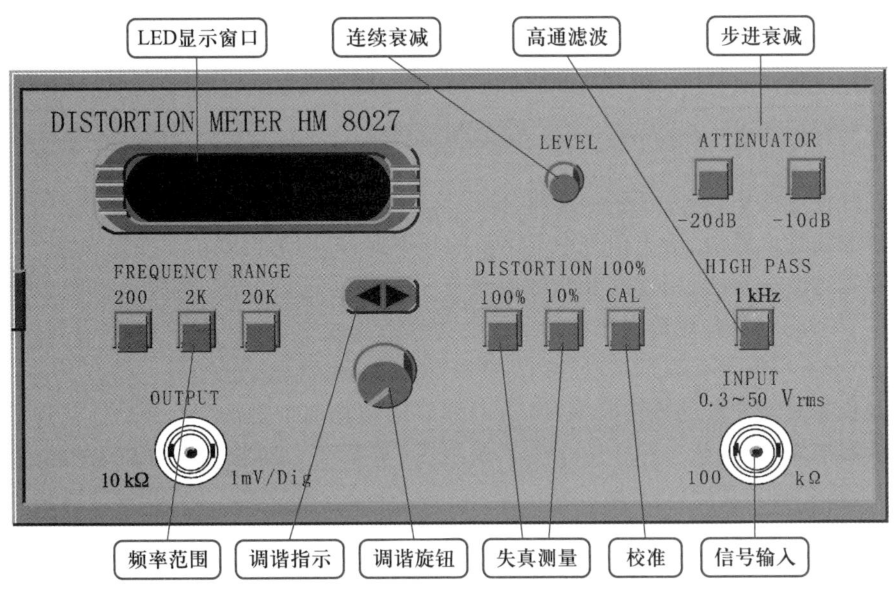

图 1.2.9 HM8027 型失真度仪的面板图

① 频率范围按键：本仪器的频率测试范围为 20 Hz～20 kHz。面板上，“200”按键对应 20～200 Hz；“2K”按键对应 200 Hz～2 kHz；“20K”按键对应 2～20 kHz。

② 调谐旋钮：调整内插滤波器，使其对基波频率有最大抑制，若调谐指示的两个 LED 灯均熄灭，表示滤波器严格同步。

③ 调谐指示：若内插滤波器调节不准，则调谐指示的两个 LED 灯中的一个会指示滤波频率偏离输入频率的方向，可反向调整调谐旋钮直至两个 LED 灯均熄灭。

④ 失真测量按键：分为 10%和 100%两挡。当信号失真在 10%以内时，应选择 10%挡；当信号失真大于 10%时，应选择 100%挡。测量时，一般先选择 10%挡，若 LED 显示窗口显示“888”，则选择 100%挡。

⑤ 校准开关：100%校准按压开关。进行信号校准时，调节连续衰减旋钮，使 LED 显示窗口显示“100”；信号输入时，若调节连续衰减旋钮不能使 LED 显示窗口显示“100”，此时可通过“-10 dB”或“-20 dB”按键进行步进衰减，使窗口显示“100”。

⑥ 高通滤波按键：抑制 1 kHz 以下的低频噪声。

⑦ 连续衰减旋钮：进行校准时，可用此旋钮对被测信号进行连续衰减，最大衰减为 -12 dB。

（2）主要性能指标（如表 1.2.4 所示）

表 1.2.4 HM8027 型失真度仪主要性能指标

序号	性能指标	规格
1	频率范围	20 Hz~20 kHz，分三挡
2	失真测量范围	10%，100%；有两挡
3	分辨力	100%挡的分辨力为 0.1%；10%挡的分辨力为 0.01%
4	精确度	100%挡的精确度为±2%；10%挡的精确度为±2%
5	输入电压	100%挡校准时输入电压为 300 mV~20 V
6	输入电阻	20 kΩ
7	工作环境	温度：-10~+40 ℃；最大相对湿度：80%

① 非线性失真。

在线性电路中，输入正弦信号时，输出信号产生了新的频率成分；或单一频率正弦波通过非线性电路时，输出信号中有了新的频率成分，即称出现了非线性失真。

根据谐波分析法，用傅立叶级数对失真正弦信号进行分解，将各次谐波分量总的有效值对基波分量有效值之比称为非线性失真系数或失真度。

② 失真度测量原理。

测量非线性失真的方法有多种：第一种方法是基波抑制法（单音法），可通过抑制基波的网络来实现；第二种方法是交互调制法（双音法），对被测设备输入两个正弦信号，测量其交调失真度。

（3）使用方法

① 输入被测信号（注意被测信号的频率与大小）。

② 选择频率范围。

③ 校准：按下校准开关，调节连续衰减旋钮，使 LED 显示窗口显示“100”。

④ 测量：按下失真测量按键 10%挡，调节调谐旋钮，使调谐指示的两个 LED 灯均熄灭，此时 LED 显示窗口显示的数值即为该信号的失真度。

注　意

若 LED 显示窗口显示“0.27”，即失真度为 0.27%。

三、音频功率放大器测试过程

1. 音频功率放大器的工作原理

音频功率放大器组成框图如图 1.2.10 所示。

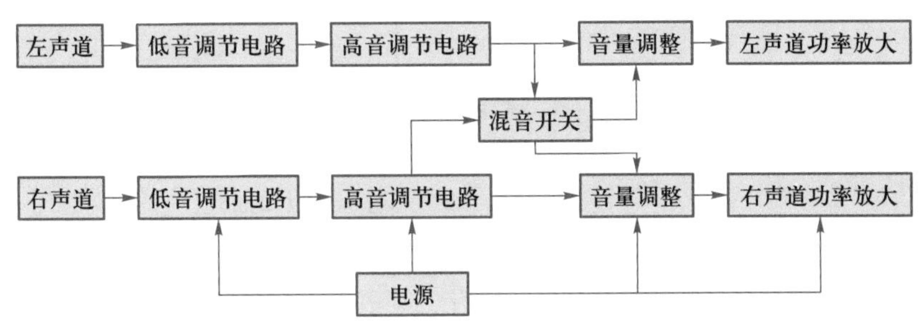

图 1.2.10　音频功率放大器组成框图

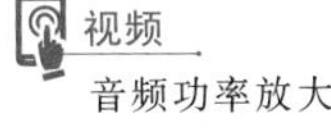

音频功率放大器的测试

（1）整体电路概述

本机采用将低音调节和高音调节分开的方式，提升音调调节的效果。输入音频信号实施音调调节后，借助于混音开关和音量调整电路，在音量调整的同时实现单声道和双声道的转换。末级功率放大电路采用两级放大电路，前级采用运算放大电路，与音量调整电路配合，对音频信号进行放大，以确保输入末级功率放大电路的信号强度足够大，从而达到设计指标关于输出功率的要求。

（2）音调调节电路

低音调节电路实际是一个低通滤波器（高音调节电路实际是一个高通滤波器），可以实现对低频信号的提升和衰减。常见的音调调节电路的频响特性控制曲线如图 1.2.11所示。

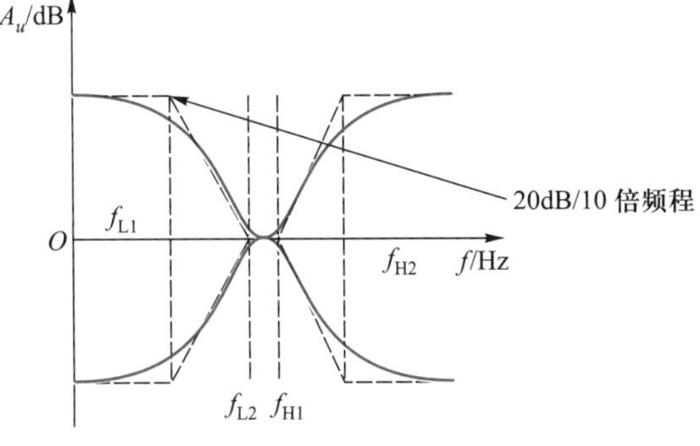

图 1.2.11　频响特性控制曲线

为增强音调调节的效果，获得较好的听觉效果，其特性控制曲线选择了 20 dB/10 倍频程，因此 $f_{L2}=10f_{L1}$，$f_{H2}=10f_{H1}$。结合设计指标的要求，音调调节电路对 1 kHz 信号的增益为 1，而对 30 Hz、15 kHz 信号的相对增益最大可控变化比≥12 dB。

低音调节电路如图 1.2.12 所示，当 R_{P1} 调节至最左端时，对低频信号实现提升，反之则对低频信号实现衰减。为实现高音音调调节，选择了如图 1.2.13 所示的高音调节电路。

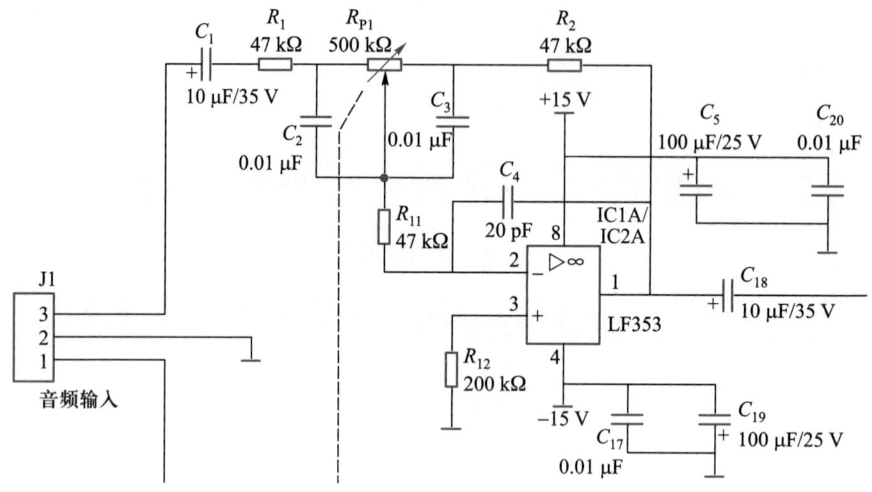

图 1.2.12 低音调节电路

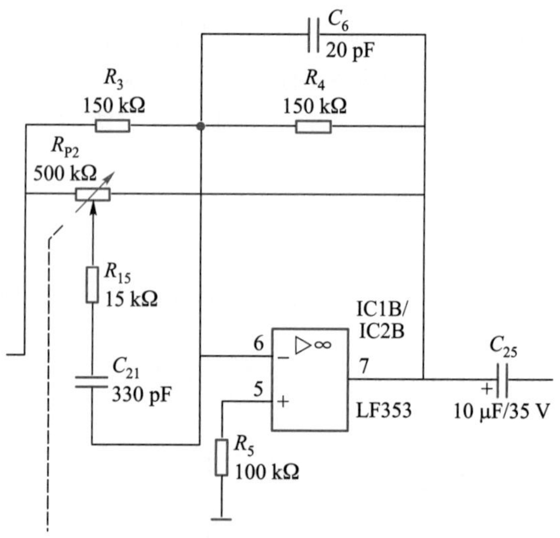

图 1.2.13 高音调节电路

（3）音量调整电路

为确保电路能够输出满足要求的功率，必须确保输入功率放大器的输入信号强度足够大，同时能够实现对音量的调节，为此设置了音量调整电路。该电路的最大增益为 10，而功率放大电路的前置放大电路的增益为 4.7。在音量调整电路中，同时实现了单声道和双声道的混音功能，其基本原理是：将左右声道叠加后分别送入左右声道，这样可以实现单声道的效果，反之则为立体声。

音量调整电路实际是一个增益可调的反相比例放大器，如图 1.2.14 所示，单/双声道转换电路实际是一个反相加法电路，该电路的总增益受音量调节电位器 R_{P3} 的控制。

当 S1 处于图示位置时,左右声道信号通过运放 IC3A/IC4A 实现叠加,反之则各自在相应的声道进行放大。

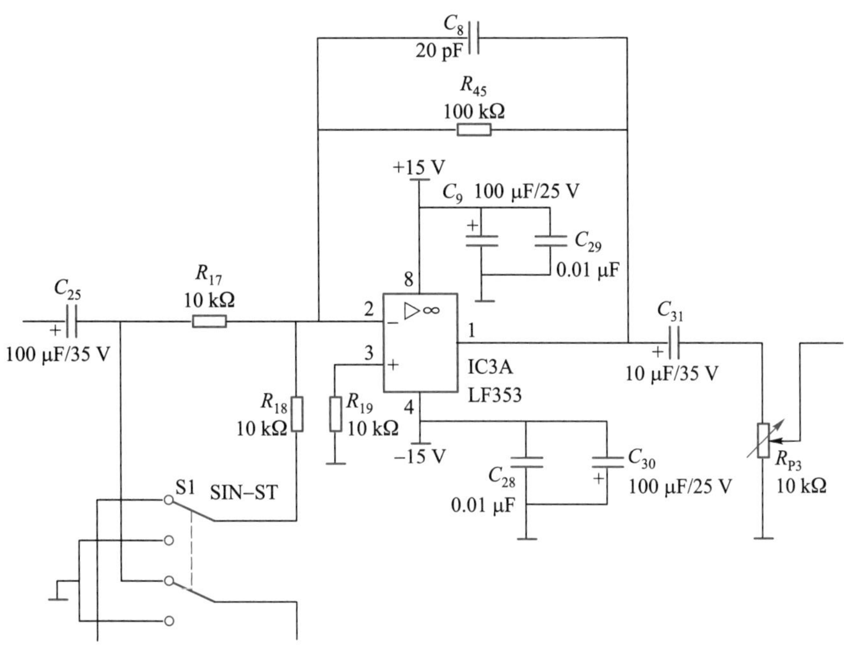

图 1.2.14　音量调整及单/双声道转换电路

(4) 功率放大电路

为满足电路的输出功率和效率的要求,末级功率放大电路采用驱动和功放两级电路组成。驱动级增益为 4.7,末级功率放大电路采用 VMOS 管构成的甲乙类推挽放大电路,如图 1.2.15 所示。

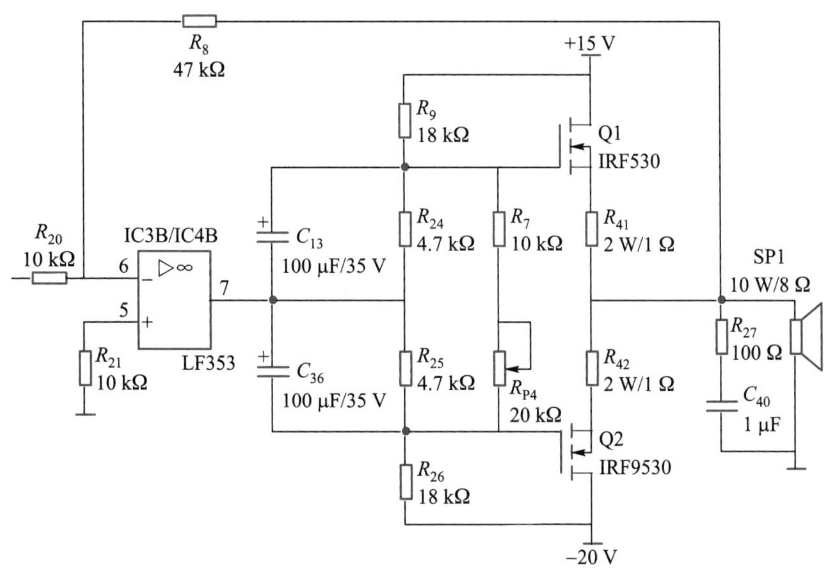

图 1.2.15　末级功率放大电路

驱动级电路实质为一个反相比例放大电路。末级功放管采用 IRF530 和 IRF9530 配对实现，该 VMOS 对管的 U_{GS} 为 3 V，保证电路能够正常工作。

2. 音频功率放大器技术参数测试

（1）测试准备

① 检查电路的装配。

检查电路装配无误后，拔下所有的集成电路（注：插拔式集成电路），通过 YB1731A3A 型直流稳压电源双电源供电±15 V，此时检查每个集成电路的 4、8 脚，正常时第 4 脚对地应有−15 V 电压，第 8 脚应有+15 V 电压，如果异常应当立即切断电源，检查电路故障，进行修复。

② 连接测试线路，仪器开机预热。

③ 检查声道的平衡性。

a. 安装 IC1、IC2。

b. 调节函数信号发生器，输出 100 Hz/100 mV_{P-P} 正弦低音信号（若幅度不够或过大，视情况自行调节），送入功放输入端。

c. 调节低音提升与衰减电位器 R_{P1}，用示波器观察 IC1A、IC2A 输出信号的幅度变化，用毫伏表测量其电平值，并做好左右声道输出电压测试记录（填入表 1.2.5 中），该步骤需要对左右声道同时进行测试。

表 1.2.5　左右声道输出电压测试记录（1）

测试端	最大值/V	最小值/V
IC1A		
IC2A		

d. 调节函数信号发生器，输出 10 kHz/100 mV_{P-P} 正弦高音信号，送入功放输入端。

e. 调节高音提升与衰减电位器 R_{P2}，用示波器观察 IC1B、IC2B 输出信号的幅度变化，并做好左右声道输出电压测试记录（填入表 1.2.6 中）。

表 1.2.6　左右声道输出电压测试记录（2）

测试端	最大值/V	最小值/V
IC1B		
IC2B		

④ 中频信号的观测。

调节函数信号发生器，输出 1 kHz/100 mV_{P-P} 正弦信号，送入功放输入端，用示波器观察 IC1B、IC2B 的输出信号(幅度应当基本保持不变),用电压表测量并记录信号大小(填入表 1.2.7 中)。

⑤ 记录观察结果。

a. 安装 IC3、IC4。

b. 调节函数信号发生器,输出 1 kHz/100 mV_{P-P} 正弦信号,送入功放输入端。

c. 调节音量电位器 R_{P3},用示波器观察 IC3A、IC4A 输出信号变化,用电压表测量并记录信号大小(填入表 1.2.7 中)。

d. 调节音量电位器 R_{P3},用示波器观察 IC3B、IC4B 输出信号的幅度,用电压表测量并记录信号大小(填入表 1.2.7 中)。

e. 在功放输出端接上音箱,输入 1 kHz/100 mV_{P-P} 正弦交流信号(若幅度不够或过大,视情况自行调节),观察功放输出端波形。

表 1.2.7　电压测试记录

测试端	IC1B	IC2B	IC3A	IC4A	IC3B	IC4B
测试值/V						

⑥ 准备音频功率放大器测试工艺文件,如表 1.2.8 所示。

(2) 测试步骤

① 按测试工艺测量放大器最大不失真输出功率,并记录下来。

输入电压 U_i=________ mV,信号频率 f=________ Hz,输出电压 U_o=________ V,失真度 THD=________%。

由下式计算放大器的电压放大倍数 A_u 和最大输出功率 P_o:

$$A_u=U_o/U_i, P_o=U_o^2/R_L$$

式中,R_L为负载电阻阻值,A_u=________,P_o=________。

注　意

最大不失真输出功率应在 6 W 以上。

② 按测试工艺测量放大器通频带。

根据测出的输出电压值计算出 A_u,并在坐标纸上画出频率响应曲线。

计算上限频率 f_H=________,下限频率 f_L=________,通频带 Δf=________。

③ 按测试工艺测量放大器低音(0.08 kHz)相对增益最大可控变化比。

最大电平=________ dB,最小电平=________ dB,可控变化比=________ dB。

④ 按测试工艺测量放大器高音(15 kHz)相对增益最大可控变化比。

最大电平=________ dB,最小电平=________ dB,可控变化比=________ dB。

拆下假负载电阻,换上扬声器。在实习指导教师处试听音乐音质。

表 1.2.8 音频功率放大器测试工艺文件

技 术 条 件

1. 技术要求

1.1 工作温度:-5~+50 ℃保证指标

1.2 储存温度:-40~+70 ℃应无损坏

1.3 工作频带:0.08~15 kHz

1.4 最大不失真输出功率:$P_{om} \geqslant 6$ W

1.5 电压增益:$A_u \geqslant 26$ dB

1.6 输出信号失真度:$THD \leqslant 5.0\%$(有载)

1.7 最大效率:$\eta \geqslant 60\%$

1.8 高音(15 kHz)、低音(0.08 kHz)相对增益最大可控变化比:≥12 dB

2. 试验方法

2.1 测试仪器和设备

仪器	数量
GOS-6021 型通用示波器	1 台
EE1641B 型低频函数信号发生器	1 台
SG2172B 型双路数显毫伏表	1 台
HM8027 型失真度仪	1 台
YB1731A3A 型直流稳压电源	1 台

2.2 测试条件

2.2.1 环境温度:15~35 ℃。

2.2.2 相对湿度:45%~85%。

2.3 测试时注意事项

2.3.1 接通电源,先对仪器仪表预热 10 min 左右。

2.3.2 检查电路,主电源板电源不与功放板连接。

2.4 测试步骤

2.4.1 功放测试线路和仪器连接如图 1.2.16 所示。

旧底图总号						
			标记	数量	更改单号	签名	日期
底图总号	拟制		音频功率放大器测试工艺	×××2.×××		
	审核					
	工艺			阶段标记	第 1 张	共 2 张
日期 签名						
	标准化					
	批准					

格式(4)　　描图:　　幅面:4

续表

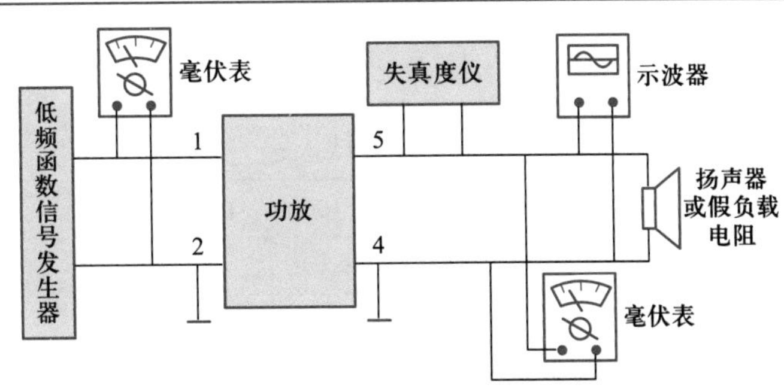

图 1.2.16　功放测试线路和仪器连接

2.4.2　测量放大器最大不失真输出功率：

① 用 8.2 Ω/10 W 电阻代替扬声器。

② 调节低频信号发生器，输出 1 kHz/100 mV_{P-P} 正弦音频信号。

③ 低音提升与衰减电位器 R_{P1} 置中间位置，高音提升与衰减电位器 R_{P2} 也置中间位置，调节音量电位器 R_{P3}，直至放大器输出端的输出信号在示波器上的波形刚要产生切峰失真而又未产生失真时为止。用失真度仪测出输出信号的失真度，用毫伏表测量输入电压和输出电压的大小。

2.4.3　通频带测试：

① 测出输入信号在 f = 1 kHz，U_i = 100 mV 时的功率放大器输出电压。

② 保持输入电压不变（U_i = 100 mV），改变输入信号频率，分别测出它们的输出电压。

③ 计算出 A_u，并在坐标纸上画出频率响应曲线。

2.4.4　低音（0.08 kHz）相对增益最大可控变化比测试：

① 调节函数信号发生器，输出 0.08 kHz/100 mV_{P-P} 正弦低音信号，送入功放输入端。

② 调节低音提升与衰减电位器 R_{P1}，用示波器观测 IC1A（或 IC2A）端信号的变化，并用电压表测量其信号电平的最大值与最小值。

2.4.5　高音（15 kHz）相对增益最大可控变化比测试：

① 调节函数信号发生器，输出 15 kHz/100 mV_{P-P} 正弦高音信号，送入功放输入端。

② 调节高音提升与衰减电位器 R_{P2}，用示波器观测 IC1B（或 IC2B）端信号的变化，并用电压表测量其信号电平的最大值与最小值。

媒体编号
旧底图总号
底图总号

							拟　制		×××2.×××
日期	签名						审　核		
							工　艺		
		标记	数量	更改单号	签名	日期	标准化		第 2 张

格式（4a）　　描图：　　幅面：

(3) 测试报告(记录与数据处理)

音频功率放大器幅频特性测试记录

测试日期:________________ 测试人:________________

f/Hz	20	40	60	80	100	130	160	200	400	600	800
U_o/V											
A_u											
f/Hz	1k	1.3k	1.6k	2k	4k	6k	8k	10k	13k	16k	20k
U_o/V											
A_u											

功放技术参数测试记录

测试日期:________________ 测试人:________________

电压增益 A_u	最大不失真输出功率	失真度	通频带	低音(0.08 kHz)相对增益最大可控变化比	高音(15 kHz)相对增益最大可控变化比

交流电压的测量

交流电压测量是先将交流电压变换为直流电压(AC/DC),再按照直流电压的方法进行测量,其核心为交直流转换器。交直流转换器大多利用检波器来实现。检波器根据其响应特性不同,常分为均值检波器、峰值检波器和有效值检波器。

1. 均值电压表(放大—检波式)

均值电压表的组成如图 1.2.17 所示,又称为放大—检波式电子电压表。

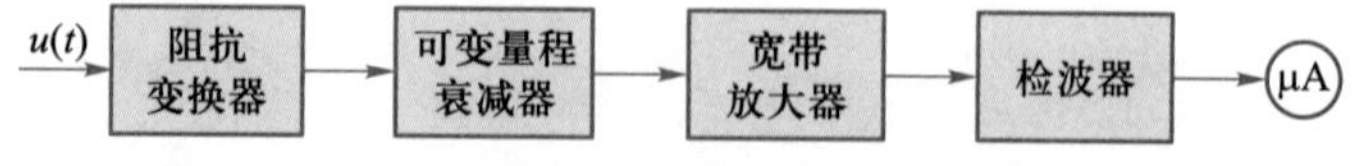

图 1.2.17 均值电压表的组成

在均值电压表中,检波器对被测电压的平均值产生响应。常见的检波电路有二极管半波检波、全波检波、桥式检波,仪表多采用二极管全波或桥式检波器。均值电压表的灵敏度受放大器内部噪声的限制,一般可做到毫伏级。其频率范围主要受放大器带宽的限制,典型的频率范围为 20 Hz~10 MHz,故又称为视频毫伏表,主要用于低频电压测量。

2. 峰值电压表(检波—放大式)

峰值电压表的组成如图 1.2.18 所示，又称为检波—放大式电子电压表，即被测交流电压先检波后放大，然后驱动直流表头偏转。

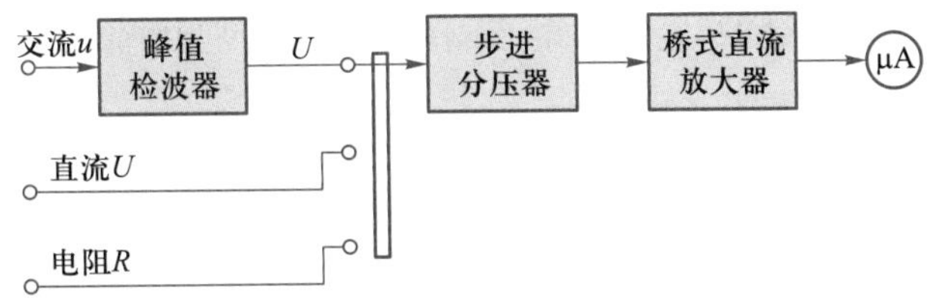

图 1.2.18 峰值电压表的组成

峰值电压表中都采用二极管峰值检波器，即检波器是峰值响应。

因采用桥式直流放大器，增益不高，故峰值电压表的灵敏度不高，最小量程一般约为 1 V。仪表的工作频率范围取决于检波二极管的高频特性，一般可达几百兆赫，故此类仪表通常也称为高频电压表。

3. 有效值电压表

在电压测量技术中，经常需要测量非正弦波信号，尤其是失真正弦波电压的有效值，例如对噪声、声音的测量。非线性失真测量仪器中谐波电压的测量等都需要经检波转换为有效值，因为有效值才能反映出非正弦波信号的功率。所以，有效值电压测量十分重要。

知识小结

本项目借助对音频功率放大器的测试，介绍了电压测量的基本原理、电压测量的基本方法，以及电压表、失真度仪的使用方法；电压测量仪器的种类及工作原理；电压表的工作特性；音频功放的主要技术参数，例如最大不失真输出功率、增益、通频带等的测试方法。

习 题

(一) 理论题

1. 电压测量仪器总体可分为两大类，即________式的和________式的。

2. 数字式电压表是将________量变成数字量，再送入________进行计数。

3. 低频电压表又称为________(均值、峰值)电压表，其结构原理为________(检波—放大、放大—检波)式，频率范围主要受________限制。

4. 高频电压表又称为________(均值、峰值)电压表，其结构原理为________(检波—放大、放大—检波)式，频率范围主要受________限制。

5. 数字电压表的固有误差通常用________表示。

6. 双斜式积分型数字电压表的两个积分过程分别称为________和________。

7. 用峰值电压表测量某一电压，若读数为 1 V，则该电压的峰值为________ V。

8. 简述电压测量的意义。

9. 现代电子测量中，被测电压有什么特点？

10. 甲、乙两台 DVM，显示器最大显示值甲为 9999，乙为 19999，问：

(1) 它们各是几位 DVM？

(2) 若乙的最小量程为 200 mV，其分辨力等于多少？

(3) 若乙的工作误差为±0.02% U_x ±1 个字，分别用 2 V 和 20 V 挡测量 U_x = 1.26 V 电压时，绝对误差和相对误差各为多少？

11. 用全波式均值表分别测量三角波及方波电压，示值均为 2 V，被测电压有效值为多少？

12. 在示波器上分别观测到峰值相等的正弦波、方波和三角波，U_P = 2 V，分别用都是正弦有效值刻度的、三种不同检波方式的电压表测量，试求读数分别为多少？

(二) 实践题

1. HM8027 型失真度仪的使用。

目的：HM8027 型失真度仪的使用。

内容：分别从 EE1641B 型、40 型函数信号发生器上取(200 Hz、200 mV)、(1 kHz、1 V)、(12 kHz、2 V)三组正弦信号，测试其失真度，并依此比较两台信号发生器的性能。

2. SG2172B 型双路数显毫伏表的使用。

目的：SG2172B 型双路数显毫伏表的使用。

内容：EE1641B 型函数信号发生器输出 10 kHz/2 V_{P-P} 的正弦信号，用 SG2172B 型双路数显毫伏表测试其电压值及电平值。

项目 1-3　抢答器的测试
——万用表的应用

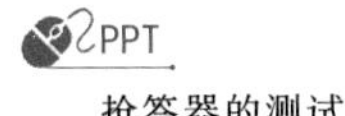
抢答器的测试

学习目标

抢答器是数字产品的基础电路。测试抢答器所需的最基本的测量仪器是万用表。万用表的基本功能是测量电压、电流等多种数值。

学习完本项目后,你将能够:

- 理解万用表的工作原理
- 掌握万用表的性能、参数
- 掌握万用表的使用方法
- 掌握使用万用表的注意事项
- 理解被测抢答器的技术指标
- 学会编制测试工艺文件

一、抢答器测试指标

抢答器的部分功能指标如表 1.3.1 所示。

表 1.3.1　抢答器的部分功能指标

序号	功能指标
1	8 路开关输入
2	稳定显示与输入开关编号相对应的数字 1~8
3	输出具有唯一性和时序第一的特征
4	一轮抢答完成后通过解锁电路进行解锁,准备进入下一轮抢答

二、抢答器测试仪器选用

1. 仪器选择(如表 1.3.2 所示)

表 1.3.2　抢答器测试仪器选择

序号	测试仪器	数量	备注
1	数字万用表(如 UT53 型)	1	① 根据实际情况选用指标相同或相近的仪器 ② 根据实际测试要求选用仪器
2	直流稳压电源(如 HG6333 型)	1	

2. 主要仪器介绍:UT53 型数字万用表

(1) 面板结构

UT53 型数字万用表的面板图如图 1.3.1 所示。

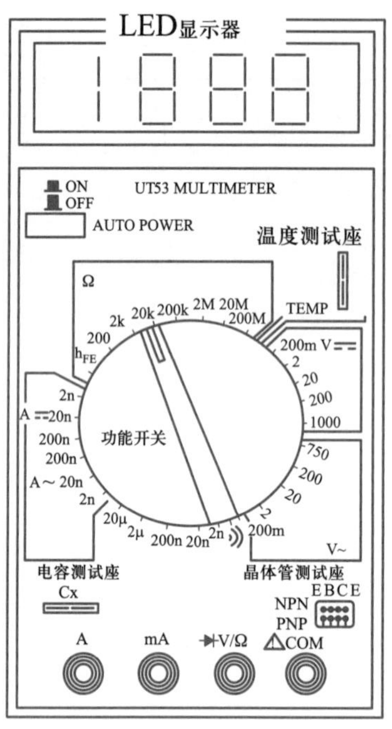

图 1.3.1　UT53 型数字万用表的面板图

(2) 主要性能指标(如表 1.3.3 所示)

表 1.3.3　UT53 型数字万用表主要性能指标

测量对象	测量范围	精度
直流电压	200 mV/2 V/20 V/200 V/1 000 V	±(0.5%+1)
交流电压	200 mV/2 V/20 V/200 V/750 V	±(0.8%+3)
直流电流	2 mA/20 mA/200 mA/20 A	±(0.8%+1)
交流电流	20 mA/200 mA/20 A	±(1%+3)
电容	2 nF/20 nF/200 nF/2 μF/20 μF	±(4%+3)
温度	-20 ~1 000 ℃	±(1%+3)
电阻	200 Ω/2 kΩ/20 kΩ/200 kΩ/2 MΩ/20 MΩ/200 MΩ	±(0.8%+1)

UT53 型数字万用表除了基本测量功能外，还能对电路通断、二极管、晶体管进行测试，同时具有低功耗以及自动睡眠模式。

(3) 工作原理

与指针式万用表相比，数字万用表(DMM)在准确度、分辨力和测量速度等方面都有着极大的优越性。按工作原理(即按 A/D 转换电路的类型)分，数字万用表有比较型、积分型、V/T 型、复合型等。使用较多的是积分型，其中 $3\frac{1}{2}$ 位数字万用表的应用最为普遍。

数字万用表型号很多，功能基本相同，面板结构也大体相同，只是排列位置有区别。本节主要学习 UT53 型数字万用表的使用。

UT53 型数字万用表是 UT50 系列中的 $3\frac{1}{2}$ 位数字万用表，是一种性能稳定、高可靠性手持式数字多用表，整机电路设计成大规模集成电路，双积分 A/D 转换器为核心并配以全功能过载保护，可用来测量交直流电压和电流、电阻、电容、二极管、温度以及电路通断，是用户的理想工具。

操作

(4) 使用方法

① 电阻挡的使用。

a. 万用表测电阻如图 1.3.2 所示，操作方法如下。

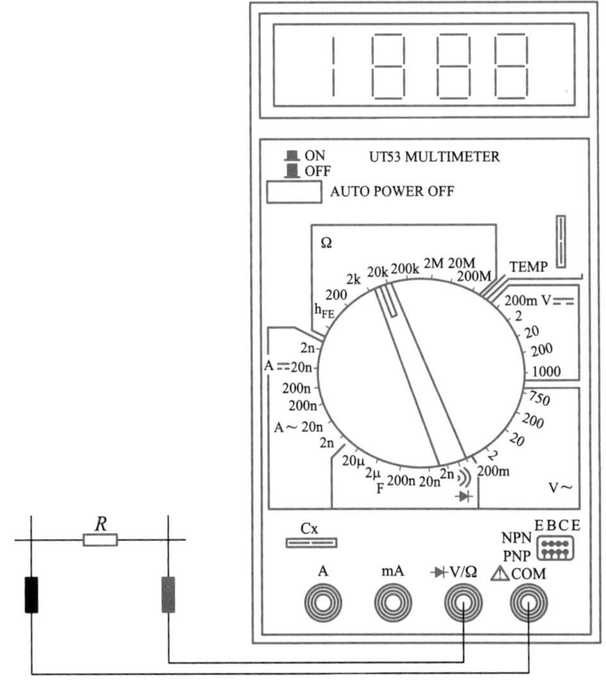

图 1.3.2 万用表测电阻

- 测量电阻时，应将红表笔插入“V/Ω”插孔，黑表笔插入“COM”插孔。
- 将量程开关置于“OHM” 或“Ω” 的范围内并选择所需的量程位置。
- 检测时将两表笔分别接被测元器件的两端或电路的两端。

b. 使用电阻挡时应注意的问题。

- 打开万用表的电源，对万用表进行使用前的检查：将两表笔短接，显示屏应显示0.00 Ω；将两表笔开路，显示屏应显示溢出符号“1”。以上两个显示都正常时，表明该万用表可以正常使用，否则不能使用。
- 检测时，若显示屏显示溢出符号“1”，表明量程选得不合适，应改换更大的量程进行测量；在测试中若显示值为“000”，表明被测电阻已经短路；若显示值为“1”（量程选择合适的情况下），表明被测电阻的阻值为∞ 。

② 电压挡的使用。

a. 万用表测直流电压如图 1.3.3 所示，操作方法如下。

- 将红表笔插入“V/Ω”插孔，黑表笔插入“COM”插孔。
- 将量程开关置于“DCV”或“V ⎓”挡的合适量程。
- 测量时，万用表要与被测电路并联。红表笔所接端子的极性将显示在显示屏中。

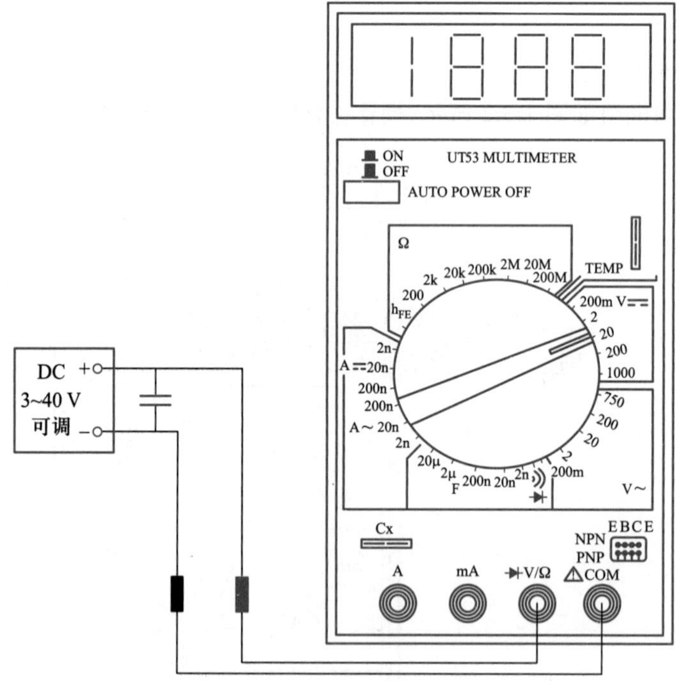

图 1.3.3 万用表测直流电压

b. 万用表测交流电压如图 1.3.4 所示，操作方法如下。

- 将红表笔插入“V/Ω”插孔，黑表笔插入“COM”插孔。
- 将量程开关置于“ACV”或“V～”挡的合适量程。
- 将表笔并接于测试端。

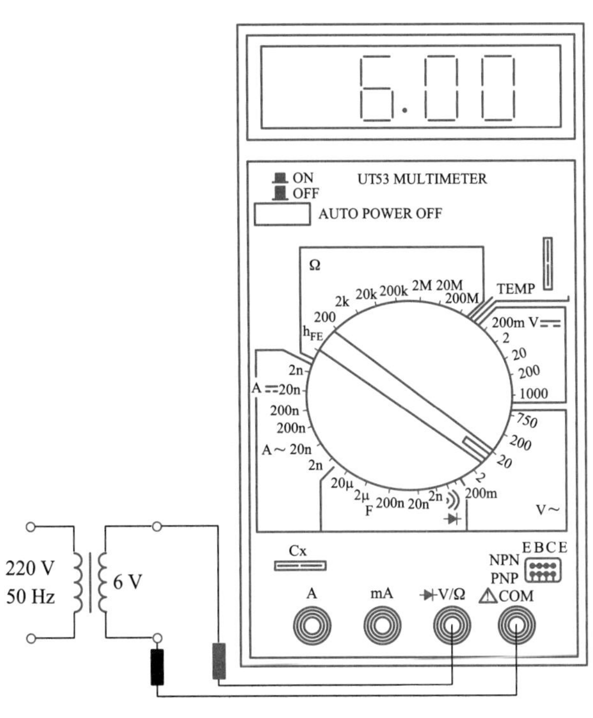

图 1.3.4　万用表测交流电压

c. 使用电压挡时应注意的问题。

- 选择合适的量程，当无法估计被测电压的大小时，应先选最高量程进行测试。
- 测量较高的电压时，不论是直流还是交流，都要禁止拨动量程开关。
- 测量电压时不要超过所标示的最高值。
- 测量交流电压时，最好把黑表笔接到被测电压的低电位端。
- 虽然数字万用表有自动转换极性的功能，但是，为避免测量误差的出现，进行直流测量时，应使表笔的极性与被测电压的极性相对应。
- 被测信号的电压频率最好在规定的范围内，以保证测试的准确度。
- 测量较高的电压时，不要用手直接碰触表笔的金属部分。
- 测量电压时，若万用表的显示屏显示溢出符号“1”，说明已发生超载。
- 当万用表的显示屏显示“000”或数字有跳跃现象时，应及时更换挡位。

③ 电流挡的使用。

a. 万用表测直流电流如图 1.3.5 所示，操作方法如下。

- 将红表笔插入“A”或“mA”插孔，黑表笔插入“COM”插孔。
- 将量程开关置于“DCA”或“A ⎓”挡的合适量程。
- 将万用表串联到被测电路中，表笔的极性可以不考虑。

b. 使用电流挡时应注意的问题。

- 如果被测电流大于 200 mA，应将红表笔插入“A”插孔。
- 如果显示屏显示溢出符号“1”，表示被测电流已大于所选量程，这时应改换更高的量程。

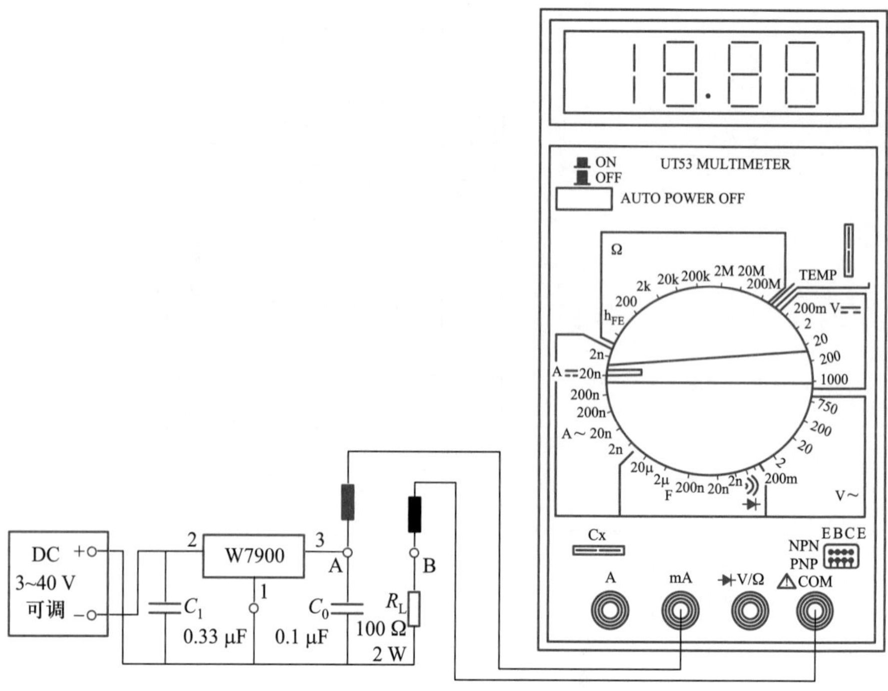

图 1.3.5 万用表测直流电流

- 在测量电流的过程中,不能拨动量程转换开关。

c. 万用表测交流电流的操作方法如下。

- 将红表笔插入“A”或“mA”插孔,黑表笔插入“COM”插孔。
- 将量程开关置于“ACA”或“A～”挡的合适量程。
- 将万用表串联到被测电路中。

④ 二极管挡的使用如图 1.3.6 所示。

a. 检测普通二极管好坏的方法。

- 将红表笔插入“V/Ω”插孔,黑表笔插入“COM”插孔。功能开关置于“⊣▶⊢、·)))”挡。
- 红表笔接被测二极管的正极,黑表笔接被测二极管的负极。
- 将万用表的开关置于 ON,此时显示屏所显示的就是被测二极管的正向压降 U。
- 如果被测二极管是好的,正偏时,硅二极管应有 0.5～0.7 V 的正向压降,锗二极管应有 0.1～0.3 V 的正向压降;反偏时,不论是硅二极管还是锗二极管,万用表均显示溢出符号“1”。
- 测量时,若正反向均显示“000”,表明被测二极管已经击穿短路。
- 测量时,若正反向均显示溢出符号“1”,表明被测二极管内部已经开路。

b. 使用二极管挡时应注意的问题。

- 使用二极管挡时,显示屏所显示的值是二极管的正向压降 U,其单位为 mV。
- 正常情况下,硅二极管的正向压降 U 为 0.5～0.7 V,锗二极管的正向压降 U 为 0.1～0.3 V。根据这一特点可以判断被测二极管是硅管还是锗管。

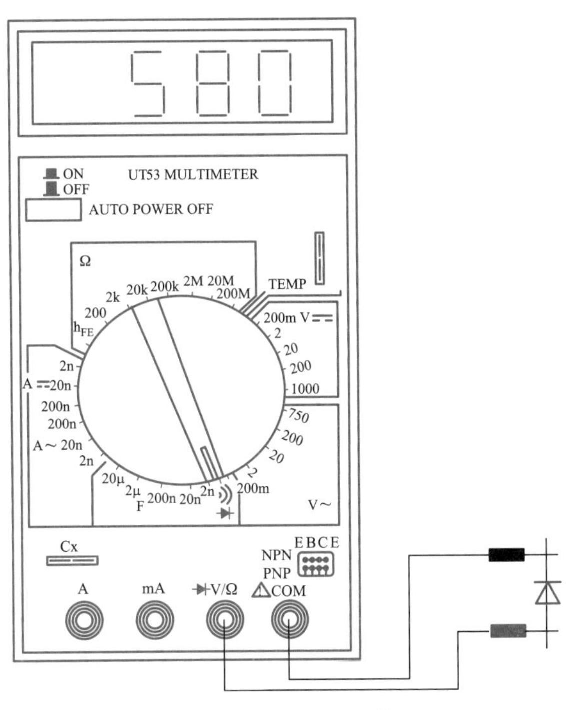

图 1.3.6　二极管挡的使用

- 将表笔连接到待测线路的两端，如果两端之间的电阻值低于 70 Ω，内置蜂鸣器发声。显示屏显示其电阻近似值，单位为 Ω。

⑤ 电容挡的使用（电容容量的测量）。

a. 测量方法：将电容插入电容测试座中；将功能转换开关置于电容区。

b. 使用电容挡时应注意的问题。

- 在接入被测电容之前，注意显示值需为“000”，每改变一次量程需一定时间复零。
- 测量前被测电容应先放电，测量大电容时，需要等待较长时间方可得到稳定读数。
- 有的仪表进行电容测量时有极性之分，在测量电解电容时，要注意极性。

⑥ 晶体管 h_{FE}（直流放大系数）的测量。

测量方法：将开关置于 h_{FE} 挡上，先决定晶体管是 NPN 型还是 PNP 型，再将 E、B、C 三脚分别插入面板上晶体管插座正确的插孔内，此时显示器将显示出 h_{FE} 的近似值。

⑦ 温度的测量。

测量温度时，将热电偶传感器的冷端（自由端）插入测试座中，请注意极性。热电偶的工作端（测试端）置于待测物上面或内部，可直接从显示器上读数，其单位为℃。

探究

（5）注意事项

① 将 POWER 开关按下，检查 9 V 电池，如果电池电压不足，显示器上显示“ □ ”，

表示需更换电池。

② 测试笔插孔旁边的符号表示输入电压或电流不应超过显示值，这是为了保护内部线路免受损坏。

③ 测试之前，功能开关应置于所需要的量程。

④ 测量完毕应及时断开电源，长期不用时应取出电池。

三、抢答器测试过程

课内阅读

1. 抢答器电路的工作原理

视频
抢答器的测试

抢答器广泛应用于各种知识竞赛活动中，当抢答开始后，答题者按下自己面前的按钮，最先按下按钮的选手的编号将在显示器上显示，而其他选手的抢答信号则无效，保证了竞赛的公平和公开。在实际应用中，抢答器可以通过分立门电路、中规模集成电路、PLD 或单片机等多种方式实现。

抢答器的一般组成框图如图 1.3.7 所示。它主要由开关阵列电路、触发锁存电路、解锁电路、编码电路和译码显示电路等部分组成。下面逐一介绍它们的功能。

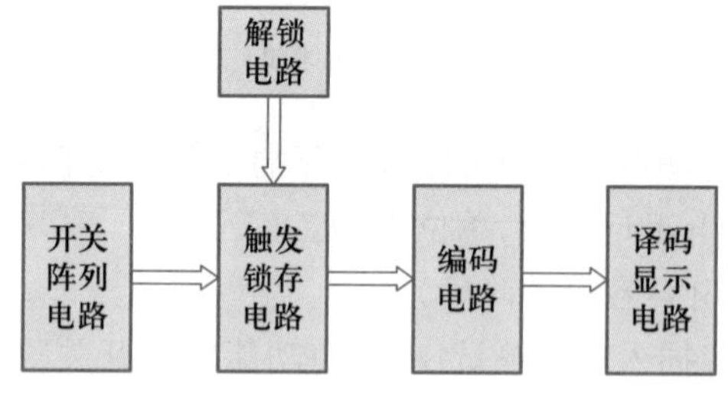

图 1.3.7 抢答器的一般组成框图

① 开关阵列电路：该电路由多路开关组成，每一名竞赛者与一组开关相对应。开关应为动合型，当按下开关时，开关闭合；当松开开关时，开关自动弹出断开。

② 触发锁存电路：当某一组开关首先被按下时，触发锁存电路被触发，在对应的输出端上产生开关电平信息，同时为防止其他开关随后触发而造成输出紊乱，最先产生的输出电平反馈到使能端上，将触发锁存电路封锁。

③ 解锁电路：一轮抢答完成后，应将触发器使能端强迫置 1 或置 0（根据芯片具体情况而定），解除触发锁存电路的封锁，使锁存器重新处于等待接收状态，以便进行下一轮的抢答。

④ 编码电路：将触发锁存电路输出端上产生的开关电平信息转换为相应的 8421BCD 码。

⑤ 译码显示电路：将编码电路输出的 8421BCD 码经显示译码驱动器，转换为数码管所需的逻辑状态，驱动 LED 数码管显示相应的十进制数码。

8 人抢答器电路图如图 1.3.8 所示。

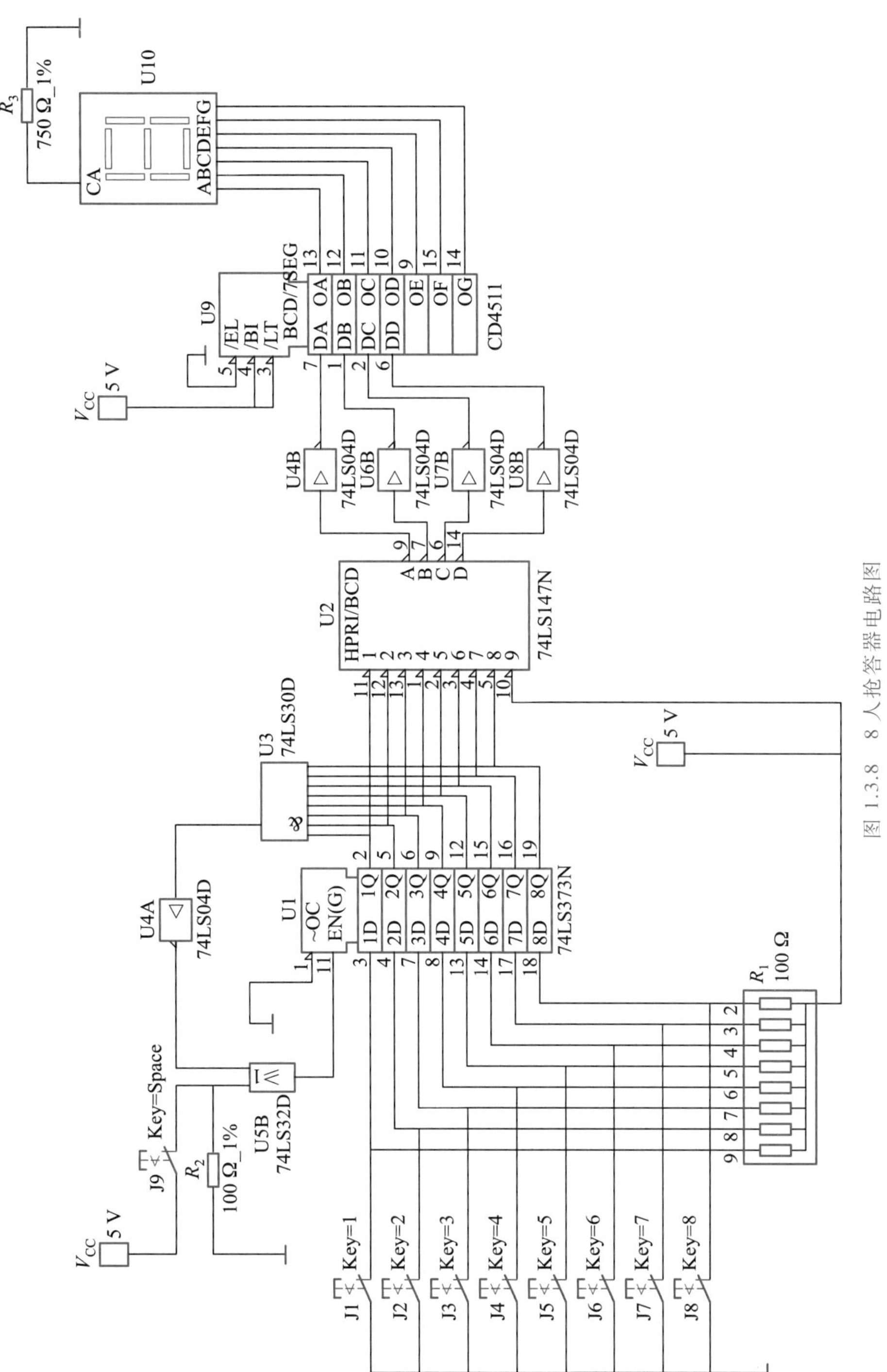

图 1.3.8 8 人抢答器电路图

2. 抢答器功能测试

知识准备

使用任何仪器进行测量都存在测量误差。测量结果与测量真值之间的差异称为测量误差。真值就是一个量所具有的真实数值。真值是一个理想概念,实际应用中通常用实际值来替代真值。实际值是根据测量误差的要求,用更高一级的标准器具测量所得到的值。

(1) 测量误差的表示方法

测量误差有绝对误差和相对误差两种表示方法。

① 绝对误差是指被测量的测量值与其真值之差。与绝对误差的大小相等,但符号相反的量值称为修正值。绝对误差只能说明测量结果偏离实际值的情况,不能确切反映测量的准确程度。

② 相对误差是指绝对误差与被测量的真值之比。相对误差是两个相同量纲的量的比值,只有大小和符号。

测量中常用绝对误差与仪器的满刻度值之比来表示相对误差,称为引用相对误差。测量仪器使用最大引用相对误差表示它的准确度,它反映了仪器综合误差的大小。

电工仪表一般分为 7 级:0.1、0.2、0.5、1.0、1.5、2.5、5.0。当仪表的准确度等级确定以后,示值越接近量程,示值相对误差越小。所以测量时要注意选择量程,尽量使仪表指示在满刻度值的 2/3 以上区域。

(2) 测量误差的来源

① 仪器误差是测量仪器本身及其附件引入的误差,如仪器的零点漂移、刻度不准确等引起的误差。

② 影响误差是指由于温度、湿度、振动、电源电压、电磁场等环境因素和仪表要求条件不一致而引起的误差。

③ 方法误差是指由于测量方法不合理而造成的误差。

④ 人身误差是指测量人员由于分辨力、视力疲劳、不良习惯或缺乏责任心,如读错数字、操作不当等引起的误差。

⑤ 测量对象变化误差是指由于测量过程中测量对象的变化使得测量值不准确而引起的误差。

(3) 测量误差的分类

测量误差按性质可分为三类:系统误差、随机误差、过失误差。

① 系统误差是指在确定的测试条件下,误差的数值(大小和符号)保持恒定或在条件改变时按一定规律变化的误差,也称为确定性误差。系统误差常用来表示测量的正确度,系统误差越小,正确度越高。

② 随机误差是指在相同测试条件下多次测量同一量值时,绝对值和符号都以不可预知的方式变化的误差,也称为偶然误差。它是由一些对测量值影响较微小,又互不相关的多种因素共同造成的。随机误差是没有规律的、不可预知不能控制的,也无法用实验的方法加以消除。

随机误差反映了测量结果的精密度,随机误差越小,测量精密度越高。

系统误差和随机误差的综合影响决定测量结果的准确度,准确度越高,表示正确度和精密度越高,即系统误差和随机误差越小。

③ 过失误差是指在一定的测量条件下,测量值明显偏离实际值所造成的测量误差,也称为坏值,应予以剔除。

(4) 不确定度

不确定度是指由于测量误差的存在而对被测量的真值不能确定的程度,是表征被测量的真值所处量值范围的评定。它是通过多次重复的测量,用统计学的方法或其他方法估算得来的。

操作

(1) 测试准备

① 通电静态调整。

正确连接电源(+5 V),GND 端正确接地;在将芯片插入插座前,先检查各插座电源端与 GND 端间电压是否为 5 V,如电压正常,则按要求插入芯片。

② 仪器连线。

③ 仪器校准。

④ 仪器量程选择。

⑤ 准备抢答器测试工艺文件,如表 1.3.4 所示。

(2) 测试步骤

按照图 1.3.9 所示对抢答器进行测试。

① 将万用表调至直流电压 20 V 挡位上,黑表笔接地,红表笔与 1 点相接,在选手按键未按下前对 1 点电压进行测量,1 点电压为________V,表明按键未按下前,输入 74LS373N 的电压应为________(高/低)电平;按下相应选手按键再对 1 点电压进行测量,1 点电压为________V,表明按键按下后,输入 74LS373N 的电压应为________(高/低)电平。对其他选手按键做相应测量,并记录在测试记录中。

② 将万用表调至直流电压 20 V 挡位上,在解锁按键未按下前对 2 点电压进行测量,2 点电压为________V,表明按键未按下前,输入 74LS32D 的电压应为________(高/低)电平;按下解锁按键再对 2 点电压进行测量,2 点电压为________V,表明按键按下后,输入 74LS32D 的电压应为________(高/低)电平。将结果记录在测试记录中。

③ 按下解锁按键,使抢答器复位,将万用表调至直流电压 20 V 挡位,在选手按键未按下前对 3 点和 4 点电压进行测量,3 点电压为________V, 4 点电压为________V,表明按键未按下前,74LS373N 相应输出端的电压应为________(高/低)电平,与相应输入端的电压一致,74LS373N 使能端 EN 的电压为________(高/低)电平,74LS373N 处于________(解锁/锁存)状态;按下相应选手按键并放开,再对 3 点和 4 点电压进行测量,3 点电压为________V, 4 点电压为________V,表明按键按过后,74LS373N 相应输出端的电压保持________(高/低)电平________(变化/不变化),74LS373N 使能端 EN 的电压应为________(高/低)电平,74LS373N 处于________(解锁/锁存)状态。任意按下其他选手按键,测量 4 点电压为________V,表明 74LS373N 处于________(解锁/锁存)状态,输出端电压________(变化/不变化)。

表 1.3.4 抢答器测试工艺文件

技 术 条 件

1. 技术要求

1.1 8 路开关输入

1.2 稳定显示与输入开关编号相对应的数字 1~8

1.3 输出具有唯一性和时序第一的特征

1.4 一轮抢答完成后通过解锁电路进行解锁,准备进入下一轮抢答

2. 试验方法

2.1 测试仪器和设备

数字万用表(如 UT53 型) 1 台

直流稳压电源(如 HG6333 型) 1 台

2.2 测试条件

2.2.1 环境温度:15~35 ℃。

2.2.2 相对湿度:45%~85%。

2.3 测试时注意事项

2.3.1 打开万用表,检查 9 V 电池,如果电池电压不足,显示器上显示“ ”,表示需更换电池。

2.3.2 根据具体的测试要求,选择正确的插孔插入表笔。

2.3.3 根据具体的测试项目,选择合适的挡位和量程。

2.3.4 输入电压或电流不应超过显示值,这是为了保护内部线路免受损坏。

2.4 测试步骤

2.4.1 正确连接直流稳压电源(+5 V),GND 端正确接地。

2.4.2 对抢答器电路做静态测试,使用万用表直流电压挡,选择量程为 20 V 对各芯片插座电源端与 GND 端电压进行测试,确认电压为+5 V 后,正确插入芯片。

2.4.3 使用万用表直流电压挡,选择量程为 20 V 对抢答器选手按键部分和解锁按键部分进行测试。

2.4.4 使用万用表直流电压挡,选择量程为 20 V 对抢答器锁存器部分进行测试。

2.4.5 使用万用表直流电压挡,选择量程为 20 V 对抢答器编码器部分进行测试。

2.4.6 使用万用表直流电压挡,选择量程为 20 V 对抢答器译码显示部分进行测试。

旧底图总号											
								标记	数量	更改单号	签名	日期

底图总号		拟制		抢答器 测试工艺	×××2.×××		
		审核					
		工艺			阶段标记	第 1 张	共 1 张
日期	签名						
		标准化					
		批准					

格式(4) 描图: 幅面:4

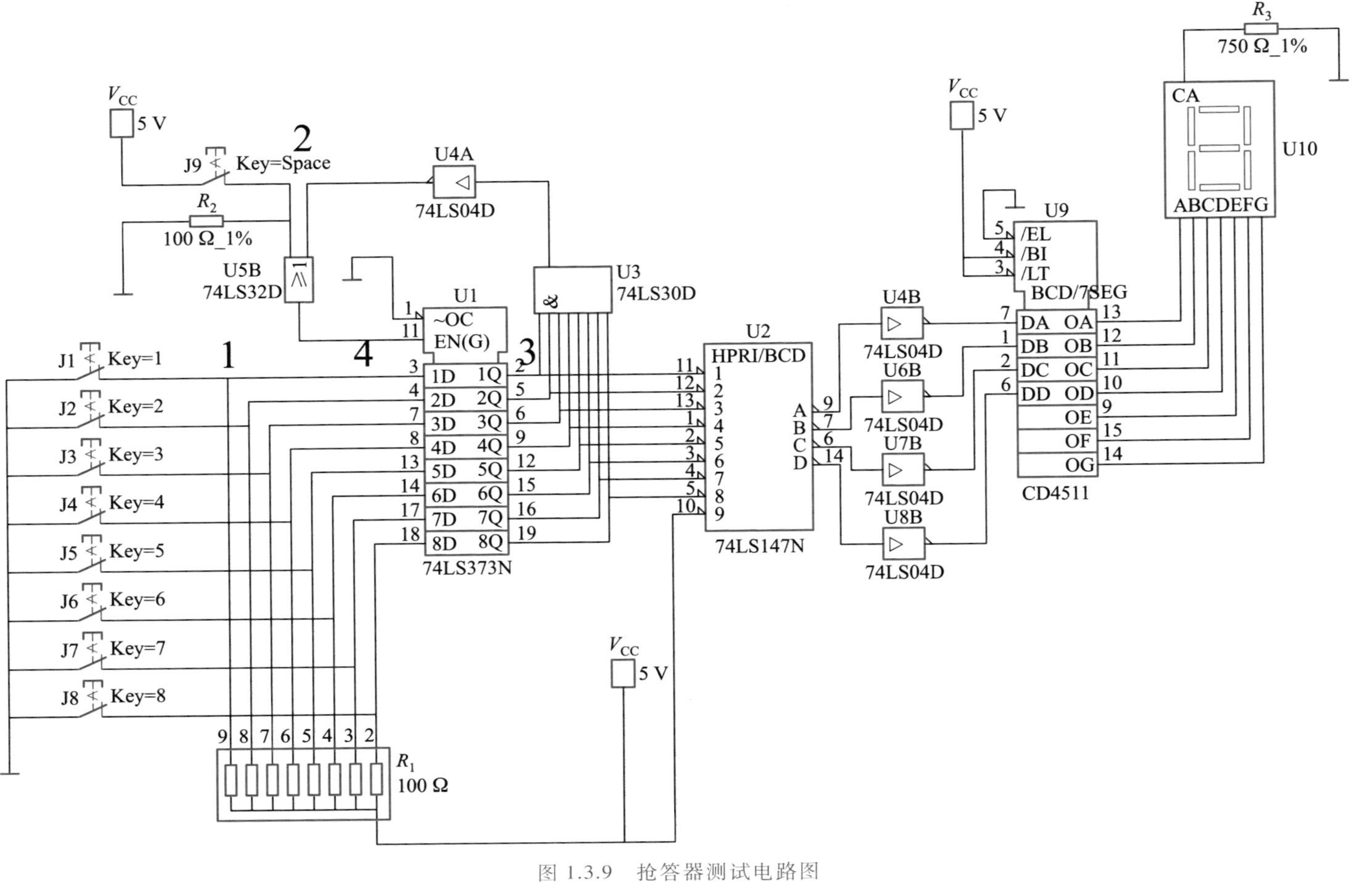

图 1.3.9　抢答器测试电路图

④ 将万用表调至直流电压 20 V 挡位，依次测量 74LS147N 输出端 14 脚、6 脚、7 脚、9 脚电压，可知 74LS147N 输出编码为________，为对应选手按键编号 8421BCD 码的________(原码/反码)；依次测量 CD4511 输入端 6 脚、2 脚、1 脚、7 脚电压，可见经过 74LS04D 后，输入 CD4511 的编码为对应选手按键编号 8421BCD 码的________(原码/反码)。观察数码管的显示，与对应选手按键编号________(相同/不同)。

⑤ 按下解锁按键后放开，将万用表调至直流电压 20 V 挡位，对 4 点电压进行测量，4 点电压为________ V，表明 74LS373N 处于________(解锁/锁存)状态，观察数码管的显示为________，抢答器处于复位状态。

⑥ 功能测试：在抢答器复位情况下，按下 1 号选手对应的按键，观察数码管显示为________，再按下其他选手对应的按键，观察数码管的显示________(变化/不变化)；按下解锁键后，再按下 2 号选手对应的按键，观察数码管显示为________，再按下其他选手对应的按键，观察数码管的显示________(变化/不变化)；以此类推，对 8 个按键进行测试，可知抢答器达到了设计指标。

(3) 测试报告(记录与数据处理)

抢答器测试记录

测试日期：________________　　　　测试人：________________

1. 选手按键输出端电压测试

按键状态	选手按键输出端电压/V							
	J1	J2	J3	J4	J5	J6	J7	J8
按键未按下								
按键按下								

2. 解锁按键输出端电压测试

按键状态	解锁按键输出端电压/V
按键未按下	
按键按下	

课外阅读

万用表的其他功能

使用万用表二极管挡可以检测两节点间的通断情况，操作方法如下。

① 将红表笔插入“V/Ω”插孔，黑表笔插入“COM”插孔。功能开关置于“⊣▶⊢、·))”挡。

② 红、黑两表笔分别接两被测节点，如两节点连通，则万用表内置蜂鸣器发声；反之，则不发声。

在抢答器测量中，可采用此方法测量与 V_{CC} 相连的各节点的通断情况。

知识小结

数字万用表是一种多功能、多量程的便携式电工电子仪表，通常可以测量直流电流、直流电压、交流电流、交流电压和电阻等，有些万用表还可测量电容、电感、功率、晶体管共射极直流放大系数 h_{FE} 等，所以万用表是电工电子专业的必备仪器之一。

抢答器作为典型的组合逻辑电路，其测量工作主要是指对逻辑电平的测量和对功能的测试。在对逻辑电平进行测量的过程中，数字万用表是最为常用的测量仪器。在对数字电路进行测试的过程中，通常采用数字万用表的直流电压挡进行测试，通常数字电路电源电压为+5 V，因此在电压测量过程中选择量程为 20 V。

在数字电路测试过程中，数字万用表的另一个主要用途是对节点间通断进行检测。将万用表置于二极管挡，用红、黑表笔分别与被测节点接触，如果万用表内置蜂鸣器发声代表两节点连通，反之则代表两节点断开。

习 题

（一）理论题

1. 简单叙述数字万用表的工作原理。
2. 简单叙述 UT53 型数字万用表的主要功能。
3. 叙述抢答器的基本原理。
4. 画出抢答器的构成框图。
5. 叙述抢答器中锁存器 74LS373N 的作用。
6. 叙述使用万用表测量直流电压的流程。
7. 叙述万用表上 4 个表笔插孔的用途。

（二）实践题

1. 简述为何在抢答器中所有按键都要采用动合开关。
2. 简述为何在编码器 74LS147N 与显示译码器 CD4511 连接时要加入非门。
3. 简述抢答器中采用的数码管的类型。
4. 测量数码管驱动的电流大小。
5. 测试 CD4511 三个使能端的功能。

项目 1-4 数字频率计的测试
——数字(存储)示波器的应用

数字频率计的测试

学习目标

数字频率计是一种基本的电子产品。测试数字频率计所需的基本的测量仪器是数字(存储)示波器。数字(存储)示波器的基本功能是测量电压的有效值即 RMS 值,并显示波形、存储波形、对波形数据进行分析处理。

学习完本项目后,你将能够:

- 理解数字频率计的工作原理
- 理解数字频率计的技术指标
- 掌握数字示波器的性能、参数
- 掌握数字示波器的使用方法和注意事项
- 学会编制测量工艺文件

一、数字频率计测试指标

课内阅读

数字频率计的部分技术参数如表 1.4.1 所示。

表 1.4.1 数字频率计的部分技术参数

序号	技术参数	要求
1	电源电压	交流 220 V/50 Hz
2	频率测量范围	10~9 999 Hz
3	输入信号电压幅度	>300 mV
4	输入信号波形	任意周期信号
5	显示位数	4 位
6	被测频率误差	<5%

讨论

1. 频率测量范围(10~9 999 Hz)

对于频率测量范围之内的任一频率,数字频率计都能用数码管准确地显示出来。

2. 被测频率误差(<5%)

若输入频率的误差小于 5%,则输出信号的频率显示不会发生误差。

二、数字频率计测试仪器选用

1. 仪器选择(如表 1.4.2 所示)

表 1.4.2　数字频率计测试仪器选择

序号	测试仪器	数量	备注
1	DS1102C 型数字存储示波器	1	① 根据实际情况选用 ② 根据实际测试要求进行选择
2	数字万用表(如 BT9013 型)	1	
3	函数信号发生器(如 EE1641B 型)	1	

2. 主要仪器介绍:DS1102C 型数字存储示波器

观察

(1) 面板结构

DS1102C 型数字存储示波器的面板结构如图 1.4.1 所示,其显示界面如图 1.4.2 所示。

动画
DS1102C 型数字存储示波器

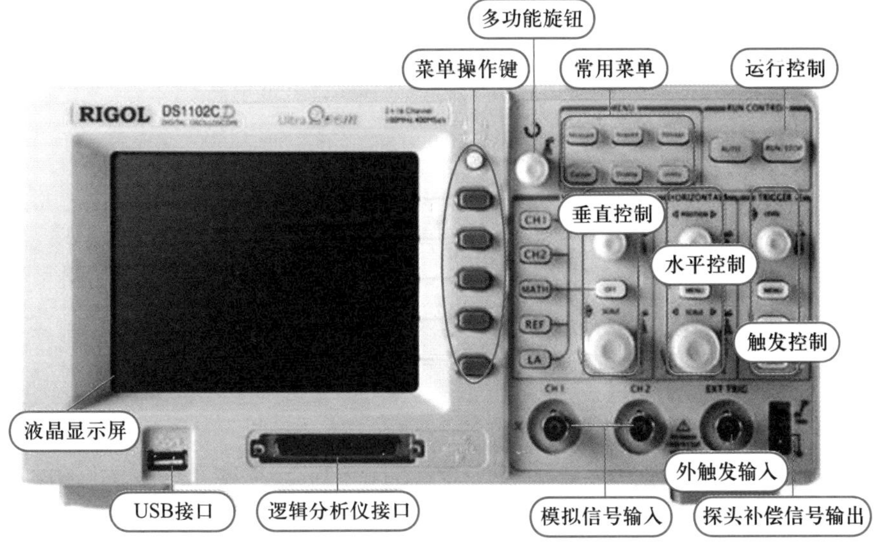

图 1.4.1　DS1102C 型数字存储示波器的面板结构

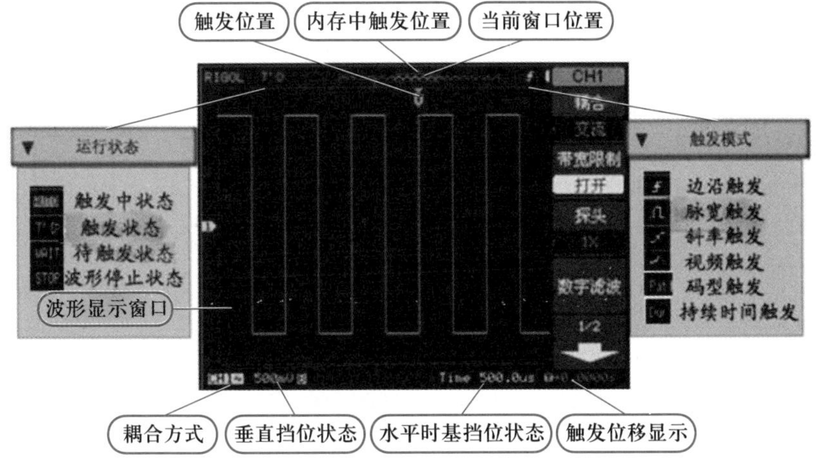

图 1.4.2　DS1102C 型数字存储示波器显示界面

（2）主要性能指标（如表 1.4.3 所示）

表 1.4.3 DS1102C 型数字存储示波器主要性能指标

序号	性能指标	规格
1	带宽	100 MHz
2	存储深度	单通道 1 MB 取样点（CH1 或 CH2）
3	通道	2CH + Ext Trig（外触发）
4	实时取样率	400 MSa/s
5	等效取样率	25 GSa/s
6	上升时间	3.5 ns
7	时基范围	5 ns ~ 50 s
8	XY	100 MHz
9		3 degrees
10	触发模式	边沿触发、脉宽触发、斜率触发、交替触发、视频触发
11	触发源	CH1,CH2,Ext,Ext/5,AC Line
12	输入阻抗	1 MΩ,13 pF
13	垂直灵敏度	2 mV/div ~ 5 V/div
14	垂直分辨力	8 bit
15	输入耦合	DC,AC 或 GND
16	最大输入电压	400 V（DC + AC peak）
17	滚动范围	500 ms/div ~ 50 s/div
18	自动测量	峰-峰值、最大值、最小值、顶端值、底端值、幅值、平均值、均方根值、过冲、预冲、频率、周期、上升时间、下降时间、正占空比、负占空比、正脉宽、负脉宽
19	光标测量	手动、自动、追踪
20	数学运算	+,-,×,FFT
21	存储	内部:10 种波形和设置
22		USB:BMP,CSV,波形,设置
23	接口	USB 设置,USB 主机,RS232,P/F 输出（隔离）
24	显示	TFT（QVGA,彩色 LCD）,320 mm×234 mm
25	电源	全球通用,最大 100~240 V/50 W
26	质量	2.3 kg
27	体积	303 mm×154 mm×133 mm
28	附件	探头×2（1X,10X 可切换）,电源线,用户手册

（3）工作原理

示波器是利用电子示波管的特性，将人眼无法直接观测的交变电信号转换成图像，显示在荧光屏上以便测量的电子测量仪器。它是观察数字电路实验现象、分析实验中的问题、测量实验结果必不可少的重要仪器。示波器由示波管和电源系统、同步系统、*X* 轴偏转系统、*Y* 轴偏转系统、延迟扫描系统、标准信号源组成。

数字存储示波器首先将被测信号抽样和量化，变为二进制信号存储起来，再从存储器中取出信号的离散值，通过算法将离散的被测信号以连续的形式在屏幕上显示出来。数字示波器一般支持多级菜单，能提供给用户多种选择及多种分析功能。

操作

（4）基本操作

视频　DS1102C 型数字存储示波器的使用

① 测试前的准备。

a. 接通电源。接通电源后，仪器执行所有自检项目，并确认通过自检，按“STORAGE”按钮，用菜单操作键从顶部菜单框中选择“存储类型”，然后调出“出厂设置”菜单框。

警　告

为避免电击，请确认示波器已经正确接地。

b. 示波器接入信号。DS1102C 型是双通道输入加一个外触发输入通道的数字示波器，可按照如下步骤接入信号。

- 用示波器探头将信号接入通道 1（CH1）：将探头上的开关设定为 10X，并将示波器探头与通道 1 连接。将探头连接器上的插槽对准 CH1 同轴电缆插接件（BNC）上的插口并插入，然后向右旋转以拧紧探头。
- 示波器需要输入探头衰减系数。此衰减系数改变仪器的垂直挡位比例，从而使得测量结果正确反映被测信号的电平（默认的探头衰减系数设定值为 10X）。设置探头衰减系数的方法如下：按“CH1”功能按钮显示通道 1 的操作菜单，应用与“探头”项目平行的 3 号菜单操作键，选择与使用的探头同比例的衰减系数，此时设定应为 10X。
- 把探头端部和接地夹接到探头补偿器的连接器上。按“AUTO”（自动设置）按钮。几秒钟内，可见到方波显示。
- 以同样的方法检查其他通道。再次按“CH1”功能按钮以关闭通道 1，按“CH2”功能按钮以打开通道 2，重复上述两个步骤。

② 探头补偿。

在首次将探头与任一输入通道连接时，要进行探头补偿，使探头与输入通道相配。未经补偿或补偿偏差的探头会导致测量误差或错误。调整探头补偿可执行如下步骤。

a. 将探头衰减系数设定为 10X，将探头上的开关设定为 10X，并将示波器探头与通道 1 连接。将探头端部与探头补偿器的信号输出连接器相连，基准导线夹与探头补偿器的地线连接器相连，打开通道 1，然后按“AUTO”按钮。

b. 检查所显示波形的形状。

c. 如必要,用非金属质地的螺丝刀调整探头上的可变电容,直到屏幕显示的波形如图 1.4.3(b)所示。

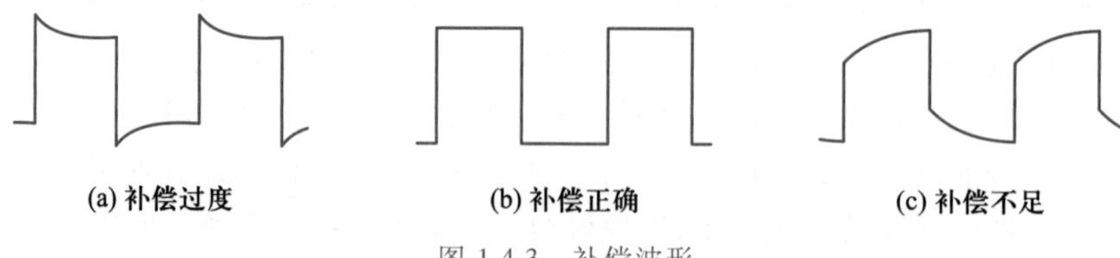

图 1.4.3 补偿波形

d. 必要时,重复上述步骤。

警 告

为避免使用探头时被电击,应确保探头的绝缘导线完好,连接高压源时不要接触探头的金属部分。

③ 波形显示的自动设置。

DS1102C 型数字示波器具有自动设置的功能。根据输入的信号,可自动调整电压倍率、时基以及触发方式至最好形态显示。应用自动设置要求被测信号的频率大于或等于 50 Hz,占空比大于 1%。使用自动设置的步骤如下。

a. 将被测信号连接到信号输入通道。

b. 按“AUTO”按钮。

c. 示波器将自动设置垂直、水平和触发控制。如需要,可手工调整这些控制使波形显示达到最佳。

④ 垂直系统基本操作。

如图 1.4.4 所示,在垂直控制区(VERTICAL)有一系列的按钮、旋钮。

a. 使用垂直POSITION旋钮使输入信号居中显示在波形显示窗口中。

垂直POSITION旋钮控制波形在显示窗口中的垂直位置。转动该旋钮时,指示通道地(GROUND)的标识跟随波形而上下移动。

测量技巧:

如果通道耦合方式为 DC,可以通过观察波形与信号地之间的差距来快速测量信号的直流分量。如果通道耦合方式为 AC,信号里面的直流分量被滤除。这种方式方便用更高的灵敏度显示信号的交流分量。

将通道垂直位置恢复到零点的快捷键:

转动垂直POSITION旋钮可以改变通道的垂直位置,按下该旋钮则可以将通道垂直位置恢复到零点。

b. 改变垂直设置,并观察因此导致的状态信息变化。

可以通过波形显示窗口下方的状态栏中显示的信息,确定任何垂直挡位的变化。

转动垂直SCALE旋钮改变“Volt/div(伏/格)”垂直挡位,可以发现状态栏对应通道的挡位显示发生了相应的变化。

按“CH1”“CH2”“MATH”“REF”“LA”按钮，屏幕显示对应通道的操作菜单、标志、波形和挡位状态信息，再次按此通道按钮，可关闭当前选择的通道。

> Coarse/Fine（粗调/微调）快捷键：
>
> 除了可以通过菜单操作切换粗调/微调以外，还可以通过按下垂直 SCALE 旋钮来设置输入通道的粗调/微调状态。

⑤ 水平系统基本操作。

如图 1.4.5 所示，在水平控制区（HORIZONTAL）有 1 个按钮、2 个旋钮。

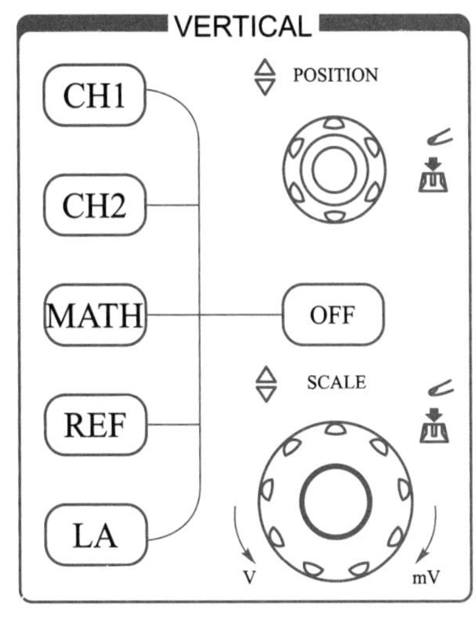

图 1.4.4 垂直控制区按键、旋钮

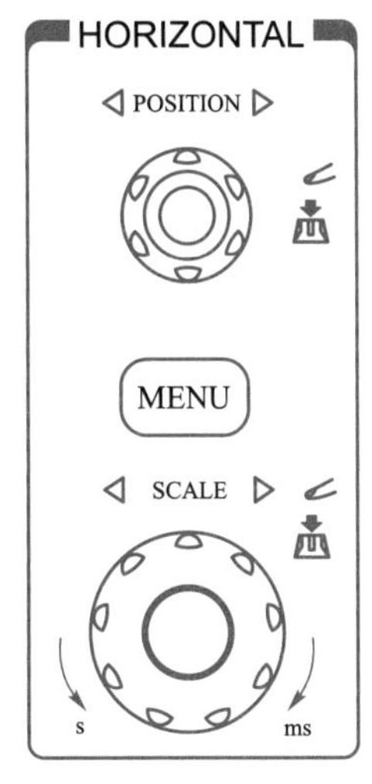

图 1.4.5 水平控制区按键、旋钮

a. 使用水平 SCALE 旋钮改变水平挡位设置，并观察因此导致的状态信息变化。

转动水平 SCALE 旋钮改变“s/div（秒/格）”水平挡位，可以发现状态栏对应通道的挡位显示发生了相应的变化。水平扫描速度从 2 ns 至 50 s，以 1-2-5 的形式步进。

> Delayed（延迟扫描）快捷键：
>
> 按下水平 SCALE 旋钮可以切换到延迟扫描状态。

b. 使用水平 POSITION 旋钮调整信号在波形显示窗口中的水平位置。

水平 POSITION 旋钮控制信号的触发位移。当应用于触发位移时，转动水平 POSITION 旋钮时，可以观察到波形随旋钮而水平移动。

> 将触发位移恢复到水平零点的快捷键：
>
> 转动水平 POSITION 旋钮可以调整信号在波形显示窗口中的水平位置，按下该旋钮则可以使触发位移（或延迟扫描位移）恢复到水平零点。

c. 按“MENU”按钮，显示 TIME 菜单。在此菜单下，可以开启/关闭延时扫描或切换 Y-T、X-Y 和 ROLL 模式，还可以设置水平触发位移复位。

触发位移：指实际触发点相对于存储器中点的位置。转动水平◎POSITION旋钮，可水平移动触发点。

⑥ 触发系统基本操作。

如图 1.4.6 所示，在触发控制区（TRIGGER）有 1 个旋钮、3 个按钮。

a. 用◎LEVEL旋钮调整触发电平设置。

转动◎LEVEL旋钮，可以发现屏幕上出现一条橘红色的触发线以及触发标志，随旋钮转动而上下移动。停止转动旋钮，此触发线和触发标志会在约 5 s 后消失。在移动触发线的同时，可以观察到屏幕上触发电平的数值发生了变化。

将触发电平恢复到零点的快捷键：

转动◎LEVEL旋钮可以改变触发电平值，按下该旋钮则可以将触发电平恢复到零点。

b. 按"50%"按钮，可将触发电平设在触发信号幅值的垂直中点。

c. 按"FORCE"按钮，强制产生一个触发信号，主要应用于触发方式中的"普通"和"单次"模式。

d. 按"MENU"按钮，会出现图 1.4.7 所示的触发菜单。

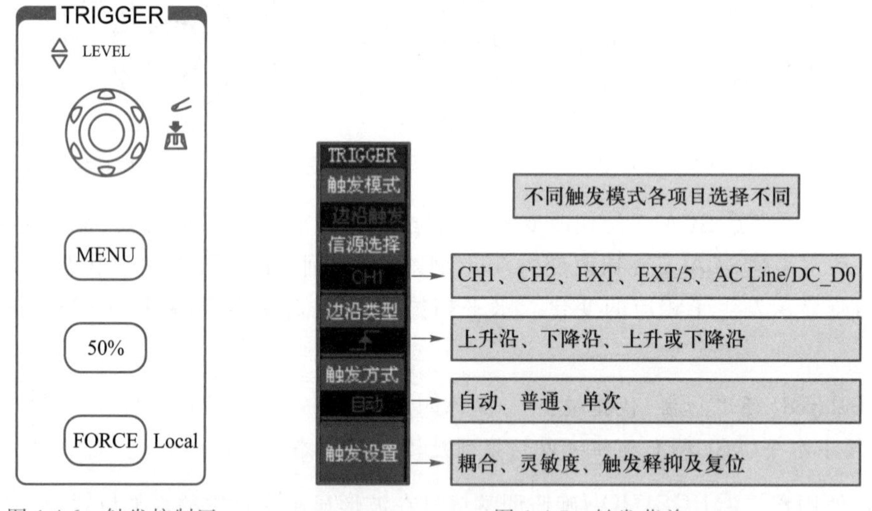

图 1.4.6 触发控制区　　图 1.4.7 触发菜单

触发模式包括边沿触发、脉宽触发、斜率触发、交替触发、视频触发、码型触发（混合信号示波器）、持续时间触发等。

触发方式包括自动、普通、单次。

触发设置包括耦合、灵敏度、触发释抑及复位等。不同的触发模式，触发设置项目不同。

（5）高级操作

① 垂直通道设置。

按"CH1"或"CH2"功能按钮，屏幕显示 CH1 或 CH2 单通道的操作菜单，如图 1.4.8

所示，共两页。

功能菜单	设定	说明
耦合	交流	阻挡输入信号的直流成分
	直流	通过输入信号的交流和直流成分
	接地	断开输入信号
带宽限制	打开	限制带宽至20 MHz，以减少显示噪声
	关闭	满带宽
探头	1X 10X 100X 1000X	根据探头衰减因数选取其中一个值，以保持垂直标尺读数准确
数字滤波		设置数字滤波
(下一页)	1/2	进入下一页菜单(以下均同，不再说明)

功能菜单	设定	说明
(上一页)	2/2	返回上一页菜单(以下均同，不再说明)
挡位调节	粗调	粗调按1-2-5进制设定垂直灵敏度
	微调	微调则在粗调设置范围之内进一步细分，以改善垂直分辨力
反相	打开	打开波形反相功能
	关闭	波形正常显示

图 1.4.8　CH1 通道操作菜单

② 水平通道设置。

按水平系统菜单按键“MENU”，屏幕显示水平通道操作菜单，如图 1.4.9 所示。

功能菜单	设定	说明
延迟扫描	打开	进入Delayed波形延迟扫描
	关闭	关闭延迟扫描
时基	Y–T	Y–T方式显示垂直电压与水平时间的相对关系
	X–Y	X–Y方式在水平轴上显示通道1幅值，在垂直轴上显示通道2幅值
	Roll	Roll方式下示波器从屏幕右侧到左侧滚动更新波形取样点
触发位移	复位	调整触发位置到中心零点

图 1.4.9　水平通道操作菜单

进入下一页，可进行扫描速度（s/div）挡位调节，使波形水平显示合适。

注　意

延迟扫描主要用于放大一段波形，以便查看图像细节。

③ 设置触发系统。

在触发控制区按“MENU”按钮,屏幕显示如图 1.4.10 所示。数字示波器的触发模式很多,下面简要介绍边沿触发和脉宽触发。

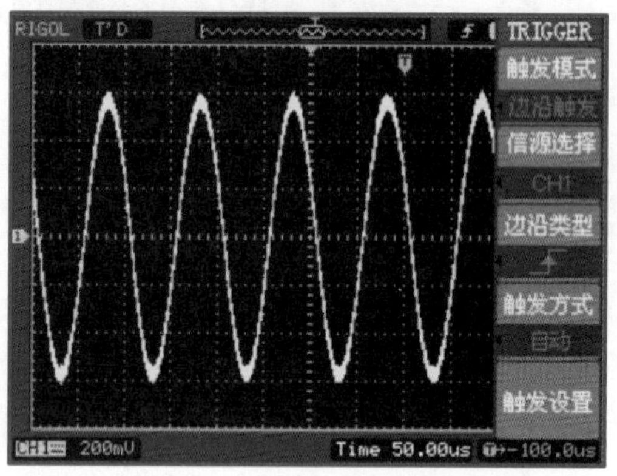

图 1.4.10 触发系统设置

- 边沿触发:即在触发信号的上升沿、下降沿或上升和下降沿触发,是通常使用的一种触发方式。
- 脉宽触发:根据脉冲宽度来确定触发时刻,可以通过设定脉宽条件来捕捉异常脉冲,如表 1.4.4 所示。

表 1.4.4 脉宽条件设置

<table>
<tr><th>功能菜单</th><th>设定</th><th>说明</th></tr>
<tr><td rowspan="6">脉冲条件</td><td>(正脉宽小于)</td><td rowspan="6">设置脉冲条件</td></tr>
<tr><td>(正脉宽大于)</td></tr>
<tr><td>(正脉宽等于)</td></tr>
<tr><td>(负脉宽小于)</td></tr>
<tr><td>(负脉宽大于)</td></tr>
<tr><td>(负脉宽等于)</td></tr>
<tr><td>脉宽设置</td><td><脉冲宽度></td><td>设置脉冲宽度</td></tr>
</table>

脉冲宽度调节范围一般为 20 ns~10 s。

(6) 运算功能操作

运算功能包括 Math 和 FFT，Math 功能下包括 CH1、CH2 通道波形的相加、相减、相乘，FFT 功能下有四种窗函数可以根据需要选择，其功能菜单分别如图 1.4.11 和图 1.4.12所示。

功能菜单	设定	说明
操作	A+B	信源A与信源B波形相加
	A–B	信源A波形减去信源B波形
	A×B	信源A与信源B波形相乘
	FFT	FFT数学运算
信源A	CH1	设定信源A为CH1通道波形
	CH2	设定信源A为CH2通道波形
信源B	CH1	设定信源B为CH1通道波形
	CH2	设定信源B为CH2通道波形
反相	打开	打开数学运算波形反相功能
	关闭	关闭反相功能

图 1.4.11　Math 功能菜单

功能菜单	设定	说明
信源选择	CH1	设定CH1为运算波形
	CH2	设定CH2为运算波形
窗函数	Rectangle	设定Rectangle窗函数
	Hanning	设定Hanning窗函数
	Hamming	设定Hamming窗函数
	Blackman	设定Blackman窗函数
显示	分屏	半屏显示FFT波形
	全屏	全屏显示FFT波形
垂直刻度	V_{RMS}	设定以V_{RMS}为垂直刻度单位
	dBV_{RMS}	设定以dBV_{RMS}为垂直刻度单位

图 1.4.12　FFT 功能菜单

FFT 功能下四种窗函数的特点及适用范围如表 1.4.5 所示。

表 1.4.5　四种窗函数的特点及适用范围

FFT 窗	特点	最合适的测量内容
Rectangle	最好的频率分辨力，最差的幅度分辨力 与不加窗的情况基本类似	暂态或短脉冲，信号电平在此前后大致相等 频率非常接近的等幅正弦波 具有变化比较缓慢波谱的宽带随机噪声
Hanning Hamming	较好的频率分辨力，较差的幅度分辨力 Hamming 窗的频率分辨力稍好于 Hanning 窗	正弦、周期和窄带随机噪声 暂态或短脉冲，信号电平在此前后相差很大
Blackman	最好的幅度分辨力，最差的频率分辨力	主要用于单频信号，寻找更高次谐波

(7) 自动测量

自动测量功能菜单如图 1.4.13 所示，示波器的自动测量指标有峰-峰值、最大值、最小值、顶端值、底端值、幅值、平均值、均方根值、过冲、预冲、频率、周期、上升时间、下降时间、正占空比、负占空比、正脉宽、负脉宽等 20 种。

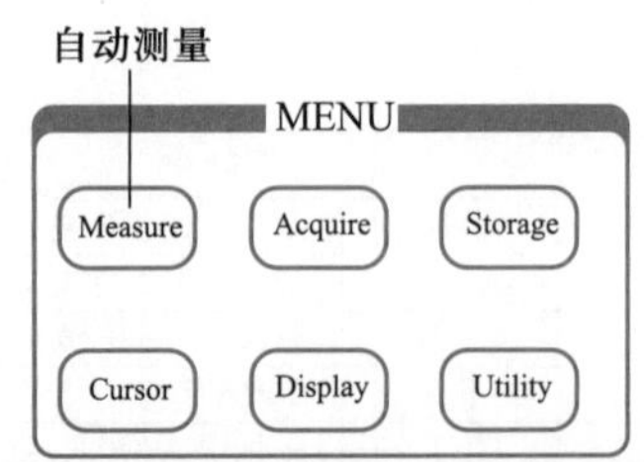

功能菜单	显示	说明
信源选择	CH1	设置被测信号的输入通道
	CH2	
电压测量	—	选择电压测量参数
时间测量	—	选择时间测量参数
清除测量	—	清除测量结果
全部测量	关闭	关闭全部测量显示
	打开	打开全部测量显示

图 1.4.13 自动测量功能菜单

（8）光标测量

光标测量模式有三种，即手动、自动与追踪。下面主要介绍手动模式。手动模式下的光标测量功能菜单如图 1.4.14 所示，测量步骤如下。

① 光标模式选择“手动”，选择被测信号信源 CH1（或 CH2）。

② 选择光标类型 X（或 Y），例如电压量测量（或频率测量），调出两条水平线 CurA、CurB（或两条垂直线 CurA、CurB）。

③ 移动光标调整光标间距离（增量），如表 1.4.6 所示。要先选定 CurA（或 CurB），才能对其进行移动。

④ 获得测量数值。测量数值自动显示在屏幕右上角。

功能菜单	设定	说明
光标模式	手动	手动调整光标间距以测量X或Y参数
光标类型	X	光标显示为垂直线，用来测量水平方向上的参数
	Y	光标显示为水平线，用来测量垂直方向上的参数
信源选择	CH1	选择被测信号的输入通道(LA仅适用于混合信号示波器)
	CH2	
	MATH/FFT	
	LA	

图 1.4.14 手动模式下的光标测量功能菜单

表 1.4.6 光标移动的含义

光标	测量	操作
CurA (光标 A)	X	旋动多功能旋钮使光标 A 左右移动
	Y	旋动多功能旋钮使光标 A 上下移动
CurB (光标 B)	X	旋动多功能旋钮使光标 B 左右移动
	Y	旋动多功能旋钮使光标 B 上下移动

探究

(9) 注意事项

① 示波器指标中的带宽如何理解?

带宽是示波器的基本指标,和放大器带宽的定义一样,是所谓的-3 dB 点,即在示波器的输入加正弦波,幅度衰减为实际幅度的 70.7%时的频率点称为带宽。也就是说,使用 100 MHz 带宽的示波器测量 1 V、100 MHz 的正弦波,得到的幅度只有 0.707 V。这只是正弦波的情形。因此,在选择示波器的时候,为达到一定的测量精度,应该选择信号最高频率为 5 倍的带宽。

② 影响示波器工作速度的因素有哪些?

简单地说示波器的原理都差不多,前端是数据采集系统,后端是计算机处理系统。影响示波器速度的因素主要有两方面:一个是从前端数据采集到后端处理的数据传输,一般都是用总线传输;另一个是后端的处理方式。

③ 在使用示波器时如何消除毛刺?

如果毛刺是信号本身固有的,而且想用边沿触发同步该信号(如正弦信号),可以采用高频抑制触发方式,通常可同步该信号。如果信号本身有毛刺,但想让示波器滤除该毛刺,不显示毛刺,通常很难做到。可以试着使用限制带宽的方法,但不小心也可能会过滤掉信号本身的一部分信息。

④ 如何捕捉并重现消失的瞬时信号?

要捕获瞬时信号可参照如下设置:触发模式选择边沿触发,触发方式设置为单次,边沿类型设置为上升沿,并将触发电平调到适当值。

⑤ 示波器使用中,探头应该注意些什么?

在示波器的使用过程中,探头往往被大家忽略。无源探头由于测量范围宽、价格便宜,同时可以满足大多数的测量要求,因而得到广泛的使用。无源探头的选择应该与所用示波器的带宽一致。在更换探头、探头交换通道的时候,必须进行探头补偿调整,达到与输入通道的匹配。

⑥ 测量中如何应用触发释抑? 有何作用?

触发释抑的含义是暂时将示波器的触发电路封闭一段时间(即释抑时间),在这段时间内,即使有满足触发条件的信号波形点,示波器也不会触发。示波器触发部分的作用就是稳定地显示波形,触发释抑也是为了稳定显示波形而设置的功能,其主要是针对大周期重复而在大周期内有很多满足触发条件的不重复的波形点而专门设置的。

⑦ 示波器正常,能看到扫描线,但是观察被测信号却没有信号波形产生,这是为什么?

有三个原因导致:

- 从通道 1 输入信号,但是不小心打开的却是通道 2;
- 信号耦合方式(AC-GND-DC)选择在接地位置上;
- 信号没有产生或没有输入示波器 BNC 接口。

三、数字频率计的原理

1. 电路组成框图

数字频率计的主要功能是测量周期信号的频率。频率是单位时间(1 s)内信号发生周期变化的次数。如果能在给定的 1 s 时间内对信号波形计数,并将计数结果显示出来,就能读取被测信号的频率。数字频率计首先必须获得相对稳定与准确的时间,同时将被测信号转换成幅度与波形均能被数字电路识别的脉冲信号,然后通过计数器计算这一段时间间隔内的脉冲个数,将其换算后显示出来。这就是数字频率计的基本原理。其原理框图如图 1.4.15 所示。

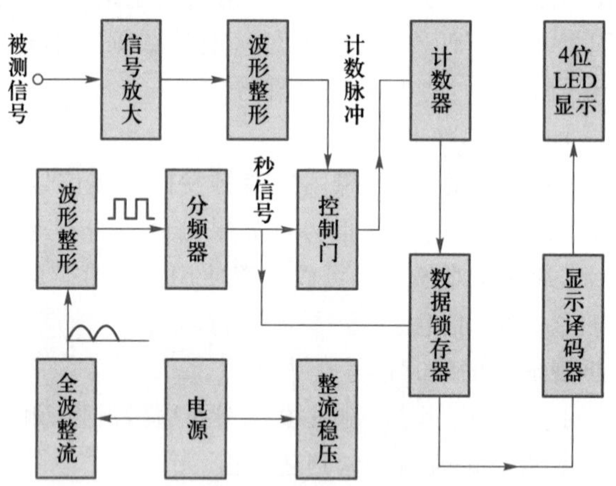

图 1.4.15 数字频率计原理框图

2. 原理框图分析

(1) 电源与整流稳压电路

原理框图中的电源采用 50 Hz 的交流市电。市电被降压、整流、稳压后为整个系统提供直流电源。系统对电源的要求不高,可以采用串联式稳压电源电路来实现。

(2) 全波整流与波形整形电路

本频率计采用市电频率作为标准频率,以获得稳定的基准时间。按国家标准,市电的频率漂移不能超过 0.5 Hz,即在 1%的范围内。用它作普通频率计的基准信号完全能满足系统的要求。全波整流电路首先对 50 Hz 交流市电进行全波整流,得到如

图 1.4.16(a)所示 100 Hz 的全波整流波形。波形整形电路对 100 Hz 信号进行整形，使之成为如图 1.4.16(b)所示 100 Hz 的矩形波。波形整形可以采用过零触发电路将全波整流波形变为矩形波，也可采用施密特触发器进行整形。

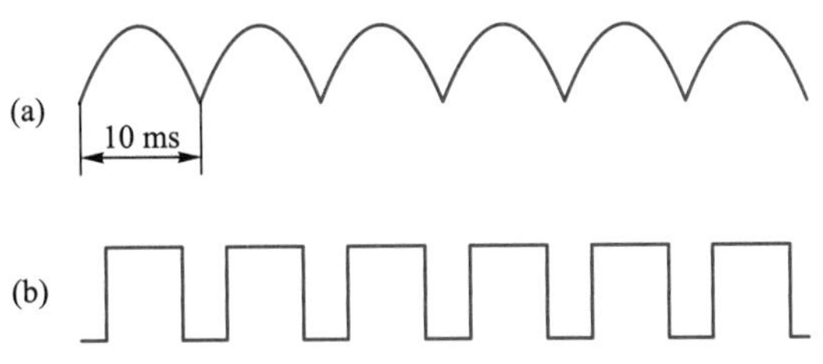

图 1.4.16 全波整流与波形整形电路的输出波形

(3) 分频器

分频器的作用是获得 1 s 的标准时间。电路首先对 100 Hz 信号进行 100 分频得到如图 1.4.17(a)所示周期为 1 s 的脉冲信号，然后再进行二分频得到如图 1.4.17(b)所示占空比为 50%、脉冲宽度为 1 s 的方波信号，由此获得测量频率的基准时间。利用此信号去打开与关闭控制门，可以获得在 1 s 时间内通过控制门的被测脉冲的数目。分频器可以由计数器通过计数获得。二分频可以采用触发器来实现。

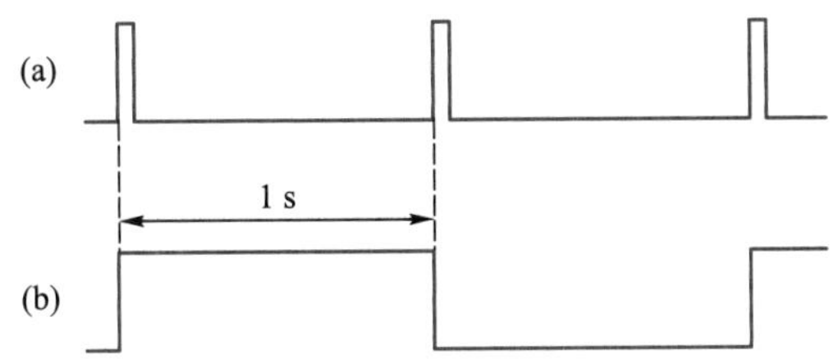

图 1.4.17 分频器的输出波形

(4) 信号放大、波形整形电路

为了能测量不同电平值与波形的周期信号的频率，必须对被测信号进行放大与整形处理，使之成为能被计数器有效识别的脉冲信号。信号放大与波形整形电路的作用即在于此。信号放大可以采用一般的运算放大电路，波形整形可以采用施密特触发器。

(5) 控制门

控制门用于控制输入脉冲是否送计数器计数。它的一个输入端接标准秒信号，一个输入端接被测脉冲。控制门可以用**与**门或**或**门来实现。当采用**与**门时，秒信号为正时进行计数；当采用**或**门时，秒信号为负时进行计数。

(6) 计数器

计数器的作用是对输入脉冲计数。根据设计要求，最高测量频率为 9 999 Hz，应采用 4 位十进制计数器。可以选用现成的十进制集成计数器。

(7) 数据锁存器

在确定的时间(1 s)内计数器的计数结果(被测信号频率)必须经锁定后才能获得稳定的显示值。数据锁存器的作用是通过触发脉冲控制，将测得的数据寄存起来，送显示译码器。数据锁存器可以采用一般的 8 位并行输入寄存器，为使数据稳定，最好采用边沿触发方式的器件。

(8) 显示译码器与数码管

显示译码器的作用是把用 BCD 码表示的十进制数转换成能驱动数码管正常显示的段信号，以获得数字显示。选用显示译码器时其输出方式必须与数码管匹配。

3. 实际电路分析

根据原理框图设计出的电路如图 1.4.18 所示。图中，稳压电源采用 7805 来实现，电路简单可靠，电源的稳定度与纹波系数均能达到要求。

对 100 Hz 全波整流输出信号的分频采用 7 位二进制计数器 74HC4024 组成 100 进制计数器来实现。计数脉冲下降沿有效。在 74HC4024 的 Q_7、Q_6、Q_3 端通过**与**门加入反馈清零信号，当计数器输出为二进制数 1100100(十进制数为 100)时，计数器异步清零，实现 100 进制计数。为了获得稳定的分频输出，清零信号与输入脉冲相**与**后再清零，使分频输出脉冲在计数脉冲为低电平时保持一段时间(10 ms)为高电平。

电路中利用了双 JK 触发器 74HC109 中的一个触发器，它将分频输出脉冲整形为脉宽为 1 s、周期为 2 s 的方波。从触发器 Q 端输出的信号加至控制门，确保计数器只在 1 s 的时间内计数。从触发器 $\overline{Q}$ 端输出的信号作为数据锁存器的锁存信号。

被测信号通过 741 组成的运算放大器放大 20 倍后送施密特触发器整形，得到能被计数器有效识别的矩形波输出，通过由 74HC11 组成的控制门送计数器计数。为了防止输入信号太强损坏集成运放，可以在运放的输入端并接两个保护二极管。

频率计数器由两块双十进制计数器 74HC4518 组成，最大计数值为 9 999 Hz。由于计数器受控制门控制，每次计数只在 JK 触发器 Q 端为高电平时进行。当 JK 触发器 Q 端跳变至低电平时，$\overline{Q}$端由低电平向高电平跳变，此时，8D 锁存器 74HC374(上升沿有效)将计数器的输出数据锁存起来送显示译码器。计数结果被锁存以后，即可对计数器清零。由于 74HC4518 为异步高电平清零，所以将 JK 触发器的 $\overline{Q}$ 端同 100 Hz 脉冲信号相**与**后的输出信号作为计数器的清零脉冲。由此保证清零是在数据被有效锁存一段时间(10 ms)以后再进行。

显示译码器采用与共阴数码管匹配的 CMOS 电路 74HC4511，4 个数码管采用共阴方式，以显示 4 位频率数字，满足测量最高频率为 9 999 Hz 的要求。

四、数字频率计测试过程

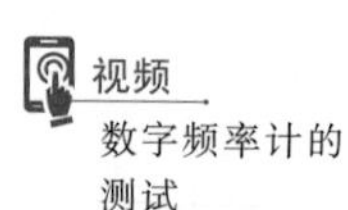

数字频率计的测试

1. 测试准备(工艺文件)

① 数字示波器开机预热 10 min。

② 数字示波器检查、校正。

③ 根据被测电路指标规定进行数字示波器面板调节。

④ 准备数字频率计测试工艺文件，如表 1.4.7 所示。

⑤ 连接数字示波器与被测电路。

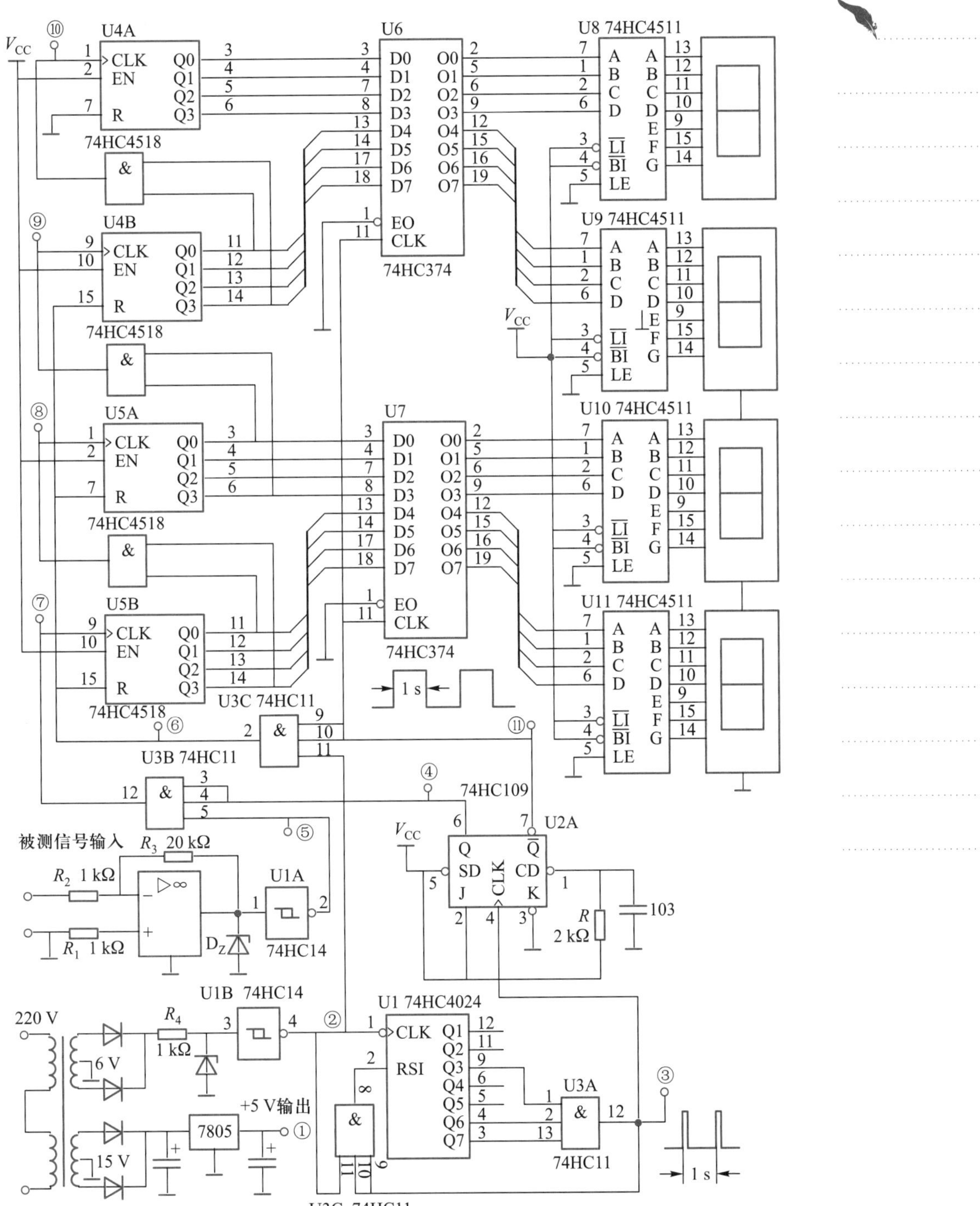

图 1.4.18　数字频率计电路

表 1.4.7 数字频率计测试工艺文件

技 术 条 件

1. 技术要求

1.1 电源电压:交流 220 V/50 Hz

1.2 频率测量范围:10~9 999 Hz

1.3 输入信号电压幅度:>300 mV

1.4 输入信号波形:任意周期信号

1.5 显示位数:4 位

1.6 被测频率误差:<5%

2. 试验方法

2.1 测试仪器和设备

DS1102C 型数字存储示波器	1 台
数字万用表(如 BT9013 型)	1 台
函数信号发生器(如 EE1641B 型)	1 台

2.2 测试条件

2.2.1 环境温度:0~35 ℃。

2.2.2 相对湿度:45%~85%。

2.3 测试时注意事项

2.3.1 接通电源,先预热 10 min 左右使用。

2.3.2 DS1102C 型数字存储示波器的检查。

① 开机预热仪器。

② 校准仪器量程。

旧底图总号					
	标记	数量	更改单号	签名	日期

底图总号	拟制		数字频率计测试工艺	×××2.×××		
	审核					
	工艺			阶段标记	第 1 张	共 3 张
日期 签名						
	标准化					
	批准					

格式(4) 描图: 幅面:

续表

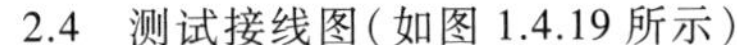

2.4 测试接线图(如图 1.4.19 所示)

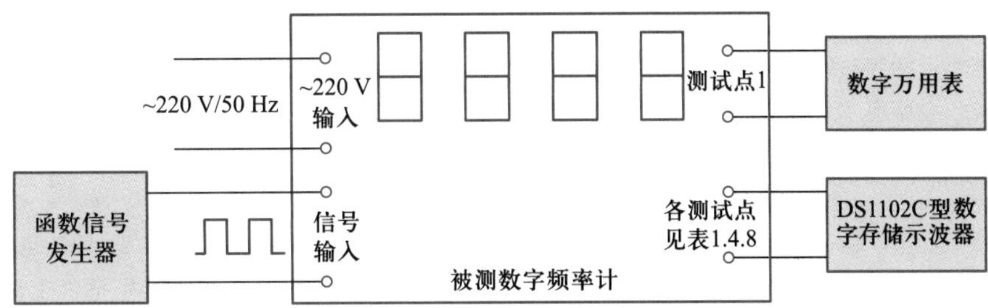

图 1.4.19 测试接线图

2.5 测试步骤

2.5.1 检查所测电路的电源是否连接正确。

2.5.2 检查仪器仪表与被测件之间的连接是否正确。

2.5.3 接线检查无误后,打开数字频率计电源。

2.5.4 电源测试:

将与变压器连接的电源插头插入 220 V 电源,用数字万用表检测稳压电源的输出端(测试点① W7805 输出)电压,正常值应为+5 V(允许误差±5%)。如果输出电压不对,应仔细检查相关电路,消除故障。稳压电源输出正常后,接着用示波器检测产生基准时间的全波整流电路输出波形。正常情况应观测到如图 1.4.16(a)所示波形。

2.5.5 基准时间检测:

关闭电源后,插上全部 IC,依次用示波器检测:测试点②(U1B 4 脚),频率为 100 Hz;测试点③(U3A 12 脚),波形如图 1.4.17(a)所示,周期为 1 s;测试点④(U2A 6 脚),波形如图 1.4.17(b)所示,周期为 2 s,占空比为 50%。如无输出波形或波形形状不对,则应对 U1、U3、U2 各引脚的电平或信号波形进行检测,消除故障。

2.5.6 输入信号检测:

从被测信号输入端输入幅值为 1 V 左右、频率为 1 kHz 左右的正弦信号,用示波器监测输入波形的频率和幅值的正确性。

媒体编号
旧底图总号
底图总号

日期	签名								
							拟 制		
							审 核		×××2.×××
							工 艺		
		标记	数量	更改单号	签名	日期	标准化		第 2 张

格式(4a) 描图: 幅面:

续表

2.5.7 输入放大与整形电路检测：

用示波器检测测试点⑤(U1A 2 脚)的波形，应为频率为 1 kHz 的方波信号，正常情况下，可以观测到与输入频率一致、信号幅值为 5 V 左右的方波。如观测不到输出波形，或观测到的波形形状与幅值不对，则应检测这一部分电路，消除故障。如该部分电路正常，或消除故障后频率计仍不能正常工作，则检测控制门。

2.5.8 控制门检测：

检测控制门测试点⑥(U3C 2 脚)的信号波形，正常时，每间隔 1 s 时间，可以在屏幕上观测到被测信号的方波。如观测不到波形，则应检测控制门两个输入端的信号是否正常，并通过进一步的检测找到故障电路，消除故障。如电路正常，或消除故障后频率计仍不能正常工作，则检测计数器电路。

2.5.9 计数器电路检测：

依次检测 4 个计数器 74HC4518 时钟端(测试点⑦、⑧、⑨、⑩)的输入波形，正常时，相邻计数器时钟端的波形频率依次相差 10 倍。如频率关系不一致或波形不正常，则应对计数器和反馈门的各引脚电平与波形进行检测。正常情况下各电平值或波形应与电路中给出的状态一致。通过检测与分析找出原因，消除故障。如电路正常，或消除故障后频率计仍不能正常工作，则检测锁存器电路。

2.5.10 锁存器电路检测：

依次检测 74HC374 锁存器各引脚的电平与波形。正常情况下各电平值应与电路中给出的状态一致。其中，11 脚的电平每隔 1 s 跳变一次。如不正常，则应检查电路，消除故障。如电路正常，或消除故障后频率计仍不能正常工作，则检测显示译码电路与数码管显示电路。

2.5.11 显示译码电路与数码管显示电路检测：

检测显示译码器 74HC4511 各控制端与电源端引脚的电平，同时检测数码管各段对应引脚的电平及公共端的电平。通过检测与分析找出故障。

将各测试点数据记录于表 1.4.8 中。

2.5.12 按照表 1.4.8 设置输入信号，查看数字频率计的输出显示，并将结果记录在表 1.4.9 中，计算误差。

3. 检验

按技术要求 1.2~1.6 进行检验。

媒体编号

旧底图总号

底图总号

							拟　制		×××2.×××
日期	签名						审　核		
							工　艺		
		标记	数量	更改单号	签名	日期	标准化		第 3 张

格式(4a)　　描图：　　幅面：

2. 测试步骤

依据测试工艺文件，完成技术指标的测量，并填写测试报告。

(1) 测试报告(记录与数据处理)

数字频率计测试记录

测试日期:________________ 测试人:________________

表 1.4.8 各测试点数据

序号	主要测试点	测试数据	所用仪表	实际测量值	误差
1	测试点①(W7805 输出)	参考值(+5 V)	数字万用表		
2	测试点②(U1B 4 脚)	参考值(f=100 Hz)	数字示波器		
3	测试点③(U3A 12 脚)	周期 T=1 s，其中高电平时间为 10 ms	数字示波器		
4	测试点④(U2A 6 脚)	占空比为 50%，周期为 1 s 的方波信号	数字示波器		
5	测试点⑤(U1A 2 脚) 在输入信号端加入 f=1 kHz，幅值=1 V 的正弦波信号，同时观察数码管显示器	方波信号，f=1 kHz，幅值=5 V；数码管显示器应有“1000”显示字样	函数信号发生器 数字示波器		
6	测试点⑥(U3C 2 脚)	每过 1 s 钟，有 100 Hz 的方波信号，可用触发方式捕捉此波形	同上		
7	测试点⑦(U5B 9 脚)	f_1=被测信号	同上		
8	测试点⑧(U5A 1 脚)	$f_2=10f_1$	同上		
9	测试点⑨(U4B 9 脚)	$f_3=10f_2$	同上		
10	测试点⑩(U4A 1 脚)	$f_4=10f_3$	同上		
11	测试点⑪(U6、U7 11 脚)	频率为 1 Hz 的方波信号	数字示波器		

表 1.4.9 测试数据

被测信号			频率显示结果/Hz	误差
频率/Hz	幅值/V	波形		
60	0.5	正弦波		
100	0.5	正弦波		
200	1	方波		
500	1	方波		
1 000	2	正弦波		
2 000	2	正弦波		
5 000	5	方波		
8 000	5	方波		

（2）误差分析

判断测试结果是否符合指标要求。若不符合，试分析误差产生的原因。

知识小结

本项目介绍了 DS1102C 型数字存储示波器的主要功能特点，介绍了 DS1102C 型示波器的使用入门知识、示波器的测试前准备，初步了解了示波器垂直系统、水平系统、触发系统及其简单使用方法，特别强调了示波器的使用注意事项。

本项目的测试对象是具有 4 位显示功能的数字频率计。项目中介绍了数字频率计的工作原理及数字频率计的主要技术参数，并详细介绍了各测试点的工作波形。

测试时，从被测信号端加入符合技术要求的多种信号，在频率计的数码管上应有相应的频率显示。若测试不正确，项目中介绍了详细的调试方法，可利用数字万用表和数字示波器监测各点的电平值和波形参数，排除故障，获得正确显示，完成测试。

（一）理论题

1. 基本的逻辑门电路有哪些？概括其逻辑功能。

2. 时序逻辑电路与组合逻辑电路有什么不同？

3. A/D 转换中，为什么要对模拟信号取样？取样定理是什么？

4. 试分析图 1.4.20 所示的组合逻辑电路中输出 F 与输入 A、B、C 的关系式，并列出真值表。

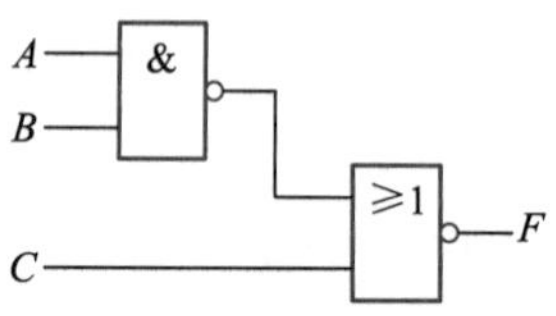

图 1.4.20　组合逻辑电路

5. 用 D 触发器组成的异步二进制加法计数器电路如图 1.4.21 所示，若电路的初始状态为 $Q_1Q_2Q_3=000$，试画出在 8 个 CP 脉冲作用下的波形图。

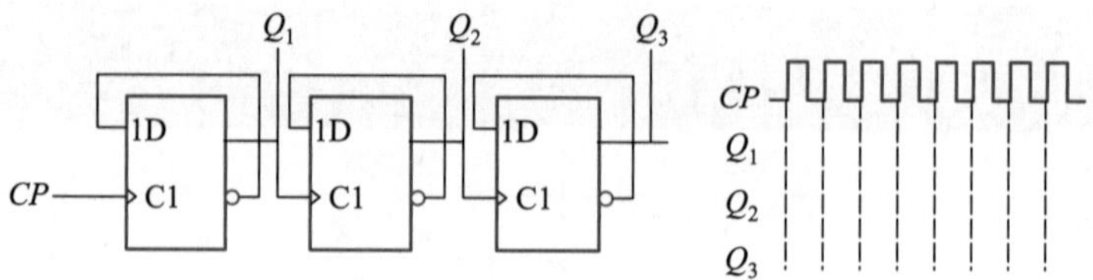

图 1.4.21　异步二进制加法计数器电路

6. 画出 TTL **与非**门的电压传输特性曲线，并标明四个区域。

7. 电子计数器输入电路的作用是什么？

8. 电子计数器测量频率的基本原理是什么？

9. 通用电子计数器一般有哪几种测量功能？

（二）实践题

1. 用数字示波器的自动测试功能测试数字频率计中 U6、U7 的 11 脚（CLK），读出其频率值和幅值。

2. 用数字示波器的光标测试功能测试所加入的输入信号的周期和幅值。

3. 用数字示波器的触发功能测试 U3C 2 脚的波形，并测试其频率和幅值。

4. 用数字示波器测试 U2A 6 脚、7 脚的闸门时间，并验证其波形的占空比为 50%。

5. 用示波器的双踪功能测试 U3C 9 脚、2 脚的波形，并理解其时序关系。

第二章

整机测试

学习目标

整机测试是指使用电子测量仪器对电子产品性能进行整机测量或测试,以检测电子整机产品是否达到原设计技术指标要求。

学习完本章后,你将能够:

- 了解整机测试工艺文件的基本内容和制定原则
- 了解测试仪器的选择使用及布局
- 了解整机测试的程序和方法
- 掌握无线电收信机、函数信号发生器、数字电视机顶盒的测试方法
- 掌握函数信号发生器、频谱分析仪、逻辑分析仪的使用方法

引 言

整机测试是在单元电路测试完成,且各单元电路进行整机装配后进行的测试。其目的是使电子产品完全达到原设计的性能技术指标和要求(或产品标准规定的指标)。由于较多测试内容已在分块测试中完成,整机测试只需检测整机技术指标是否达到原设计要求即可,若不能达到要求,则再做适当调整。对整机各项电气性能进行测试是指利用手工或自动设备对系统或部件进行测量或评定,以证实其是否满足规定要求。因此,测试又可分为自动测试和手工测试、外部测试和机内测试。

整机测试工作的主要内容包括:明确测试目的、测试项目和测试要求;正确选择测试仪器;按照测试工艺规程对电子设备进行测试;分析测试中出现的问题,排除故障;对测试数据进行分析处理,做出产品是否合格的结论,或写出测试报告,提出改进意见。

1. 测试工艺文件

(1) 基本内容

产品测试按照测试工艺文件进行。测试工艺文件是企业的技术部门根据国家或企业颁布的标准及产品的等级规格拟定的。测试工艺文件的基本内容包括:测试设备、方法及步骤;测试条件及有关注意事项;测试安全操作规程;测试所需要的工时定额、数据资料及记录表格;测试责任者的签署及交接手续等。

(2) 制定原则

根据产品的规格等级、性能指标及应用方向确定测试项目及要求。

充分利用本企业的现有设备条件,使测试方法、步骤合理可行,操作者方便、安全;尽量利用先进的工艺技术提高生产效率和产品质量。

测试内容和测试步骤尽可能具体、可操作性强;测试条件和安全操作规程要写仔细、清楚;测试数据尽可能表格化,便于综合分析。

2. 测试仪器的选择、使用及布局

(1) 测试仪器的选择及使用

测试仪器应满足计量和检测要求,仪器的精度应高于测量所要求的精度,并应有定期计量检定合格证。

测试仪器应根据需要选择具有相应测量范围和灵敏度的仪器。

测试仪器输入阻抗的选择,要求在接入被测电路后,产生的测量误差在允许范围内,或不改变被测电路的工作状态。

测试仪器量程的选择应满足测量精度的要求。例如,指针式仪表应使被测量值在满刻度值 2/3 以上的位置。选用数字式仪表的量程时,应使其所指示的数字位数尽量等于被测量值的有效数字位数。

使用测试仪器时应选择好量程,调整好零点,有些仪器还需要按规定预热;灵敏度较高的测试仪器连线时应采用屏蔽线,高频测试时,高频插头应直接触及被测试点。

(2) 测试仪器的布局

仪器的布置应安全稳定,操作调节方便,观测视差小。

仪器在测试台上的布局应避免相互干扰;仪器与被调试整机之间的连接线应尽量短而整齐,且必须共地线,以避免产生相互感应和耦合。

为了避免产生地线电阻耦合,整机输入端所有跨接的仪器地线端应连在一起,与整机输入端地线相连,整机输出端所有跨接的仪器地线端应连在一起,与整机输出端地线相连。

3. 整机测试程序和方法

整机测试是在单元部件测试的基础上进行的。单元部件测试的一般工艺流程为:外观检查→静态测试(测试调整电路各级静态工作点)→动态测试(加输入信号或给定信号,再测试调整各测试点的电压、电流、波形、频率或频率特性,使其达到技术指标要求)→性能指标综合测试(对整个单元部件的性能指标要求进行综合测试)。

整机测试流程一般有以下几个步骤。

① 整机外观检查:主要是检查外观部件是否齐全,外观调节部件和内部传动部件是否灵活。

② 整机内部结构检查:主要是检查其内部连线的分布是否合理、整齐,内部传动部件是否灵活、可靠,各单元电路板或其他部件与机座是否紧固,以及它们之间的连接线、接插件有没有漏插、错插、没插紧的情况。

③ 电源检查:通电前先检查电源极性是否接对,之后检查电源空载和加载情况下的输出电压和特性是否符合要求。

④ 单元电路性能指标复检测试:主要是针对各单元电路连接后产生的相互影响而设置的,主要目的是复检各单元电路性能指标是否有改变,若有改变,则需调整有关元器件。

⑤ 整机性能技术指标测试:对已调整好的整机进行严格的技术测定,以判断它是否达到原设计的性能技术指标要求。如对收音机的整机功耗、灵敏度、频率覆盖等技术指标的测定。不同类型的整机有各自的技术指标,按照规定的相应的测试方法(在产品标准中有规定)进行测试。

本章将对无线电收信机、F40 型函数信号发生器和数字有线电视机顶盒 3 种机器的整机进行相应的性能技术指标测试。

项目 2-1 无线电收信机的测试
——F40 型函数信号发生器的应用

无线电收信机的测试

学习目标

无线电收信机是一种基本的电子产品。无线电收信机的射频电路包含了高频调谐电路、变频电路、中频放大电路和功率放大电路，涉及学科从电路基础、低频电子线路到高频电子线路，涵盖内容广泛，检测项目繁多。测试无线电收信机所需的基本测量仪器是函数信号发生器。函数信号发生器的基本功能是输出较高精度的各种电压波形。

学习完本项目后，你将能够：

- 理解 F40 型函数信号发生器的工作原理
- 掌握 F40 型函数信号发生器的性能、参数
- 掌握 F40 型函数信号发生器的使用方法和注意事项
- 理解调谐低噪声放大器和混频器的基本特性和工作原理
- 掌握调谐低噪声放大器和混频器频率特性的测量方法
- 学会编制测试工艺文件

一、无线电收信机测试指标

课内阅读

调谐低噪声放大器的部分技术参数如表 2.1.1 所示。

表 2.1.1 调谐低噪声放大器的部分技术参数

序号	技术参数	要求
1	增益	>20 dB
2	噪声系数	≤2 dB
3	通频带	≥2 MHz
4	稳定性	$K>1$、$\lvert\Delta\rvert<1$

混频器的部分技术参数如表 2.1.2 所示。

表 2.1.2 混频器的部分技术参数

序号	技术参数	要求
1	增益	>-5 dB
2	通频带	5 kHz

讨论

1. 低噪声放大器的性能指标

① 增益：放大器输出功率与输入功率的比值 $G=P_{out}/P_{in}$，一般来说低噪声放大器的增益应与系统的整机噪声系数、通频带宽度、匹配、动态范围等结合起来考虑。

② 噪声系数：放大器输入信噪比与输出信噪比的比值，表示经过放大后信号质量的变化程度。在放大器中，希望内部噪声越小越好，即要求噪声系数接近 1。在多级放大器中，最前面的一、二级对整个放大器的噪声系数起决定性作用，因此要求它们的噪声系数尽量接近 1。

③ 通频带：放大器电压增益 A_u 下降到最大值 A_{u0} 的 0.7 倍（即 $1/\sqrt{2}$ 倍）时所对应的频率范围，用 f_{bw} 或 $2\Delta f_{0.7}$ 表示，如图 2.1.1 所示。有时也称 $2\Delta f_{0.7}$ 为 3 dB 带宽，因为电压增益下降 3 dB，即等于绝对值下降至原来的 $1/\sqrt{2}$。

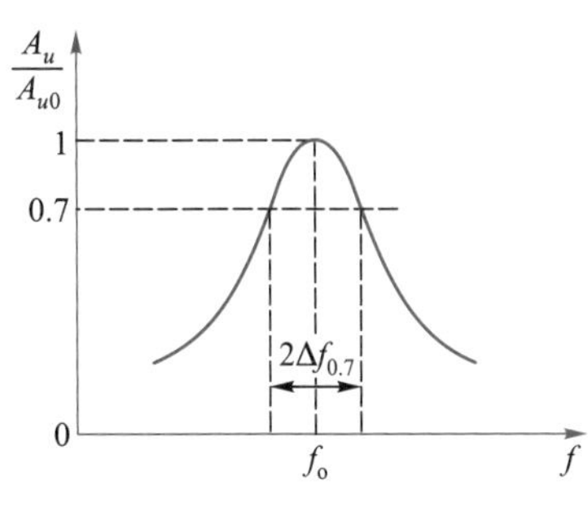

图 2.1.1　放大器通频带

④ 稳定性：指放大器的工作状态、晶体管参数、电路元件参数等发生可能的变化时，放大器主要特性的稳定程度。一般的不稳定现象是增益变化、中心频率偏移、通频带变窄、谐振曲线变形等。极端的不稳定状态是放大器自激，致使放大器完全不能正常工作。

⑤ 选择性：放大器从含有各种不同频率的信号总和（有用的和有害的）中选出有用信号，排除有害（干扰）信号的能力。对不同的干扰，有不同的指标要求，其中衡量选择性的两个基本指标是矩形系数和抑制比。

⑥ 动态范围：放大器的线性工作范围，它影响运动系统的作用距离范围。

2. 混频器的性能指标

① 噪声系数：$N_F=P_{no}/P_{so}$，P_{no}是当输入端口噪声温度在所有频率上都是标准温度即 $T_0=290$ K 时，传输到输出端口的总噪声资用功率，主要包括信号源热噪声、内部损耗电阻热噪声、混频器件电流散弹噪声及本振相位噪声；P_{so}为仅由有用信号输入所产生的那一部分输出的噪声资用功率。

② 变频损耗：混频器射频输入端口的微波信号功率与中频输出端口的信号功率之比，主要由电路失配损耗、二极管的固有结损耗及非线性电导净变频损耗等引起。

③ 1 dB 压缩点：当中频输出偏离线性 1 dB 时的射频输入功率。

④ 动态范围：混频器正常工作时的微波输入功率范围，其下限因混频器的应用环境不同而异，其上限受射频输入功率饱和所限，通常对应混频器的 1 dB 压缩点。

⑤ 增益：射频输入功率电平与混频器中频输出功率电平之比称为变频增益 G_e，射频输入功率 P_R和中频输出功率 P_I均以 dBm 为单位，即

$$G_e=10\lg\frac{P_I}{P_R}\bigg|_{P_L=\text{常数}}$$

⑥ 隔离度：本振或射频信号泄漏到其他端口的功率与输入功率之比，单位为 dB。

⑦ 本振功率：最佳工作状态时所需的功率。原则上本振功率越大，动态范围越大，线性度越好（1 dB 压缩点上升，三阶交调系数改善）。

⑧ 端口驻波比：端口驻波比直接影响混频器在系统中的使用，它随功率、频率的变化而变化。

二、射频电路频率特性测试仪器选用

1. 仪器选择（如表 2.1.3 所示）

表 2.1.3 射频电路频率特性测试仪器选择

序号	测试仪器	数量	备注
1	无线通信电路测试与设计实验系统	1	① 根据实际情况可选用指标相同或相近的仪器 ② 根据实际测试要求进行仪器选择
2	函数信号发生器（F40 型）	1	
3	数字示波器（DS1102C 型）	1	
4	直流稳压电源（HG6333 型）	1	

2. 主要仪器介绍：F40 型函数信号发生器

（1）面板结构

① F40 型函数信号发生器前面板显示部分如图 2.1.2 所示。

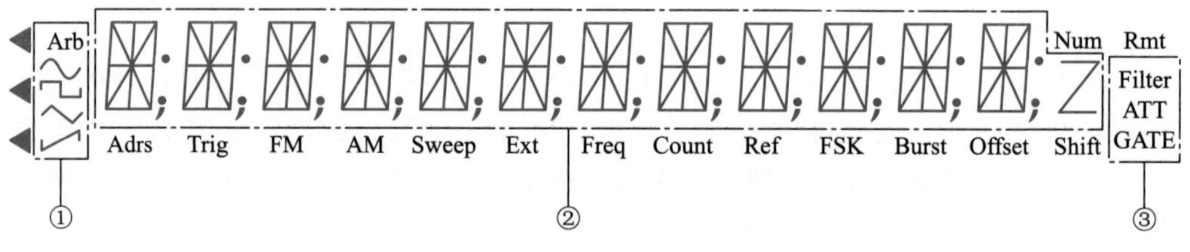

①—波形显示区；②—主字符显示区；③—测频/计数显示区

图 2.1.2 F40 型函数信号发生器前面板显示部分

② F40 型函数信号发生器前面板上的按键主要可分为数字输入键、功能键和特殊键，如图 2.1.3 所示。

③ F40 型函数信号发生器后面板如图 2.1.4 所示。

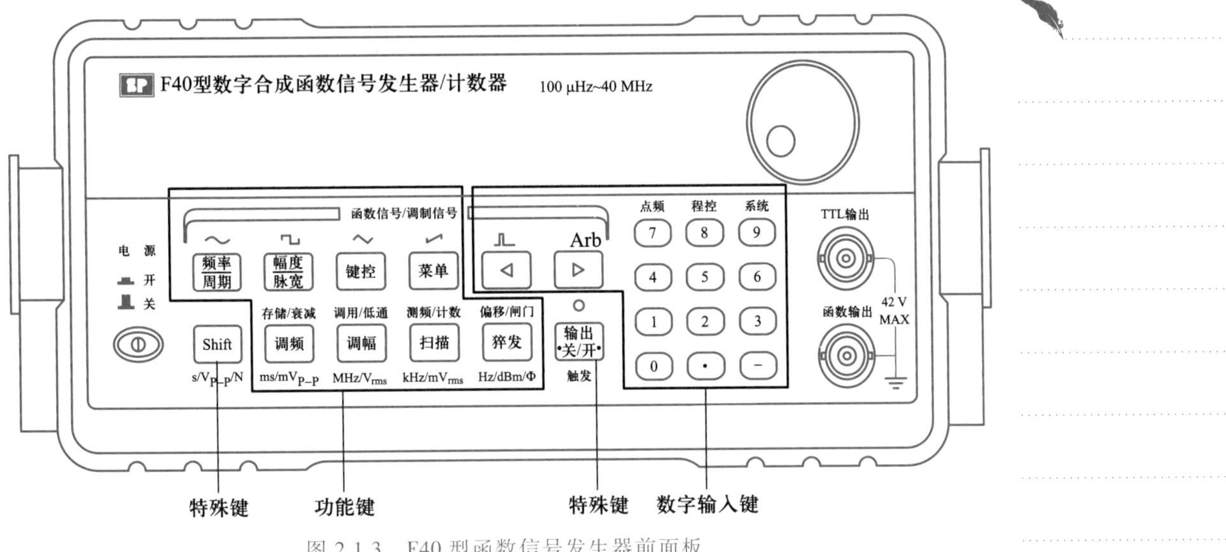

图 2.1.3　F40 型函数信号发生器前面板

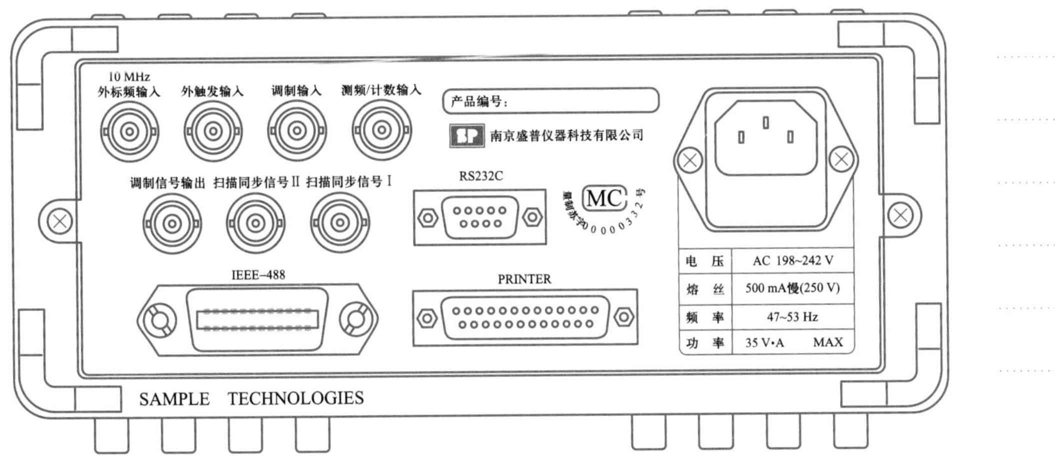

图 2.1.4　F40 型函数信号发生器后面板

(2) 主要性能指标(如表 2.1.4 所示)

表 2.1.4　F40 型函数信号发生器主要性能指标

序号	性能指标		规格
1	波形特性	频率范围	主波形:1 μHz~40 MHz;储存波形:1 μHz~100 kHz
		分辨力	1 μHz
		频率误差	$\leqslant \pm 5\times 10^{-6}$
		频率稳定度	优于$\pm 1\times 10^{-6}$
		正弦波失真度	$\leqslant$0.1%(f: 20 Hz~100 kHz)

续表

序号	性能指标		规格
2	频率特性	频率范围	100 μHz～40 MHz
		分辨力	1 μHz
		频率误差	$\leqslant \pm 5\times10^{-6}$
3	幅度特性	幅度范围	2 mV～20 V_{P-P}(高阻)，1 mV～10 V_{P-P}(50 Ω)
		幅度误差	≤±1%+0.2 mV(频率 1 kHz 正弦波)
		幅度稳定度	±0.5%/3 h
		输出阻抗	50 Ω
4	调幅特性	载波信号	波形为正弦波或方波
		调制方式	内或外
		调制信号	内部 5 种波形或外输入信号
		调制信号频率	100 μHz～20 kHz
		失真度	≤2%
5	调制信号输出	输出频率	100 μHz～20 kHz
		输出波形	正弦波、方波、三角波、升锯齿波、降锯齿波
		输出幅度	5 V_{P-P}(精度：±2%)
6	程控特性		设有 RS232 串行接口、GIPIB 测量仪器标准接口
7	工作电压		AC 220 V(精度：±10%)，50 Hz(精度：±5%)
8	仪器功耗		<35 W

(3) 主要特点

① 采用直接数字频率合成(DDS)技术。

② 主波形输出频率为 100 μHz～40 MHz(F40)。

③ 小信号输出幅度可达 0.1 mV。

④ 脉冲波占空比分辨率高达千分之一。

⑤ 数字调频分辨率高、准确。

⑥ 猝发模式具有相位连续调节功能。

⑦ 频率扫描输出可任意设置起点、终点频率。

⑧ 调幅调制度可在 1%～120%范围内任意设置。

⑨ 输出波形有 30 余种。

⑩ 具有频率测量和计数功能。

(4) 工作原理

该仪器是一台精密的测试仪器，采用直接数字频率合成技术，具有输出函数信号、调频、调幅、FSK、PSK、猝发、频率扫描等功能。此外，该仪器还具有测频和计数的功能。全部功能由按键控制，操作简便，频率、幅度可直接数字设置，亦可用调节旋钮设置，是电子工程师、电子实验室、生产线及教学、科研的理想测试设备。

直接数字频率合成技术是近年来迅速发展起来的一种频率合成方法，它将先进的数字处理理论与方法引入信号合成领域，通过控制相位变化速度直接产生各种不同频率的信号。直接数字频率合成技术具有相对带宽宽、频率转换时间短、频率分辨率高等优点，广泛用于高精度频率的合成和任意信号的发生。其工作原理及技术特点在项目 1-1 中已有介绍，此处不再赘述。

(5) 使用方法

① 键盘说明。F40 型函数信号发生器前面板上的按键主要分为数字输入键、功能键、特殊键，具体如下。

a. 数字输入键，功能如表 2.1.5 所示。

表 2.1.5 数字输入键功能

键名	主功能	第二功能	键名	主功能	第二功能
0	输入数字 0	无	7	输入数字 7	进入点频
1	输入数字 1	无	8	输入数字 8	退出程控
2	输入数字 2	无	9	输入数字 9	进入系统
3	输入数字 3	无	·	输入小数点	无
4	输入数字 4	无	-	输入负号	无
5	输入数字 5	无	◁	闪烁数字左移*	选择脉冲波
6	输入数字 6	无	▷	闪烁数字右移**	选择 TTL 波

*：输入数字未输入单位时，按下此键，删除当前数字的最低位数字，可用来修改当前输错的数字；外计数时，按下此键，计数停止，并显示当前计数值，再按动一次，继续计数。

**：外计数时：按下此键，计数清零，重新开始计数。

b. 功能键，功能如表 2.1.6 所示。

表 2.1.6 功能键功能

键名	主功能	第二功能	计数第二功能	单位功能
频率/周期	频率选择	正弦波选择	无	无
幅度/脉宽	幅度选择	方波选择	无	无
键控	键控功能选择	三角波选择	无	无
菜单	菜单选择	升锯齿波选择	无	无
调频	调频功能选择	存储功能选择	衰减选择	ms/mV_{P-P}
调幅	调幅功能选择	调用功能选择	低通选择	MHz/V_{rms}
扫描	扫描功能选择	测频功能选择	测频/计数选择	kHz/mV_{rms}
猝发	猝发功能选择	直流偏移选择	闸门选择	Hz/dBm

c. 特殊键,功能如表 2.1.7 所示。

表 2.1.7 特殊键功能

键名	主功能	其他
输出	信号输出与关闭切换	扫描功能和猝发功能的单次触发
Shift	和其他键一起实现第二功能	单位 s/V_{P-P}

② “菜单”键功能详细说明。在不同功能模式下按“菜单”键,会出现不同菜单,具体如下。

a. 扫描功能模式:

MODE→START F→STOP F→TIME→TRIG

MODE:扫描模式,分为线性扫描和对数扫描。

START F:扫描起点频率。

STOP F:扫描终点频率。

TIME:扫描时间。

TRIG:扫描触发方式。

b. 调频功能模式:

FM DEVIA→FM FREQ→FM WAVE→FM SOURCE

FM DEVIA:调制频偏。

FM FREQ:调制信号的频率。

FM WAVE:调制信号的波形,共有 5 种波形可选。

FM SOURCE:调制信号是机内信号还是外输入信号。

c. 调幅功能模式:

AM LEVEL→AM FREQ→AM WAVE→AM SOURCE

AM LEVEL:调制深度。

AM FREQ:调制信号的频率。

AM WAVE:调制信号的波形,共有 5 种波形可选。

AM SOURCE:调制信号是机内信号还是外输入信号。

d. 猝发功能模式:

COUNT→SPACE T→PHASE→TRIG

COUNT:周期个数。

SPACE T:猝发间隔时间。

PHASE:正弦波为猝发起点相位,方波为高低电平。

TRIG:猝发的触发方式。

e. FSK 功能模式:

F1→F2→SPACE T→TRIG

F1:FSK 第一个频率。

F2:FSK 第二个频率。

SPACE T:FSK 间隔时间。

TRIG:FSK 触发方式。

f. PSK 功能模式:

P1→P2→SPACE T→TRIG

P1:信号第一相位。

P2:信号第二相位。

SPACE T:PSK 间隔时间。

TRIG:PSK 触发方式。

g. 系统功能模式:

POWER ON→OUT Z→ADDRESS→INTERFACE→BAUD→PARITY→STORE OPEN

POWER ON:开机状态。

OUT Z:输出阻抗。

ADDRESS:GP-IB 接口地址。

INTERFACE:接口选择。

BAUD: RS232 接口通信速率。

PARITY: RS232 接口通信数据位数和校验。

STORE OPEN: 存储功能开或关。

调节旋钮和"◁""▷"键一起改变当前闪烁显示的数字。

③ 操作指导。F40 型函数信号发生器有不同的功能模式,操作方式也各不相同,下面以调幅功能模式为例加以介绍。

a. 频率设定:点频频率设置范围为 100 μHz~40 MHz。

按"频率"键(显示出当前频率),再用数字输入键或调节旋钮输入频率值及单位,这时仪器输出端口即有该频率的信号输出,显示区即会显示出该频率值。

举例:设定频率值 5.8 kHz,按键顺序如下。

按"频率"键,再用数字输入键输入"5""·""8""kHz"(还可以用调节旋钮输入),或者依次按"频率""5""8""0""0""Hz"(还可以用调节旋钮输入),显示区都显示 5.800 000 00 kHz。

b. 周期设定:信号的频率也可以用周期值的形式进行显示和输入。如果当前显示为频率,再按"频率/周期"键,就会显示出当前周期值,可用数字输入键或调节旋钮输入周期值。

举例:设定周期值 10 ms,按键顺序如下。

按"周期"键,再输入"1""0""ms"(还可以用调节旋钮输入)。

c. 调幅功能模式：调幅又称为“幅度调制”。

按“菜单”键将出现以下菜单：

AM LEVEL→AM FREQ→AM WAVE→AM SOURCE

按“调幅”键进入调幅功能模式，显示区显示载波频率。此时状态显示区显示调幅功能模式标志“AM”。连续按“菜单”键，显示区依次闪烁显示下列选项：调制深度（AM LEVEL）、调制频率（AM FREQ）、调制波形（AM WAVE）、调制信号源（AM SOURCE）。当显示出想要修改参数的选项后停止按“菜单”键，显示区闪烁显示当前选项 1 s 后自动显示当前选项的参数值。对于调幅的调制深度（AM LEVEL）、调制频率（AM FREQ）、调制波形（AM WAVE）、调制信号源（AM SOURCE）选项的参数，可用数字输入键或调节旋钮输入。用数字输入键输入时，数据后面必须输入单位，否则输入的数据不起作用。用调节旋钮输入时，可进行连续调节，调节完毕，按一次“菜单”键，跳到下一选项。如果对当前选项不做修改，可以按一次“菜单”键，跳到下一选项。

进入调幅功能模式后，为了保证调制深度为 100%时信号能正确输出，仪器自动把载波的峰-峰值幅度减半。

- 载波信号：按“调幅”键进入调幅功能模式，显示区显示载波频率。

设置载波信号时，按“幅度”键可以设定载波信号的幅度，按“频率”键可以设定载波信号的频率，按“Shift”键和“偏移”键可以设定直流偏移值。用“Shift”键和波形键可以选择载波信号的波形，调幅功能模式中载波的波形只能选择正弦波。

- 调制深度（AM LEVEL）：调制深度的范围为 1%～100%。

在显示区闪烁显示为调制深度（AM LEVEL）1 s 后自动显示当前调制深度值，可用数字输入键或调节旋钮输入调制深度值。

- 调制信号频率（AM FREQ）：调制信号频率的范围为 1 Hz～20 kHz。

在显示区闪烁显示为调制信号频率（AM FREQ）1 s 后自动显示当前调制信号频率值，可用数字输入键或调节旋钮输入调制信号频率。

- 调制信号波形（AM WAVE）：共有 5 种波形（正弦波、方波、三角波、升锯齿波、降锯齿波）可以作为调制信号。每种波形一个编号，通过输入相应的波形编号来选择调制信号波形。

在显示区闪烁显示为调制信号波形（AM WAVE）1 s 后自动显示当前调制信号波形编号，可用数字输入键或调节旋钮输入波形编号选择波形。

- 调制信号源（AM SOURCE）：调制信号分为内部信号和外部输入信号。编号和提示符分别为 1：INT；2：EXT。仪器出厂设置为内部信号。外部输入信号通过后面板“调制输入”端口输入（信号幅度 3 V_{P-P}）。

当信号源选为外部时，状态显示区显示外部输入标志“Ext”。此时调制信号频率（AM FREQ）、调制信号波形（AM WAVE）的输入无效。对上述选项的参数输入只有把信号源选为内部时才能发生作用。

在显示区闪烁显示为调制信号源（AM SOURCE）1 s 后自动显示当前调制信号源相应的提示符和编号，可用数字输入键或调节旋钮输入调制信号源编号来选择信号来源。

● 调幅的启动与停止:将仪器选择为调幅功能模式时,调幅功能就启动。在设定各选项参数时,仪器自动根据设定后的参数进行输出,如果不希望信号输出,可按“输出”键禁止信号输出,此时输出信号指示灯灭;如果想输出信号,则再按一次“输出”键即可,此时输出信号指示灯亮。

调幅波波形如图 2.1.5 所示(该图中载波频率较低,调制度较高)。

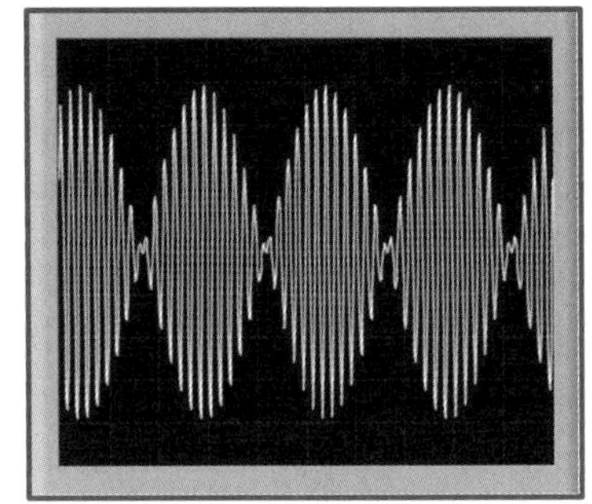

图 2.1.5 调幅波波形

举例:载波信号为正弦波,频率为 1 MHz,幅度为 2 V;调制信号来自内部,调制波形为正弦波(波形编号为 1),调制信号频率为 5 kHz,调制深度为 50%。按键顺序如下:

按“频率”键,按“1”“MHz”(设置载波频率);

按“幅度”键,按“2”“V”(设置载波幅度);

按“Shift”和“正弦”键(设置载波波形);

按“调幅”键(进入调幅功能模式);

按“菜单”键,选择调制深度(AM LEVEL)选项,按“5”“0”“N”(设置调制深度);

按“菜单”键,选择调制信号频率(AM FREQ)选项,按“5”“kHz”(设置调制信号频率);

按“菜单”键,选择调制信号波形(AM WAVE)选项,按“1”“N”(设置调制信号波形为正弦波);

按“菜单”键,选择调制信号源(AM SOURCE)选项,按“1”“N”(设置调制信号源为内部)。

探究

(6) 注意事项

① 因调制输出频率最高只有 20 kHz,因此在用示波器观察波形时,其示波器输入耦合方式最好放在直流(DC)挡。

② 调制输出的输出阻抗只有 50 Ω,因此所接负载大小会对输出幅度的准确度有所影响,测量时应注意。

③ 如果输入数值超出范围,则响“嘀”“嘀”两声提示出错。如果输入数值小于(或大于)当前可以输入数值的下限(或上限),则仪器自动把输入数值设置为当前可以输入数值的下限(或上限)。如输入 50 MHz,则响“嘀”“嘀”两声提示出错,并自动把输入数值设置为 40 MHz。

④ 当前功能按键无意义错误提示与处理:响“嘀”“嘀”两声提示出错,仪器不响应错误输入。如输入频率值时按“-”键,响“嘀”“嘀”两声提示出错,不做其他处理。

⑤ 本仪器采用大规模 CMOS 集成电路和超高速 ECL、TTL 电路等,为防止意外损坏,使用时测试仪器或其他设备的外壳应良好接地。

三、无线电收信机测试过程

1. 无线电收信机的工作原理

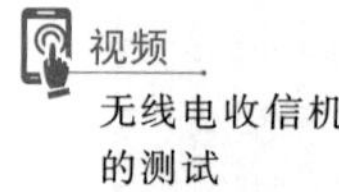

无线电收信机的测试

无线电收信机的整机原理框图如图 2.1.6 所示。天线接收到射频信号后，通过前端的带通滤波器选择所需频段内的信号，其中心频率为 30 MHz，带宽为 2 MHz。然后信号进入由双栅场效应管 3SK122 为核心器件构成的低噪声放大器进行放大，其输出进入第一混频器，与频率合成器产生的本振信号相乘，其差频（即第一中频：10.7 MHz）由晶体滤波器选出，送入 MC3361 芯片进行二次混频和选频，其输出的调频信号（即第二中频：455 kHz）由 MC3361 内部的解调器进行解调，输出音频信号，送入 LM386 音频放大器进行音频功率放大，最后驱动扬声器，发出话音。

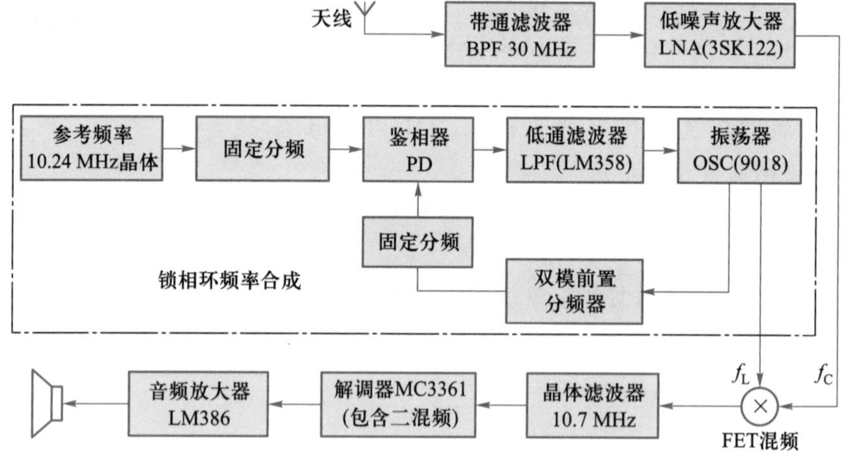

图 2.1.6 无线电收信机的整机原理框图

本项目测试无线电收信机的低噪声放大器和混频器电路。

2. 调谐低噪声放大器

（1）调谐低噪声放大器组成

在无线电接收机天线端所感应的信号中，包含有众多且复杂的有用电台信号、无线电台信号及各种干扰信号，另外放大器本身还存在内部噪声。由于接收信号很弱，在放大的同时需要对干扰（无用电台信号也是一种干扰信号）和噪声进行抑制，否则将严重影响接收质量和接收灵敏度，甚至无法正常接收信号。调谐低噪声放大器用于无线电接收机前端作为高频小信号放大器，其作用一是波段预选，将工作波段外的干扰信号尽量滤除，而让有用信号顺利通过；二是进行低噪声放大，最大限度地减小放大器内部噪声，提高信号质量。调谐低噪声放大器组成结构如图 2.1.7 所示。

图 2.1.7 调谐低噪声放大器组成结构

LC 匹配电路的作用是将输入回路阻抗变换为天线输入所要求的匹配阻抗，以达到最佳宽带接收效果，同时兼有一定的滤波作用。

LC 滤波器的作用是滤除噪声和干扰，提取有用信号，并要求有一个合适的通频带范围。

低噪声放大器的作用是获得良好的噪声特性（低的噪声系数）。

（2）调谐低噪声放大器工作原理

调谐低噪声放大器电路图如图 2.1.8 所示。

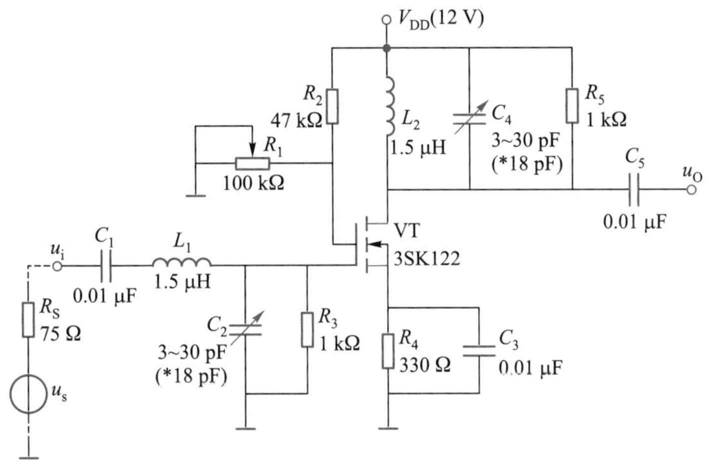

图 2.1.8 调谐低噪声放大器电路图

该放大器为对讲机的波段（含数个或几十个以上频道）放大器，L_1与 C_2、L_2与 C_4均调谐在 30 MHz，其有载 Q 值不高，以满足波段信号放大对通频带的要求。

① *LC* 匹配电路。L_1、C_2与 R_3为 L 形匹配电路，由于输入端天线等效阻抗 R_S = 75 Ω，为达到宽带稳定接收效果，需要采用匹配电路将 R_3 = 1 kΩ 在输入端转换为天线接入所需的等效电阻 $R_e = R_S$ = 75 Ω，从而与天线阻抗（75 Ω）匹配。显然，匹配电路同时还具有一定的滤波作用。L_1、C_2起到阻抗匹配的作用，显然该电路同时也为低通型滤波电路。

② 低噪声放大器。放大管 VT 采用双栅场效应管 3SK122，由于该管具有双栅输入功能，可以将交流信号和直流偏置分别加至两个栅极，两个栅极之间相互没有影响，有效地降低了电源噪声对放大器的影响，保证了高频放大电路的低噪声系数。

VT、R_1、R_2、R_4组成低噪声放大器。VT 为高频低噪声管，采用双栅耗尽型场效应管。R_1与 R_2为栅极偏置电阻，R_4为源极偏置电阻，调节 R_1可调节工作电流与增益。

③ *LC* 滤波器。L_2、C_4与 R_5为并联谐振型滤波器，谐振频率为 30 MHz。

另外，C_1与 C_5为耦合电容，C_3为旁路电容。

无线电收信机调谐低噪声放大器电路图如图 2.1.9 所示，调谐低噪声放大器 PCB 装配图如图 2.1.10 所示。

该放大器为对讲机的波段（含数个或几十个以上频道）放大器，L_{82}与 C_{V81}、L_{84}与 C_{V82}均调谐在 30 MHz，其有载 Q 值不高，以满足波段信号放大对通频带的要求。

① *LC* 匹配电路。L_{82}、C_{V81}为 L 形匹配电路，L_{82}、C_{V81}起到阻抗匹配的作用，该电路同时也为低通型滤波电路。

② 低噪声放大器。放大管 Q8 采用双栅场效应管 3SK122，由于该管具有双栅输入功能，可以将交流信号和直流偏置分别加至两个栅极，两个栅极之间相互没有影响，有效地降低了电源噪声对放大器的影响，保证了高频放大电路的低噪声系数。

Q8、R_{V81}、R_{81}、R_{82}组成低噪声放大器。Q8 为高频低噪声管，采用双栅耗尽型场效应管；R_{V81}、R_{81}为栅极偏置电阻，R_{82}为源极偏置电阻，调节 R_{V81} 可调节工作电流与增益。

③ *LC* 滤波器。L_{84}、C_{V82}为并联谐振型滤波器，谐振频率为 30 MHz。

另外，C_{83}与 C_{85}为耦合电容，C_{84}为旁路电容。

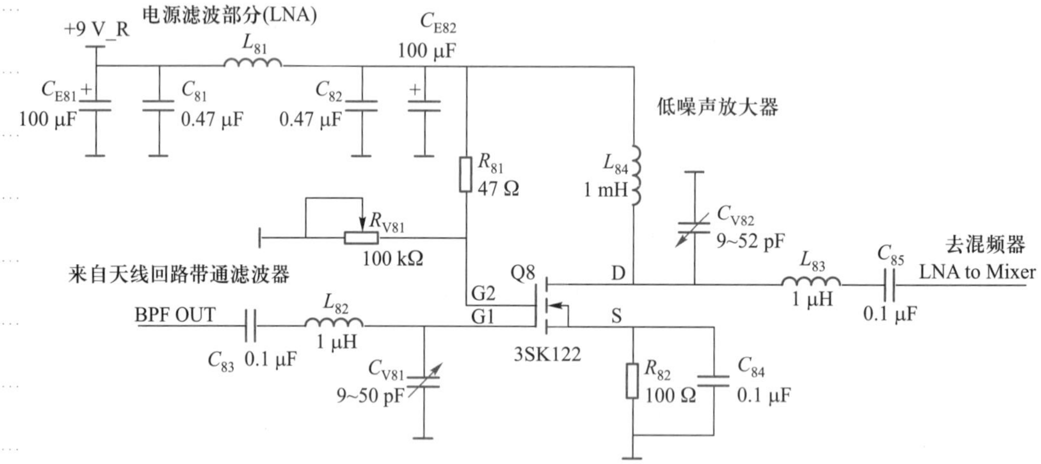

图 2.1.9 无线电收信机调谐低噪声放大器电路

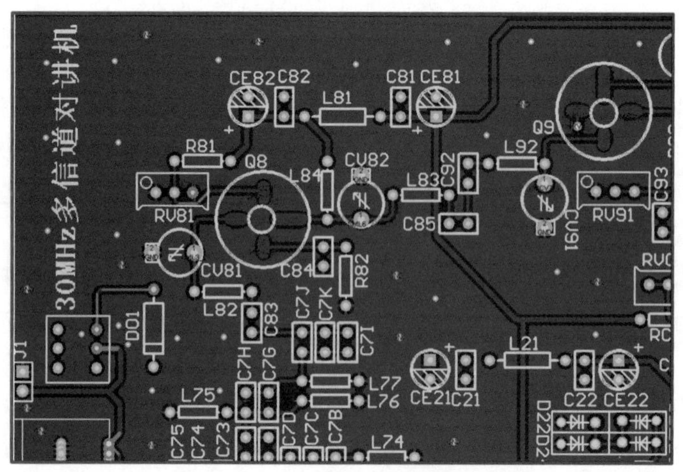

图 2.1.10 调谐低噪声放大器 PCB 装配图

3. 混频器

(1) 混频器组成

混频就是把高频信号经过频率变换,变为一个固定的频率,这种频率变换通常是将已调高频信号的载波频率从高频变为中频,同时必须保持其调制规律不变。具有这种作用的电路称为混频电路,亦称混频器。变频的应用十分广泛,它不但用于各种超外差式接收机中,而且还用于频率合成器等电路或电子设备中。图 2.1.11 所示为混频器的组成框图。

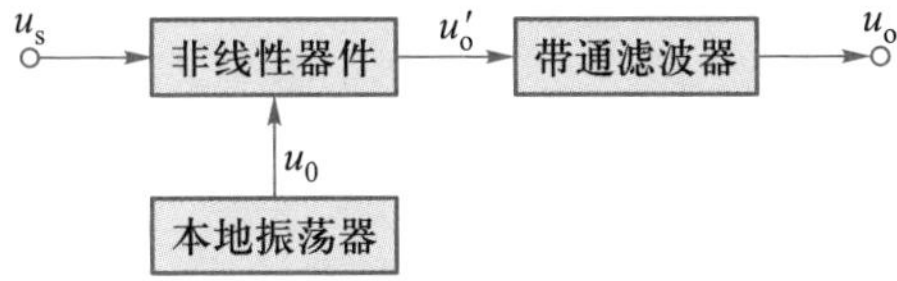

图 2.1.11 混频器的组成框图

混频器包括三个组成部分,分别为非线性器件、本地振荡器和带通滤波器。本地振荡器产生本振信号 u_0,非线性器件将输入的高频信号 u_s和本振信号 u_0进行混频,以产生新的频率,带通滤波器则用来从各种频率成分中取出中频信号。

图 2.1.12 所示为一个调幅波混频波形示意图。输入高频调幅波 u_s的载频范围为 1.7~6 MHz,本振等幅波 u_0的频率范围为 2.165~6.465 MHz,u_s 与 u_0 混频后,输出频率为(2.165~6.465)MHz-(1.7~6)MHz=0.465 MHz 的中频调幅波 u_i。

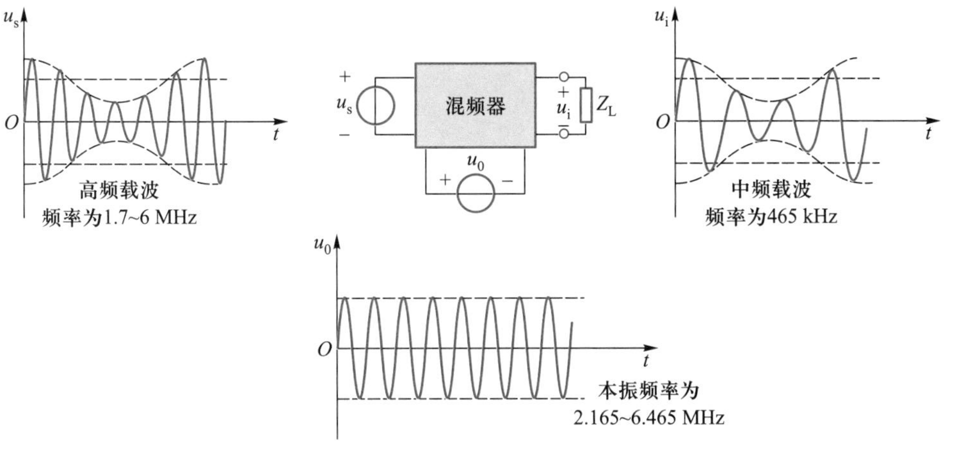

图 2.1.12 调幅波混频波形示意图

(2) 混频器工作原理

混频器电路如图 2.1.13 所示,混频器 PCB 装配图如图 2.1.14 所示。

R_{V91}、R_{91}给 G2 正向分压偏置,R_{92}、C_{94}构成源极自给偏置电路,从而使 MOSFET 工作在放大区,改变 R_{91}就可以控制放大器的增益。由于双栅型 MOSFET 的 $C_{GD}<$ 0.1 pF,且其正向导纳又较大(约 20 mS),很适合用于超高频工作的混频器,来自高频放大电路的输入信号 f_s接到电位接近于地的栅极 1(G1),有较灵敏的控制作用;本振信号 f_{osc}接在较高电位的栅极 2(G2),然后,利用 *LC* 谐振电路只提取必要的中

频信号 f_{IF}(即 $f_{osc}-f_s$)。

在混频器中采用 3SK122,信号和本振的输入互不影响,所以使混频电路的各项指标参数能得到较大的提高。高频信号经匹配电路加在双栅的 G2 上,本振信号经匹配电路加在 G1 上,此种方式的优点是所需本振幅度小,混频增益高。

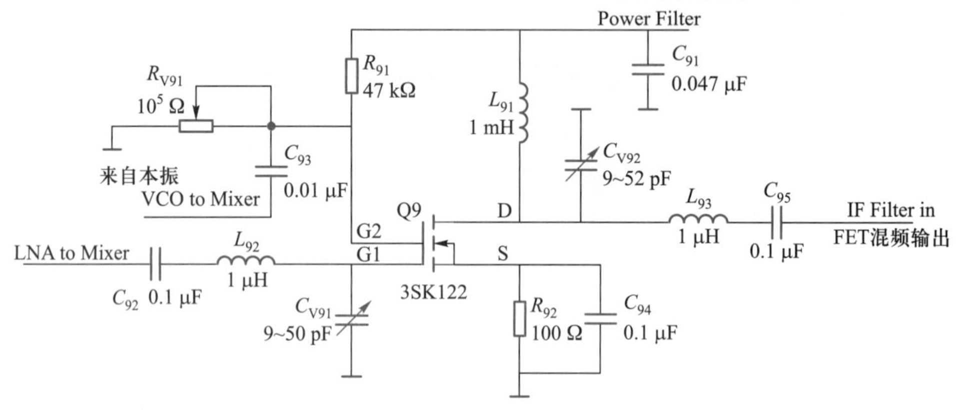

图 2.1.13 混频器电路

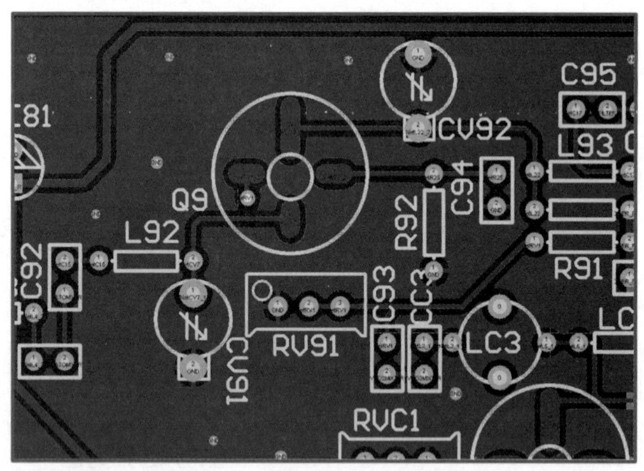

图 2.1.14 混频器 PCB 装配图

4. 无线电收信机的测试

知识准备

F40 型函数信号发生器的工作特性通常分为频率特性、输出特性和调制特性。

(1) 频率特性

① 频率范围。指信号发生器的各项指标都能得到保证时的输出频率范围,更确切地讲,应称为"有效频率范围"。

② 频率准确度。指信号发生器读盘(或数字显示)数值 f 与实际输出信号频率 f_0 间的偏差,可用频率的绝对偏离(绝对误差) $\Delta f=f-f_0$ 或用相对偏差(相对误差)来表示,即

$$\alpha=\frac{f-f_0}{f_0}$$

式中,f_0 为标准频率。

③ 频率稳定度。指在其他外界条件恒定不变的情况下,在规定时间内,信号发生器输出频率相对于预调值变化的大小。频率稳定度实际上是频率不稳定度,它表示频率源能够维持恒定频率的能力。对于频率稳定度的描述往往引入时间概念,如 4×10^{-3}/h,5×10^{-9}/d。

(2) 输出特性

一个正弦信号发生器的输出特性主要如下。

① 输出信号的幅度。输出信号的幅度常采用两种表示方式:其一,直接用正弦波有效值(单位用 V、mV、μV)表示;其二,用绝对电平(单位用 dBm、dB)表示。

② 输出电平范围。表征信号发生器能提供的最小和最大输出电平的可调范围。

③ 输出电平的频响。指在有效频率范围内调节频率时输出电平的变化,也就是输出电平的平坦度。

④ 输出电平准确度。对常用电子仪器,常采用"工作误差"来评价仪器的准确度。

⑤ 输出阻抗。信号发生器的输出阻抗视其类型不同而异。低频信号发生器的输出阻抗一般有 50 Ω、75 Ω、150 Ω、600 Ω 几种。高频信号发生器一般为 50 Ω 或 75 Ω 不平衡输出。

⑥ 输出信号的频谱纯度。反映信号输出波形接近正弦波的程度,常用非线性失真度(谐波失真度)表示。一般信号发生器的非线性失真度应小于 1%。

(3) 调制特性

高频信号发生器在输出正弦波的同时,一般还能输出一种或一种以上的已被调制的信号,多数情况下是调幅信号和调频信号,有些还带有调相和脉冲调制等功能。当调制信号由信号发生器内部电路产生时,称为内调制。当调制信号由外部加入信号进行调制时,称为外调制。

调制特性主要指调制类型、调制频率、调制系数、调制线性度。调制线性度是指载波信号被调制后,被调制量变化规律与调制信号变化规律的结合程度。

(1) 测试准备

① 仪器开机预热。

检查电源电压是否在 220×(1±10%) V 范围内,若超出此范围,应外接稳压器或调压器,否则会造成频率误差增大。

② 仔细检查测试系统电源情况,保证系统间接地良好,仪器外壳和所有的外露金属均已接地。在与其他仪器相连时,各仪器间应无电位差。

③ 仪器校准。

启动 F40 型函数信号发生器,按下面板上的电源按钮,电源接通。先闪烁显示"WELCOME"2 s,再闪烁显示仪器型号(例如"F05A-DDS")1 s。之后根据系统功能中的开机状态设置进入点频功能状态,波形显示区显示当前波形"~",频率为

10.000 000 00 kHz,或者进入上次关机前的状态。

④ 仪器连线。

按图 2.1.15 所示连接测试仪器与无线通信电路测试与设计实验系统。

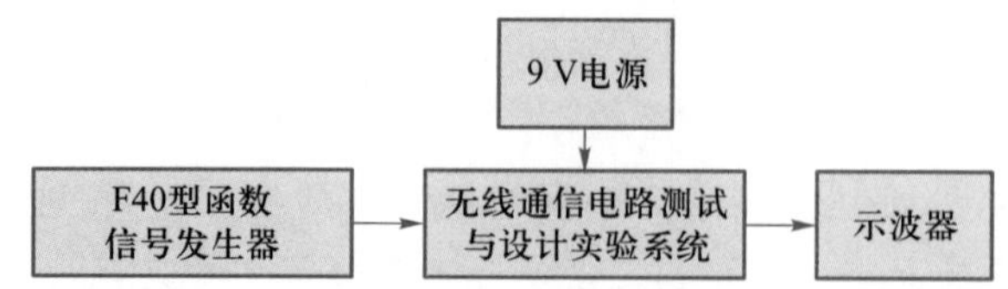

图 2.1.15 射频电路频率特性测试连接示意图

⑤ 仪器量程选择。

a. F40 型函数信号发生器:

- 按"频率/周期"键,显示出当前频率;
- 根据被测电路指标规定的频率,用数字输入键或调节旋钮输入频率值及单位,这时仪器输出端口即有该频率的信号输出,显示区即会显示出该频率值;
- 按"幅度/脉宽"键,显示出当前幅度值;
- 根据被测电路指标规定的幅度,用数字输入键或调节旋钮输入幅度值,这时仪器输出端口即有该幅度的信号输出。

b. 数字示波器:

- 按"CH1"或"CH2"按钮,选择 CH1 或 CH2 通道,根据被测电路指标规定的幅度调节"垂直灵敏度"挡位至合适位置;
- 将 CH1 或 CH2 通道的探头连接到电路被测点;
- 调节垂直 POSITION 旋钮、水平 POSITION 旋钮,使显示波形的垂直与水平位置移至屏幕中心位置;
- 按水平系统菜单按钮"MENU",显示水平操作菜单,根据被测电路指标规定的频率,进行扫描速度(s/div)挡位调节,使波形水平显示合适。

(2) 测试步骤

按表 2.1.8 所示的射频电路测试工艺文件进行测试。

(3) 数据处理

① 在低噪声放大器参数测量中,若测得其电压增益小于 20 dB,说明电路相关参数可能没有调整好。这时,应调节场效应管 G2 脚的电位器 R_{V81},使 G2 电压在 4~5 V 之间,然后用 F40 型函数信号发生器输入频率为 30 MHz、幅度为-50 dBm 的高频正弦波信号,用频谱仪观察输出信号,调节可调电容 C_{V82},使放大器输出增益达到最大(一般可达 20 dB)。

② 在混频器参数测量中,若测得混频器输出 10.7 MHz 的频谱幅度不是最大值,则应先调节场效应管 G2 脚的电位器 R_{V91},使 G2 电压在 4~5 V 之间,然后用 F40 型函数信号发生器输入频率为 30 MHz、幅度为-50 dBm 的高频正弦波信号,调节本振隔离放大器的输入、输出匹配 C_{V91} 和 C_{V92},用示波器观察输出电压,使输出电压最大,再配合频谱仪,微调输出匹配电容 C_{V92},使混频器输出端 10.7 MHz 的频谱幅度最大,此时认为本振输出到混频器的功率达到最大,以达到最大的混频增益。

表 2.1.8　射频电路测试工艺文件

技 术 条 件

1. 技术要求

1.1　环境温度：-5～+50 ℃保证指标

1.2　储存温度：-40～+70 ℃应无损坏

1.3　调谐低噪声放大器增益：>20 dB

1.4　调谐低噪声放大器通频带：≥2 MHz

1.5　调谐低噪声放大器噪声系数：≤2 dB

1.6　调谐低噪声放大器杂散：<-60 dB

1.7　调谐低噪声放大器隔离度：-20 dB

1.8　调谐低噪声放大器选择性：-50 dB，Δf=5 MHz

1.9　混频器增益：>-5 dB

1.10　混频器噪声系数：≤3 dB

1.11　混频器损耗：7 dB

1.12　混频器通频带：5 kHz

1.13　混频器动态范围：60 dB

2. 试验方法

2.1　测试仪器和设备

无线通信电路测试与设计实验系统　1 台

函数信号发生器（F40 型）　1 台

数字示波器（DS1102C 型）　1 台

直流稳压电源（HG6333 型）　1 台

2.2　测试条件

2.2.1　环境温度：15～35 ℃。

2.2.2　相对湿度：25%～75%。

2.2.3　大气压力：85～106 kPa。

2.2.4　电源电压：交流电压　额定值×（1±3%）；

直流电压　额定值×（1±5%）。

旧底图总号						
		标记	数量	更改单号	签名	日期
底图总号	拟制		射频电路技术条件	×××2.×××.×××JT		
	审核					
媒体编号	工艺			阶段标记	第 1 张	共 5 张
日期　签名						
	标准化					
	批准					

格式（4）　　描图：　　幅面：4

续表

2.2.5 电源频率:50 Hz(±5%)。

2.3 测试时注意事项

2.3.1 接通电源,先预热 10 min 左右使用。

2.3.2 仪器的检查。

① F40 型函数信号发生器启动:按下面板上的电源按钮,电源接通。先闪烁显示"WELCOME" 2 s,再闪烁显示仪器型号(例如"F05A-DDS")1 s。之后根据系统功能中的开机状态设置进入点频功能状态,波形显示区显示当前波形"~",频率为 10.000 000 00 kHz,或者进入上次关机前的状态。

② 将示波器各个控制键调节在下列相应位置。

亮度:适中;聚焦:适中;垂直位移:中间;水平位移:中间;垂直显示方式:CH1(CH2);垂直灵敏度、扫描速度:合适位置;触发扫描方式:自动;触发源:内;触发电平:中间;水平模式:X1。

③ 将直流稳压电源调至 9 V 电压。

2.4 测试程序

2.4.1 调谐低噪声放大器的主要性能指标测试。

(1) 连接低噪声放大器测试电路。

给无线通信电路测试与设计实验系统接上+9 V 的电源,将 F40 型函数信号发生器接到调谐低噪声放大器的信号输入端(电容 C_{83}),将示波器接到调谐低噪声放大器的信号输出端(电容 C_{85}),连接如图 2.1.16 所示。

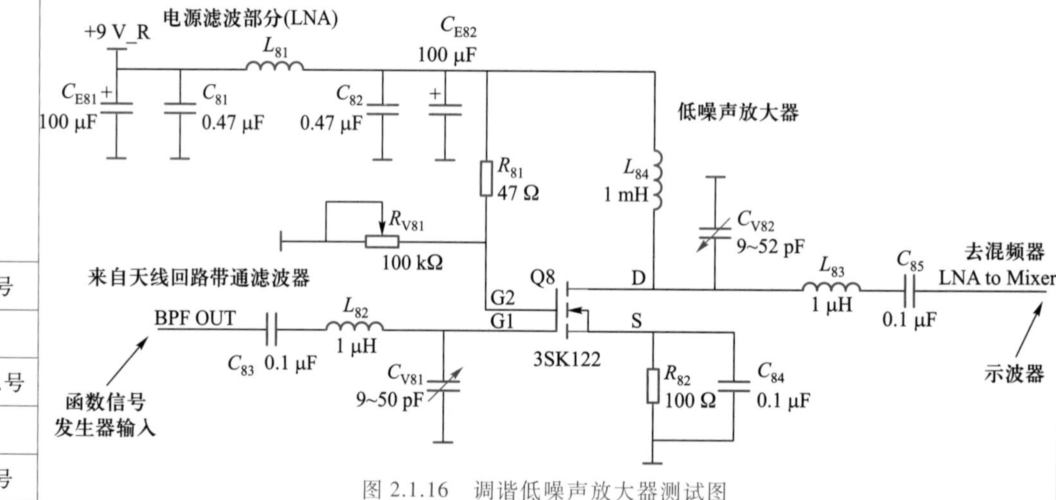

图 2.1.16 调谐低噪声放大器测试图

注意:由于调试时使用的是标准信号发生器或扫频仪,内阻一般为 50 Ω,因此应在放大器输入端插入 50/75 Ω 阻抗转换器。

媒体编号
旧底图总号
底图总号

						拟 制		×××2.×××.×××JT
日期	签名					审 核		
						工 艺		
		标记	数量	更改单号	签名	日期	标准化	第 2 张

格式(4a) 描图: 幅面:

续表

（2）增益测量。

① 设置 F40 型函数信号发生器参数。

- 按“频率”键，用数字输入键输入“3”“0”“MHz”（或用调节旋钮输入），显示区显示 30 MHz。
- 按“幅度”键，用数字输入键输入“0”“·”“1”“V_{P-P}”（或用调节旋钮输入），显示区显示 100 mV_{P-P}。
- 按“Shift”键，再按“频率/幅度”键，选择正弦波波形，显示区显示正弦波的波形符号。

② 设置示波器参数。垂直显示方式：CH1 通道；垂直灵敏度：5 mV/div；扫描速度：0.5 μs/div；触发扫描方式：自动；触发源：内；触发电平：中间；水平模式：X1。

③ 测试步骤：用 F40 型函数信号发生器输入频率 30 MHz、幅度 100 mV_{P-P}的正弦波信号，用示波器观察输出信号，从特性曲线中读出输出信号幅度约为 2.2 V_{P-P}，根据公式计算，则调谐低噪声放大器的放大倍数为 22。

当调谐低噪声放大器的放大倍数为 22 时，根据公式，换算其增益 =________ dB，画出该频率特性曲线。

当输入信号为频率 35 MHz、幅度 50 mV_{P-P}的正弦波时，读出示波器上显示输出电压 =________ V_{P-P}，计算其增益 =________ dB。

注意：G2 上的直流偏置电压不能过大（一般不超过 5 V），否则容易烧毁场效应管。

（3）通频带测量。

① 保持“增益测量”中的操作步骤①～③不变。

② 根据低噪声放大器宽带特性，设置 F40 型函数信号发生器频率步进间隔为 100 kHz，改变频率大小，同时用示波器观测各频率点上输出波形幅度的变化，当幅度下降为原来的 0.707 倍（3 dB）时，测量其上限截止频率 f_H 约为 31 MHz，下限截止频率 f_L 约为 29 MHz，根据公式 $BW=f_H-f_L$ 计算，其通频带为 2 MHz。

当输入信号为频率 25 MHz、幅度 50 mV_{P-P}的正弦波时，读出示波器上显示输出电压 =________ V_{P-P}，当幅度下降为原来的 0.707 倍时，测量上限截止频率 =________ MHz，下限截止频率 =________ MHz，计算通频带 =________ MHz。

调节 F40 型函数信号发生器输出信号频率，使信号频率在谐振频率附近变化，以 100 kHz 步进间隔来变化，并用示波器观测各点上输出信号幅度，在图 2.1.17 所示坐标轴上标出调谐低噪声放大器的通频带特性。

图 2.1.17 放大器通频带特性

媒体编号	
旧底图总号	
底图总号	

						拟 制		
日期	签名					审 核		×××2.×××.×××JT
						工 艺		
		标记	数量	更改单号	签名	日期	标准化	第 3 张

格式（4a） 描图： 幅面：

续表

（4）噪声测量。

① 调谐低噪声放大器不输入信号，把示波器探头接到调谐低噪声放大器的信号输出端，并将示波器旋钮 V/div 调至最小，观察此时示波器显示放大器噪声的波形。随机选择一段波形，读出其振幅、周期及频率的各自最大值和最小值，并记录：

$$U_{max}=\_\_\_\_\_\_\_\_\ \mathrm{V},U_{min}=\_\_\_\_\_\_\_\_\ \mathrm{V}$$

$$T_{max}=\_\_\_\_\_\_\_\_\ \mathrm{ms},T_{min}=\_\_\_\_\_\_\_\_\ \mathrm{ms}$$

$$f_{max}=\_\_\_\_\_\_\_\_\times10^{3}\ \mathrm{Hz},f_{min}=\_\_\_\_\_\_\_\_\times10^{3}\ \mathrm{Hz}$$

② 保持步骤①，画出上述波形。

③ 保持步骤①，在示波器中另取一段波形，画出该波形，并与上一波形比较。

注意：噪声的种类很多，有的是从器件外部串扰进来的，称为外部噪声；有的是器件内部产生的，称为内部噪声。内部噪声源主要有电阻热噪声、电子器件的噪声。放大器的内部噪声主要是由电路中的电阻、谐振回路和电子器件（电子管、晶体管、场效应管、集成块等）内部所具有的带电微粒无规则运动所产生的。这种无规则运动具有起伏噪声的性质，是一种随机过程，即在同一时间（$0\sim T$）内，某一次观察和下一次观察会得出不同的结果。

（5）稳定度测量。

① 调节场效应管 G2 脚的电位器 R_{V81}，改变其电阻值，使 G2 电压为 3 V，偏离正常静态工作点。

② 用 F40 型函数信号发生器输入频率 30 MHz、幅度 100 $\mathrm{mV_{P-P}}$ 的正弦波信号，用示波器观察输出信号，从特性曲线中读出输出信号幅度为________ $\mathrm{V_{P-P}}$，根据公式计算，则调谐低噪声放大器的放大倍数为________。

注意：

a. 将测量值与正常静态工作点时的测量值进行比较，分析改变静态工作点对放大器增益的影响。

b. 调节场效应管 G1 脚的电容器 C_{V81}，改变其电容值，保持操作步骤②不变，测量调谐低噪声放大器的输出信号幅度为________ $\mathrm{V_{P-P}}$，放大倍数为________，分析改变输入阻抗匹配电路参数对放大器增益的影响。

2.4.2　混频器的主要性能指标测试。

（1）连接混频器测试电路。

给无线通信电路测试与设计实验系统接上+9 V 的电源，将 F40 型函数信号发生器接到混频器的信号输入端（电容 C_{92}），将示波器接到混频器的信号输出端（电容 C_{95}），连接如图2.1.18所示。

（2）增益测量。

① 设置 F40 型函数信号发生器参数。频率：30 MHz；幅度：500 $\mathrm{mV_{P-P}}$；波形：正弦波。

② 设置示波器参数。垂直显示方式：CH1 通道；垂直灵敏度：5 mV/div；扫描速度：0.5 μs/div；触发扫描方式：自动；触发源：内；触发电平：中间；水平模式：X1。

媒体编号

旧底图总号

底图总号

日期	签名								
							拟　制		×××2.×××.×××JT
							审　核		
							工　艺		
		标记	数量	更改单号	签名	日期	标准化		第　4　张

格式（4a）　　描图：　　幅面：

续表

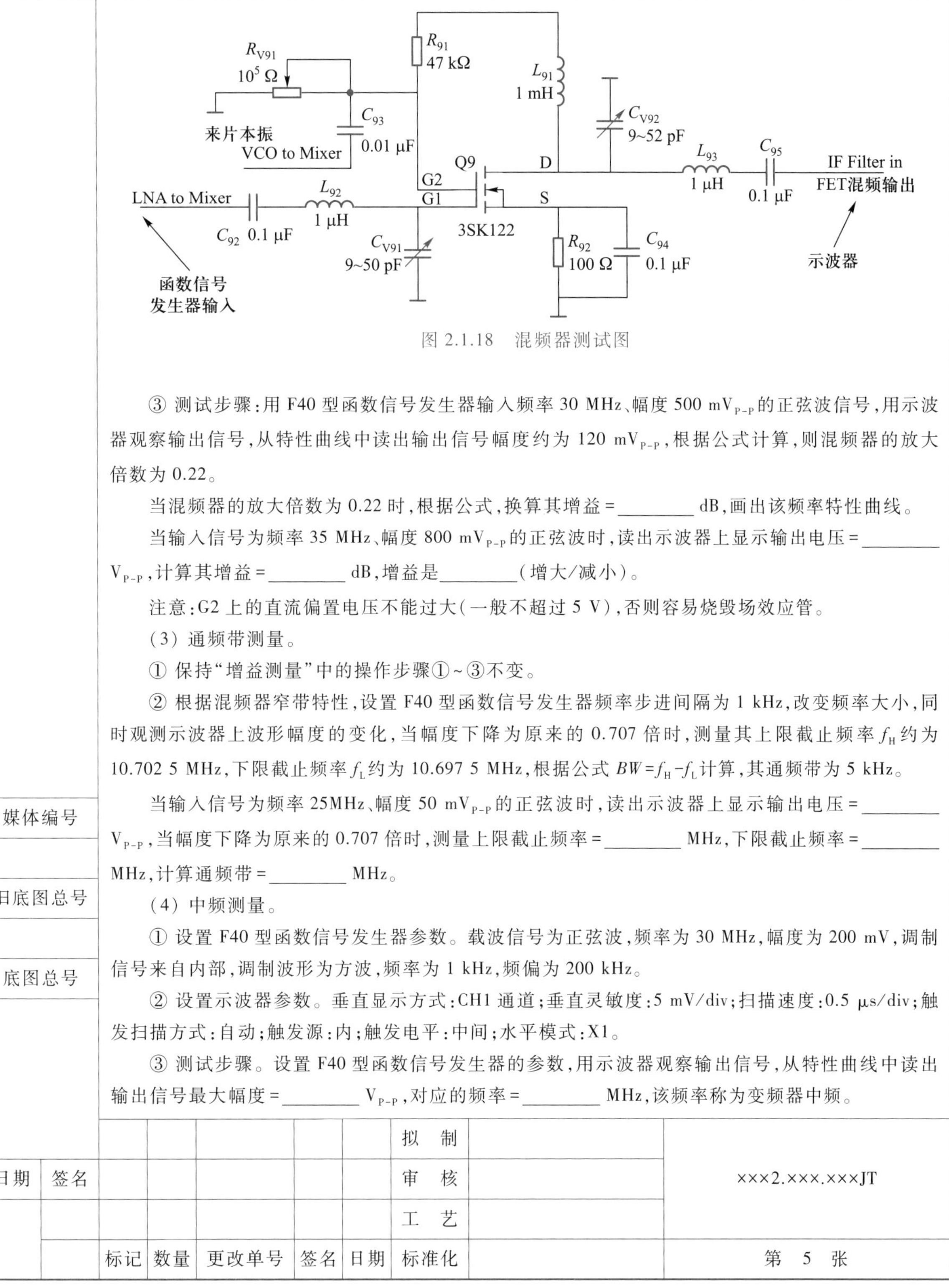

图 2.1.18　混频器测试图

③ 测试步骤：用 F40 型函数信号发生器输入频率 30 MHz、幅度 500 mV_{P-P}的正弦波信号，用示波器观察输出信号，从特性曲线中读出输出信号幅度约为 120 mV_{P-P}，根据公式计算，则混频器的放大倍数为 0.22。

当混频器的放大倍数为 0.22 时，根据公式，换算其增益＝________ dB，画出该频率特性曲线。

当输入信号为频率 35 MHz、幅度 800 mV_{P-P}的正弦波时，读出示波器上显示输出电压＝________ V_{P-P}，计算其增益＝________ dB，增益是________（增大/减小）。

注意：G2 上的直流偏置电压不能过大（一般不超过 5 V），否则容易烧毁场效应管。

（3）通频带测量。

① 保持“增益测量”中的操作步骤①~③不变。

② 根据混频器窄带特性，设置 F40 型函数信号发生器频率步进间隔为 1 kHz，改变频率大小，同时观测示波器上波形幅度的变化，当幅度下降为原来的 0.707 倍时，测量其上限截止频率 f_H 约为 10.702 5 MHz，下限截止频率 f_L 约为 10.697 5 MHz，根据公式 $BW=f_H-f_L$ 计算，其通频带为 5 kHz。

当输入信号为频率 25MHz、幅度 50 mV_{P-P}的正弦波时，读出示波器上显示输出电压＝________ V_{P-P}，当幅度下降为原来的 0.707 倍时，测量上限截止频率＝________ MHz，下限截止频率＝________ MHz，计算通频带＝________ MHz。

（4）中频测量。

① 设置 F40 型函数信号发生器参数。载波信号为正弦波，频率为 30 MHz，幅度为 200 mV，调制信号来自内部，调制波形为方波，频率为 1 kHz，频偏为 200 kHz。

② 设置示波器参数。垂直显示方式：CH1 通道；垂直灵敏度：5 mV/div；扫描速度：0.5 μs/div；触发扫描方式：自动；触发源：内；触发电平：中间；水平模式：X1。

③ 测试步骤。设置 F40 型函数信号发生器的参数，用示波器观察输出信号，从特性曲线中读出输出信号最大幅度＝________ V_{P-P}，对应的频率＝________ MHz，该频率称为变频器中频。

媒体编号									
旧底图总号									
底图总号									
							拟　制		×××2.×××.×××JT
日期	签名						审　核		
							工　艺		
		标记	数量	更改单号	签名	日期	标准化		第　5　张

格式（4a）　　描图：　　幅面：

F40 型函数信号发生器的其他测量

1. 超外差式收音机频率特性测量

测量仪器连接框图如图 2.1.19 所示。

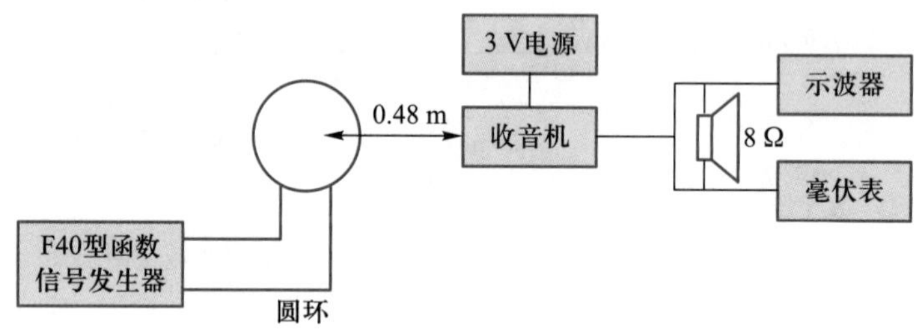

图 2.1.19 测量仪器连接框图

超外差式收音机电路图如图 2.1.20 所示。

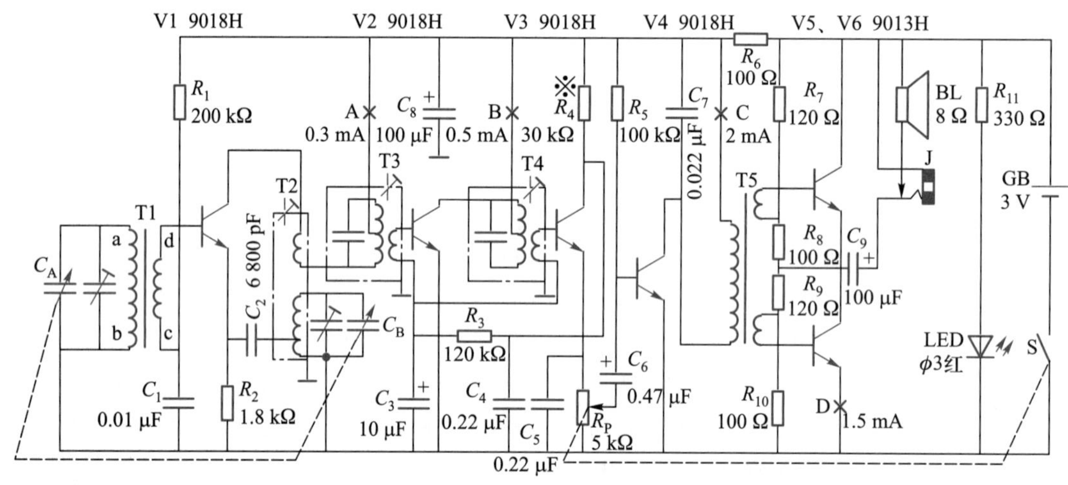

图 2.1.20 超外差式收音机电路图

2. 调幅收音机性能指标测量

(1) 中频

先将收音机的音量电位器旋在最大位置,将双连电容器动片旋至最低频率点,并将本振回路中的电感线圈短接。然后将 F40 型函数信号发生器置于 465 kHz 频率处,输出场强为 10 mV/m 的调幅信号,调制频率 1 kHz,调幅度 30%。收音机收到信号后,在示波器上显示 1 kHz 波形。再在 465 kHz 频率点附近,微调函数信号发生器输出频率,直至交流毫伏表指示值最大(此时收音机发出的声音也最大),这时函数信号发生器所置频率即是收音机的中频频率。调幅收音机中频的国家标准为 465 kHz。

读出交流毫伏表指示电压=________ V,示波器显示波形幅度=________ V_{P-P},中频频率=________ kHz,用示波器观察并绘出输出波形。

(2) 频率覆盖

先将双连电容器的动片全部旋入,使调谐指针指向刻度板最低端。然后将 F40 型函数信号发生器置于 525.5 kHz 频率处,输出场强为 10 mV/m 的调幅信号,调制频率 1 kHz,调制度 30%。收音机收到信号后,在示波器上显示 1 kHz 波形。再在 525.5 kHz 频率点附近,微调函数信号发生器输出频率,直至交流毫伏表指示值最大,这时函数信号发生器所置频率即是收音机低端频率。

当信号频率 f=525.5 kHz 时,测量输出电压 U_o=________ V,示波器显示波形幅度=________ V_{P-P},由公式 $P_o=U_o^2/R_L$ 计算输出功率 P_o=________。

将双连电容器的动片全部旋出,使调谐指针指向刻度板最高端。然后将 F40 型函数信号发生器置于 1 606.5 kHz 频率处,保持其余设置不变。收音机收到信号后,在示波器上显示 1 kHz 波形。再在 1 606.5 kHz 频率点附近,微调函数信号发生器输出频率,直至交流毫伏表指示值最大,这时函数信号发生器所置频率即是收音机高端频率。

当信号频率 f=1 606.5 kHz 时,测量输出电压 U_o=________ V,示波器显示波形幅度=________ V_{P-P},计算输出功率 P_o=________。

收音机中波段的频率范围是 525.5~1 606.5 kHz。

知识小结

本项目主要介绍了无线电收信机的射频电路,通过使用 F40 型函数信号发生器对射频电路幅频参数进行了测量。通过学习本项目,可以理解 F40 型函数信号发生器的工作过程,熟悉 F40 型函数信号发生器的使用方法,了解调谐低噪声放大器和混频器的基本工作原理,掌握调谐低噪声放大器和混频器频率特性的测试方法。

习 题

(一) 理论题

1. 叙述 DDS 的基本工作原理。
2. 叙述 F40 型函数信号发生器调幅功能模式操作方法。
3. 叙述 F40 型函数信号发生器调频功能模式操作方法。
4. F40 型函数信号发生器有________、________、________、________、________、________等主要技术指标。
5. F40 型函数信号发生器具有________、________、________、________、________、________、________等信号的功能。
6. DDS 是指________。
7. F40 型函数信号发生器采用的是________技术。
8. F40 型函数信号发生器的输出频率为________,分辨力为________。
9. 使用 F40 型函数信号发生器时,有哪些注意事项?
10. 简述调谐低噪声放大器的工作原理。
11. 简述混频器的工作原理。
12. 叙述调谐低噪声放大器增益的测量方法。

13. 叙述调谐低噪声放大器通频带的测量方法。

14. 叙述混频器增益的测量方法。

15. 叙述混频器通频带的测量方法。

16. 当测试棒铜端靠近天线线圈时，若声音变大，则说明天线线圈电感量________（偏大/偏小），应将线圈往磁棒________（外侧/内侧）稍移；当测试棒铁端靠近天线线圈时，若声音变大，则说明天线线圈电感量________（偏大/偏小），应将线圈往磁棒________（中心/两侧）稍加移动；用测试棒铜、铁两端分别靠近天线线圈，如果声音均变小，说明电感量________（正好/偏大/偏小），则收音机统调________（良好/不好）。

17. 混频器输入频率与本振频率之差________（固定/不固定）。

18. 如何用 F40 型函数信号发生器测试收音机的频率覆盖？

19. 统调的三点频率是________、________、________，这三点频率是否都要调整？

20. 收音机中波段的国家标准为________ kHz，频率的高低端各留 1%～3%的余量。

21. 调试收音机频率覆盖可以通过调整________（本机振荡回路/中放电路）电感线圈的磁芯和微调电容来实现。

（二）实践题

1. 仪器使用。

（1）测量一个调幅波

载波信号为正弦波，频率为 3 MHz，幅度为 2 V；调制信号来自内部，调制波形为正弦波，调制信号频率为 1 kHz，调制深度为 20%。写出按键操作顺序，并在示波器上显示出调幅波波形。

（2）测量一个调频波

载波信号为正弦波，频率为 1 MHz，幅度为 2 V；调制信号来自内部，调制波形为正弦波，频率为 5 kHz，频偏为 200 kHz。写出按键操作顺序，并在示波器上显示出调频波波形。

2. 收音机中频测量（见图 2.1.20）。

用 F40 型函数信号发生器输出一个载波频率为 1 000 kHz，调制频率为 400 Hz 的调幅波，调制度为 30%，输出电压为 100 mV。

① 将收音机调谐到 530 kHz 频率，接收函数信号发生器发射的调幅信号，用示波器测量 V1、V2 的基极波形，观察 V1、V2 的基极是否有波形。

② 将收音机调谐到不同频率点，接收函数信号发生器发射的调幅信号，用示波器测量 V1、V2 的基极波形，观察 V1、V2 的基极是否有波形。

③ 将收音机的调谐器调到 1 000 kHz 频率，接收函数信号发生器发射的调幅信号，用示波器测量 V1、V2 的基极波形，填入表 2.1.9 中，并比较它们的频率。

表 2.1.9 V1、V2 基极的波形

V1 基极的波形	V2 基极的波形

讨论：

- 收音机调谐器可以选择接收不同高频载波频率的信号。
- 比较 V1、V2 基极的波形，可以看出 V1 具有________作用，V2 具有________作用。

- V1 频率是________(变化/固定)的,V2 频率是________(变化/固定)的,其值是________,一般称它是调幅收音机的________(中频/低频/高频)。

3. 收音机统调测量。

① 用 F40 型函数信号发生器输出一个载波频率为 600 kHz,调制频率为 1 000 Hz 的调幅波,调制度为 30%,输出电压为 100 mV。将收音机调谐到频率低端,收到函数信号发生器输出信号,测量负载上输出电压是________ V,调整天线在磁棒上的位置,使负载上输出电压最大,此时,再测量负载上输出电压是________ V。

② 用 F40 型函数信号发生器输出一个载波频率为 1 500 kHz,调制频率为 1 000 Hz 的调幅波,调制度为 30%,输出电压为 100 mV。将收音机调谐到频率高端,收到函数信号发生器输出信号,测量负载上输出电压是________ V,调整输入回路上微调电容的位置,使负载上输出电压最大,此时,再测量负载上输出电压是________ V。

讨论:

- 在高、低端调整后,用测试棒铜、铁两端分别靠近天线线圈,如果收音机声音均变小,则说明电路已获得良好的统调,否则需重新调整。
- 由于输入回路与本振回路的调谐电容采用的是双连可变电容,电容的改变是成比例的,但输入频率(535~1 605 kHz)与本振频率(1 000~2 070 kHz)却不成比例,所以,在收音机统调中,一般采用高、中、低三点式统调。

项目 2-2　F40 型函数信号发生器的测试
——频谱分析仪的应用

F40 型函数信号发生器的测试

学习目标

F40 型函数信号发生器是一款测量仪器。测试 F40 型函数信号发生器所需的基本的测量仪器是频谱分析仪。频谱分析仪的基本功能是分析各频率上的信号强度。

学习完本项目后,你将能够:

- 理解函数信号发生器的工作原理
- 了解被测对象函数信号发生器的技术指标
- 理解频谱分析仪的工作原理和工作过程
- 掌握频谱分析仪的性能、参数
- 掌握频谱分析仪的使用方法和注意事项
- 学会编制测量工艺文件

一、F40 型函数信号发生器测试指标

课内阅读

F40 型函数信号发生器的部分技术参数如表 2.2.1 所示。

表 2.2.1　F40 型函数信号发生器的部分技术参数

序号	技术参数	要求
1	频率范围(主波形)	1 μHz~40 MHz
2	失真度	≤2%

讨论

① 频率范围:在规定的失真度和额定输出功率条件下的工作频带宽度,即最低工作频率至最高工作频率之间的范围。

② 失真度:谐波分量有效值与基波分量有效值的百分比。可以通过失真度仪来测量信号的失真度,也可以对信号进行频谱分析观察其基波、二次谐波、三次谐波成分。

③ 载波信号:就是把普通信号(声音、图像)加载到一定频率的高频信号上。没有加载普通信号时,高频信号的波幅是固定的;加载之后,波幅就随着普通信号的变化而变化。

④ 调制:通过改变高频载波即消息的载体信号的幅度、相位或者频率,使其随着基带信号幅度的变化而变化来实现。

⑤ 频谱:频谱是频率谱密度的简称,即频率的分布曲线。复杂振荡分解为振幅不

同和频率不同的谐振荡,这些谐振荡的幅值按频率排列的图形称为频谱。

二、F40 型函数信号发生器测试仪器选用

1. 仪器选择(如表 2.2.2 所示)

表 2.2.2 F40 型函数信号发生器测试仪器选择

序号	测试仪器	数量	备注
1	F40 型函数信号发生器	1	① 根据实际情况可选用指标相同或相近的仪器 ② 根据实际测试要求进行仪器选择
2	GSP-827 型频谱分析仪	1	

2. 主要仪器介绍:GSP-827 型频谱分析仪

观察

(1) 面板结构

GSP-827 型频谱分析仪的面板图如图 2.2.1 所示。

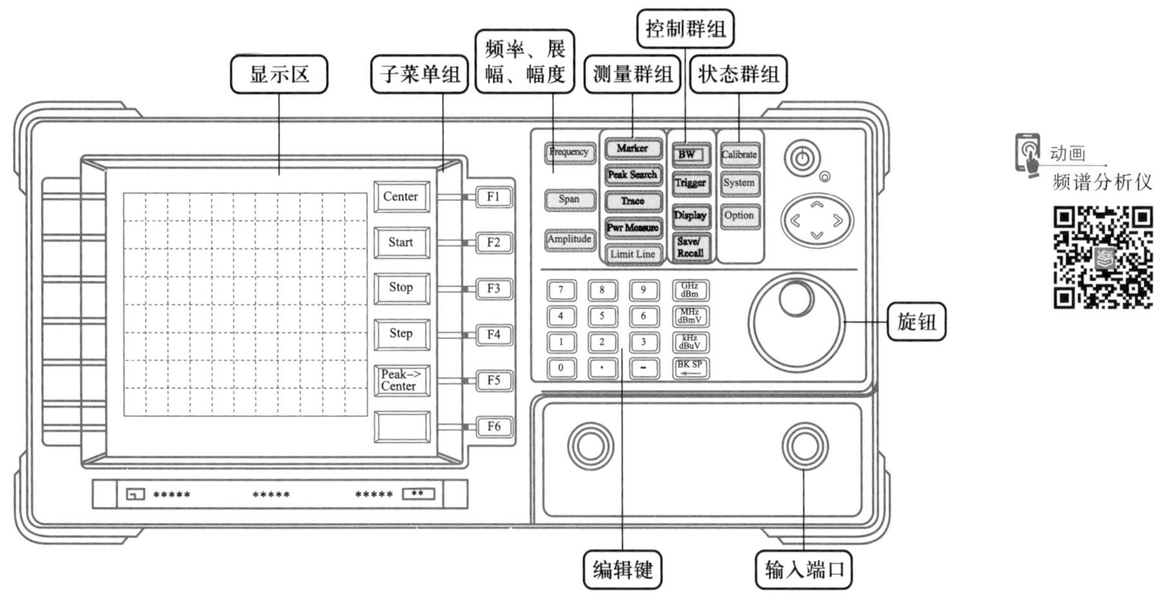

图 2.2.1 GSP-827 型频谱分析仪的面板图

课内阅读

(2) 主要性能指标(如表 2.2.3 所示)

表 2.2.3 GSP-827 型频谱分析仪主要性能指标

序号	性能指标	规格
1	频率范围	9 kHz~2.7 GHz
2	频率相位噪声	-85 dBc/Hz

续表

序号	性能指标	规格
3	振幅输入范围	-100～+20 dBm，1 MHz～2.5 GHz -95～+20 dBm，2.5～2.7 GHz -70～+20 dBm，150 kHz～1 MHz -100～+20 dBm，50～150 kHz
4	幅度参考准位	-30～+20 dBm，过载保护
5	平均噪声	-130 dBm/Hz，1 MHz～2.7 GHz -125 dBm/Hz，2.5～2.7 GHz -105 dBm/Hz，150 kHz～1 MHz -95 dBm/Hz，50～150 kHz
6	输入阻抗	50 Ω/75 Ω
7	RBW 带宽选择	3 kHz、30 kHz、300 kHz、4 MHz
8	VBW 频宽	10 Hz～1 MHz
9	扫描时间	0～25.6 s

（3）工作原理

频谱分析仪是使用不同方法在频域内对信号的电压、功率、频率等参数进行测量并显示的仪器。频谱分析一般有非实时分析法和实时分析法两种实现方法。

非实时分析法：在任意瞬间只有一个频率成分能被测量，无法得到相位信息，适用于连续信号和周期信号的频谱测量。

实时分析法：通常用一系列窄带滤波器滤出被测信号在各个频率点的频谱分量，这种同时并行作业的测量方法称为实时分析法，但其需要大量的硬件。

频谱分析仪一般采用非实时分析法。根据工作原理，可将频谱分析仪分为模拟式与数字式两大类。模拟式频谱分析仪是以模拟滤波器为基础的，应用广泛，这里主要讨论模拟式频谱分析仪。

① 顺序滤波式频谱分析仪。顺序滤波式频谱分析仪由多个通带互相衔接的带通滤波器和一个检波器构成。其用多个频率固定且相邻的窄带带通滤波器阵列来区分被测信号的各种频率成分，可以全面记录被测信号。顺序滤波式频谱分析仪的组成如图 2.2.2 所示。

输入信号经放大后送入一组带通滤波器，这些滤波器的中心频率分别为 $f_{o1}<f_{o2}<\cdots<f_{on}$，由各个滤波器选出的频率分量通过与阶梯波扫描电压同步的步进换接开关 S 顺序接入检波器，经检波、放大后加到示波管垂直偏转板。示波器水平偏转板上加的即是上述的阶梯波扫描电压。

② 外差式频谱分析仪。外差式频谱分析仪的频率变换原理与超外差式收音机相同：利用无线电接收机中普遍使用的自动调谐方式，通过改变扫频本振的频率（扫描信号发生器的频率）来捕获待测信号的不同频率分量，也称扫频外差式频谱分析仪。扫频外差式方案是实施频谱分析的传统途径，在高频段占据优势地位，其组成及频谱图如图 2.2.3 所示。

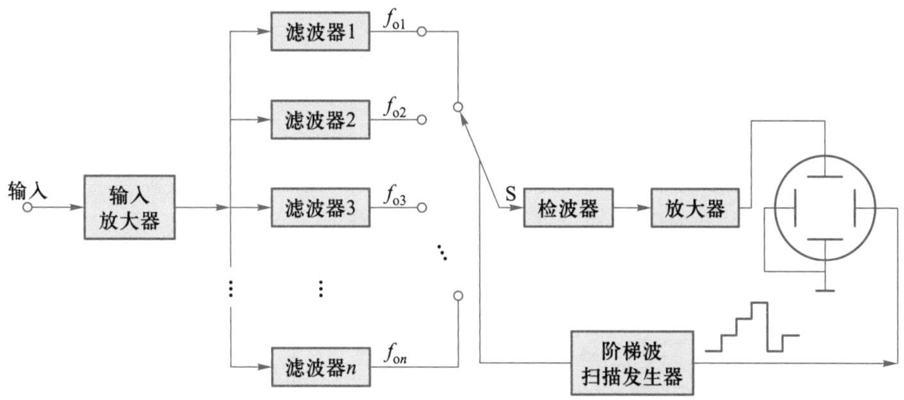

图 2.2.2　顺序滤波式频谱分析仪组成

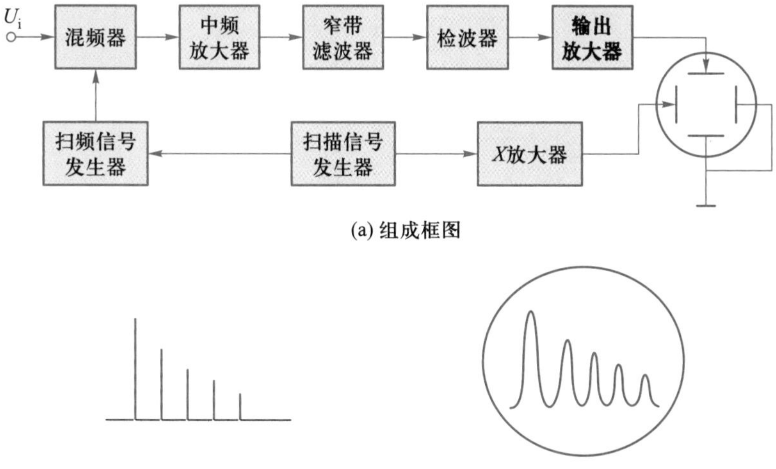

(a) 组成框图

(b) 理想谱线　　(c) 实际谱线

图 2.2.3　外差式频谱分析仪组成及频谱图

这种方法的中频窄带滤波器是固定的，只要改变本级振荡的扫频信号频率即能达到选频目的。即输入信号中的各个频率成分在混频器中与扫频信号产生差频，它们依次落入窄带滤波器的通频带内，被滤波器选出，并经检波器加到示波管的垂直偏转板，即光点垂直偏移正比于该频率分量的幅值。同时，由于示波管的扫描电压就是扫频信号的调制电压，故水平轴已变成频率轴，屏幕上将显示输入信号的频谱图。

实际上，高、中频很难实现带通滤波和性能良好的检波，需要进行多级变频（混频）处理。第一混频实现高中频频率变换，再由第二、三级甚至第四级混频将固定的中频逐渐降低，如图 2.2.4 所示，每级混频之后有相应的带通滤波器抑制高次谐波交调分量。

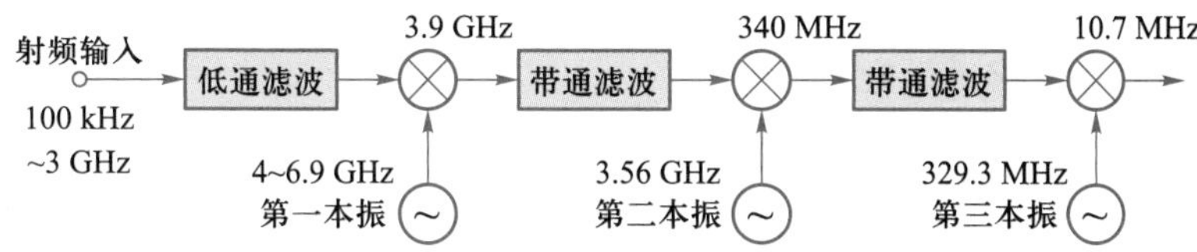

图 2.2.4　多级变频

(4) 使用方法

GSP-827 型频谱分析仪的三个主要按键为 Frequency(频率控制)、Span(展幅控制)和 Amplitude(幅度控制),此外还有测量群组按键、控制群组按键等。

① 频率控制功能说明,其功能菜单如图 2.2.5 所示。

视频
GSP-827 型频谱分析仪的使用

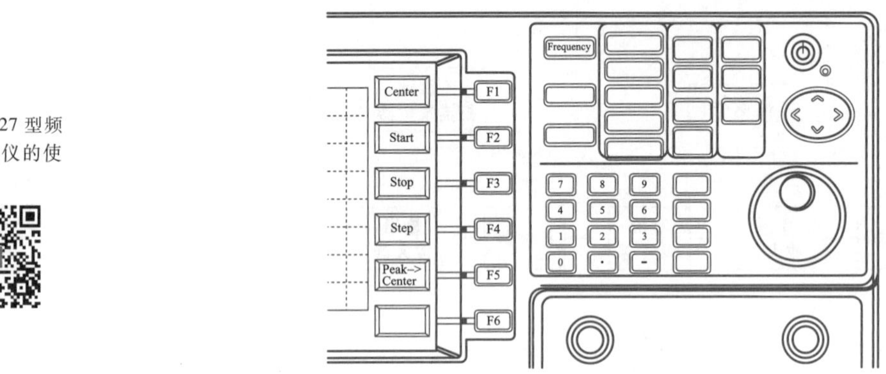

图 2.2.5 频率控制功能菜单

测量频率有两个设定方法:Center/Span 和 Start/Stop。Span 代表测量的频宽,在不知道测试频率时,通常使用 Center 和 Span。在特定的测试频率下,则使用 Start 和 Stop。

F1:Center(中央频率)设定,如图 2.2.6 所示。

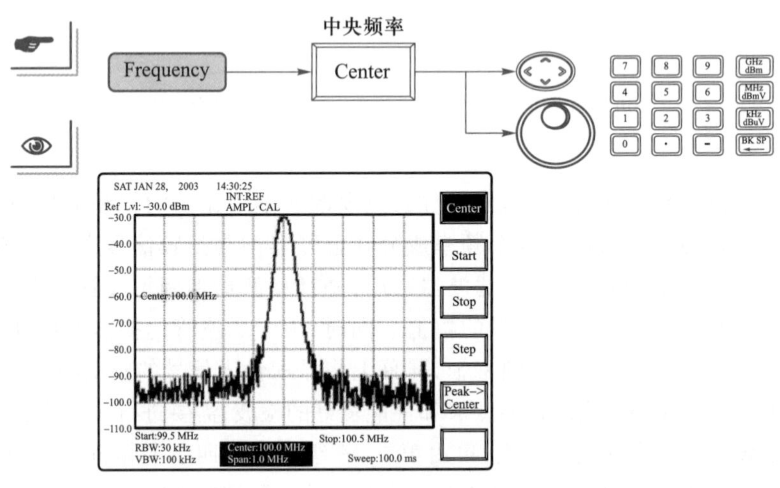

图 2.2.6 F1(Center)的操作

- 可直接用数字键设定。
- 可用上/下方向键向上或向下调整频率,调整步长在 Step 功能中设定。
- 旋钮:以旋转方式调整中央频率,调整步长为频宽的 1/500。

F2 和 F3:Start(开始频率)和 Stop(结束频率)设定,如图 2.2.7 所示。通常用数字键输入,也可通过上/下方向键和旋钮设置。

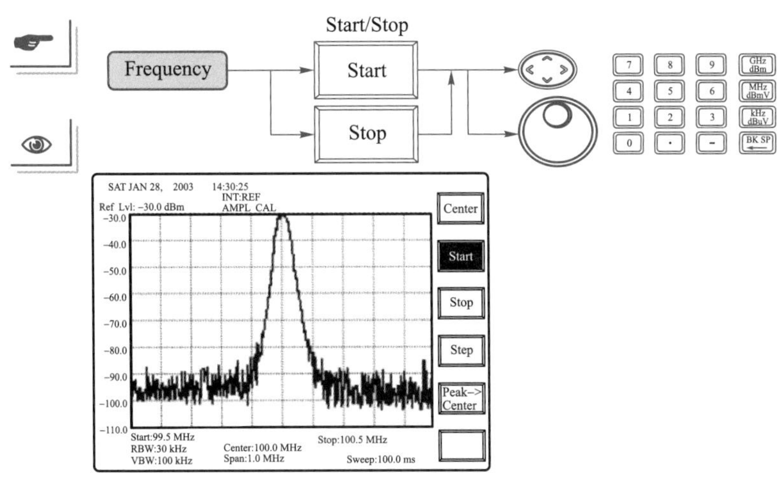

图 2.2.7 F2、F3 的操作

F5：Peak→Center（峰值频率→中央频率），会先找到峰值信号的频率，然后改变中央频率为峰值频率，如图 2.2.8 所示。执行这个功能时，不是所有光标都能被开启。

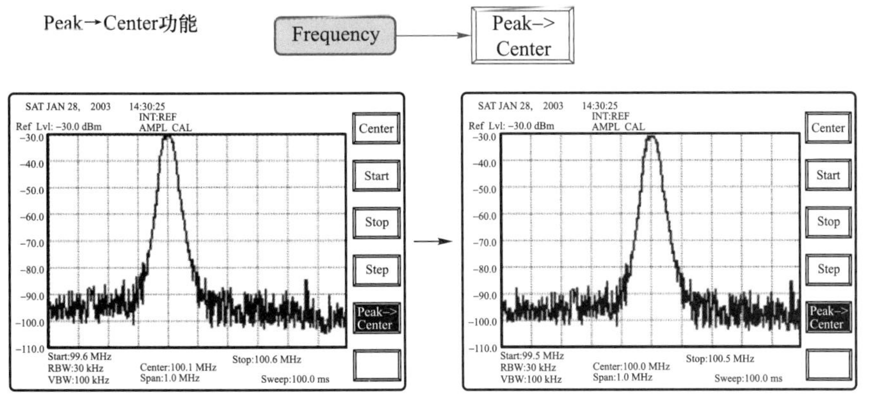

图 2.2.8 F5 的操作

② 展幅控制功能说明。

F1：Span，设定测量的频率范围，如图 2.2.9 所示。

● 上/下方向键和旋钮：以 1-2-5 的顺序改变展幅，如 1M、2M、5M、10M、20M、50M 等，在 1 kHz 频宽之前的是 0，最后在 2.5 GHz 之后的是 2.7 GHz。

● 编辑键：用数字键输入。

F2：Full Span（全展幅），设定为 2 700 MHz，即开始频率为 0，结束频率为2 700 MHz。

F3：Zero Span（零展幅），停止频率扫描并停留在中央频率的位置，也就是只测量中央频率。

F4：Last Span（最后的展幅），回到最后设定的展幅。

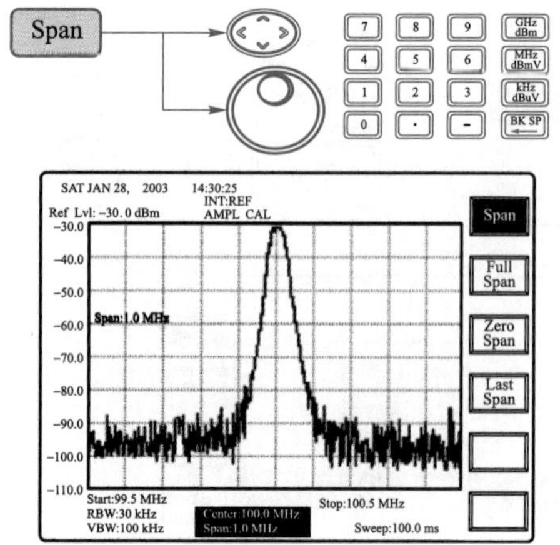

图 2.2.9 F1(Span)的操作

③ 振幅控制功能说明,其功能菜单如图 2.2.10 所示。

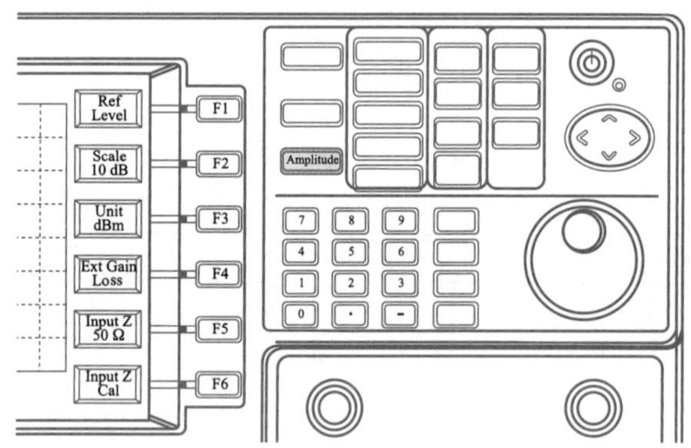

图 2.2.10 振幅控制功能菜单

F1:Ref Level(参考基准),显示在屏幕最上层,一般在 Ref Level 之下输入信号,如图 2.2.11 所示。

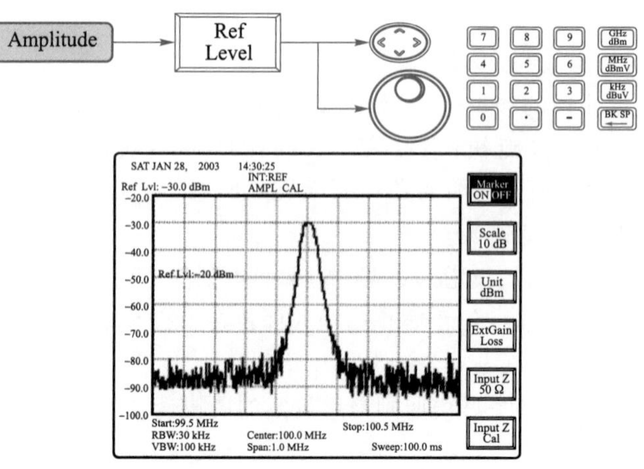

图 2.2.11 F1(Ref Level)的操作

F2：Scale（刻度），以 10－5－2－1 的顺序切换刻度，此为图像放大的功能，如图 2.2.12所示。

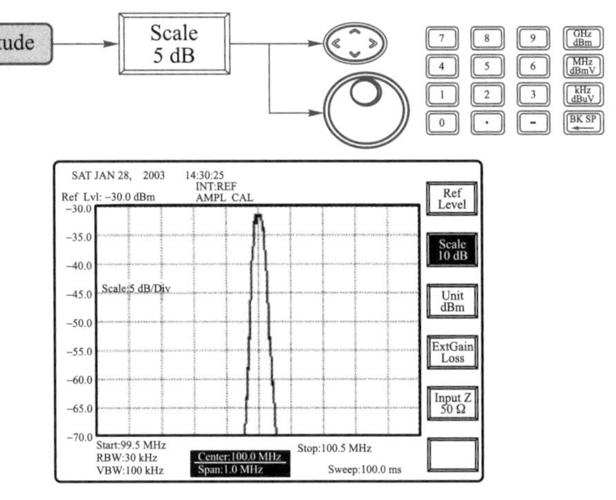

图 2.2.12 F2（Scale）的操作

F3：Unit（单位），包括 dBm、dBμV、dBmV 和 dBm/Hz。

F4：ExtGain/Loss（增益/消耗），允许在应用上引起的振幅偏移。

F5：Input Z，可切换 50 Ω 和 75 Ω 间的输入阻抗，为软件调整。

F6：Input Z Cal，可提供 75 Ω 转换器输入的补偿，理想的数字为 5.9 dB。

④ 测量群组功能说明。

测量群组包括 Marker（光标）、Peak Search（峰值搜寻）、Trace（波形轨迹）、Pwr Measure（电源量测）和 Limit Line（限制线）等按键。

● Marker：提供单一光标模式与多光标模式。单一光标模式只有普通（Normal）模式，多光标模式还有 ΔMkr 模式，如图 2.2.13 所示。选择普通（Normal）模式，指定光标频率，如图 2.2.14 所示。

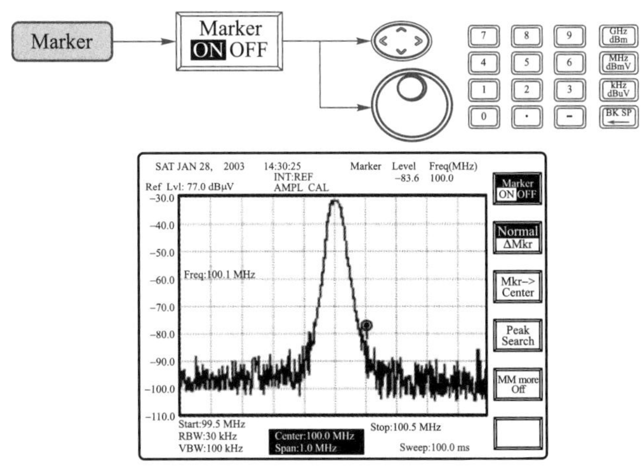

图 2.2.13 Marker 的操作

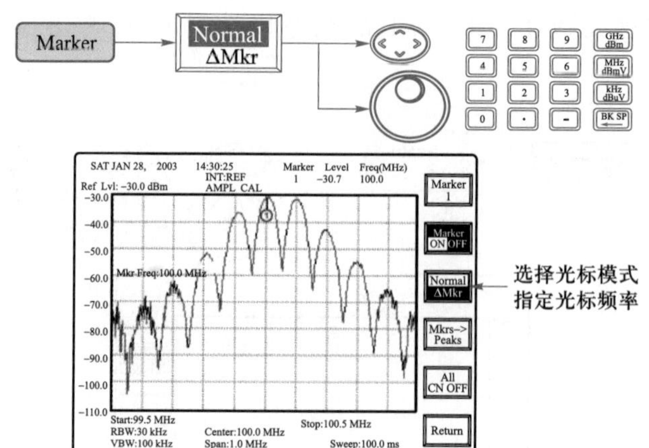

图 2.2.14 Marker 的 Normal 模式

- Peak Search：功能菜单如图 2.2.15 所示。

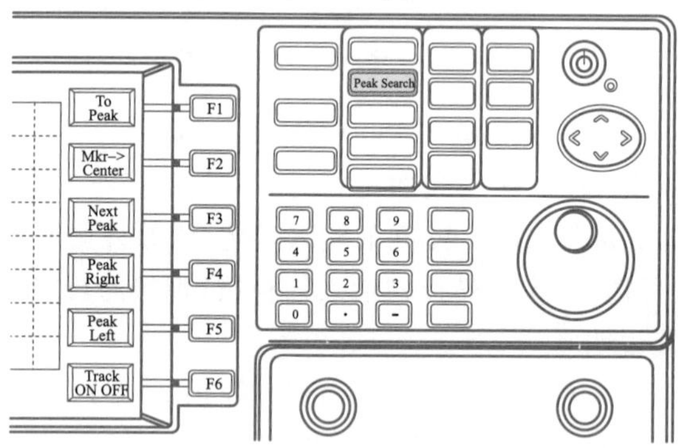

图 2.2.15 Peak Search 功能菜单

◆ To Peak：让光标去寻找显示器上的峰值信号，如图 2.2.16 所示。

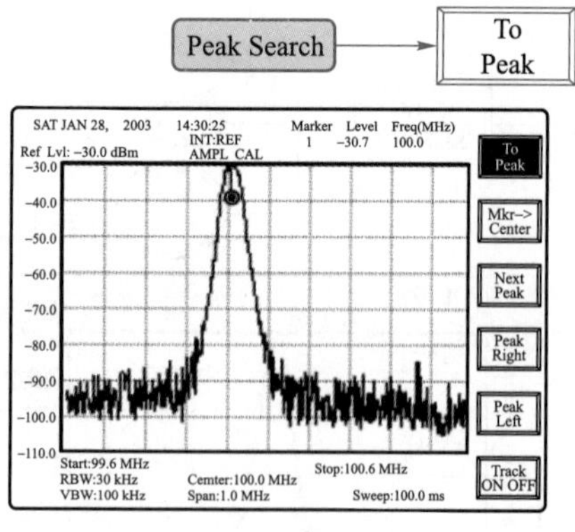

图 2.2.16 To Peak 的操作

◆ Mkr→Center：将中央频率变成光标所在的频率。

◆ Next Peak：让光标去寻找显示器上的下一个峰值信号。

◆ Peak Right：让光标去寻找右边的下一个峰值信号。

◆ Peak Left：让光标去寻找左边的下一个峰值信号。

◆ Track:让光标一直不断地去寻找峰值信号并将其移到显示器的中央。

⑤ 控制群组功能说明。

控制群组包括 BW(频宽)、Trigger(触发)、Display(显示)、Save/Recall(储存/调出)等按键。这里主要介绍 BW 功能的应用,其功能菜单如图 2.2.17 所示。

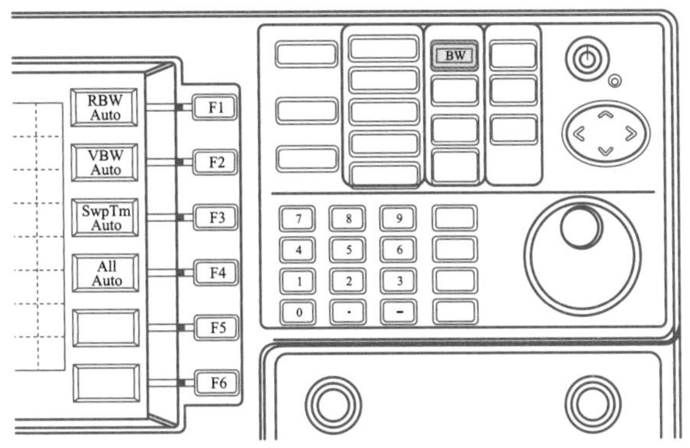

图 2.2.17　BW 功能菜单

BW 功能包括 RBW、VBW 和 Sweep Time(Swp Tm)。所有功能都有自动(Auto)和手动(Manual)模式。在全自动模式下,这些参数都与展幅(Span)互有关联。也就是说,在不同的 Span 设定下,本机会自动选择最适当的 RBW 和 VBW 组合。BW 的每一个参数都可分别以手动模式设定。

在手动模式下,RBW 的挡位有 3 kHz、30 kHz、300 kHz 和 4 MHz;VBW 以 1-3 的顺序,在 10 Hz 到 1 MHz 之间设定;Sweep Time 扫描时间最少为 100 ms。

如果调整仪器时出现问题,如扫描速度越来越慢、不知道正确的展幅位置等,可以依次选择 System→More→System Preset,重置系统,使仪器恢复出厂状态。这时仪器亮度会变暗,需要选择 Display→LCD Cntrst 选项去设置亮度。

(5) 注意事项

影响频谱分析仪幅度谱迹线显示的因素有频率(横轴)、幅度(纵轴)两方面。

① 频率。

a. 与频率显示有关的频谱分析仪指标。

频率范围:频谱分析仪能够进行正常工作的最大频率区间(如 GSP-827 型频谱分析仪的频率范围为 9 kHz~2.7 GHz)。

展幅(Span):表示频谱分析仪在一次测量(即一次频率扫描)过程中所显示的频率范围,可以小于或等于输入频率范围。通常根据测试需要自动调节,或手动设置(利用 Start 与 Stop 选项进行设置)。

频率分辨力:能够将最靠近的两个相邻频谱分量(两条相邻谱线)分辨出来的能力。频率分辨力主要由中频滤波器的分辨力带宽(RBW)和选择性决定,但最小分辨力还受到本振频率稳定度的影响。在 FFT 分析仪中,频率分辨力取决于实际取样频率和分析点数。

扫描时间(ST):进行一次全频率范围的扫描并完成测量所需的时间。通常希望扫描时间越短越好,但为了保证测量精度,扫描时间必须适当。与扫描时间相关的因素主要有扫描宽度、分辨力带宽、视频滤波。

相位噪声：反映频率在极短期内的变化程度，表现为载波的边带。相位噪声由本振频率或相位不稳定引起，本振越稳定，相位噪声就越低；同时它还与分辨力带宽（RBW）有关，RBW 缩小 1/10，相位噪声电平值减小 10 dB。通过有效设置频谱分析仪，相位噪声可以达到最小，但无法消除。

b. 与频率显示有关的频谱分析仪功能设置按键。

Span：设置当前测量的频率范围。

中心频率：设置当前测量的中心频率。

RBW：设置分辨力带宽，通常 RBW 的设置与 Span 联动。

② 幅度。

a. 与幅度显示有关的频谱分析仪指标。

动态范围：同时可测的最大与最小信号的幅度之比。通常是指从不加衰减时的最佳输入信号电平起，一直到最小可用的信号电平为止的信号幅度变化范围。

灵敏度：灵敏度规定了频谱分析仪在特定的分辨力带宽下或归一化到 1 Hz 带宽时的本底噪声，常以 dBm 为单位。灵敏度指标表达的是频谱分析仪在没有输入信号的情况下因噪声而产生的读数，只有高于该读数的输入信号才可能被检测出来。

参考基准：频谱分析仪当前可显示的最大幅度值，即屏幕上顶格横线所代表的幅度值（Ref Level）。

b. 与幅度显示有关的频谱分析仪功能设置按键。

纵坐标类型：设置纵坐标类型是线性（V、mV、μV 等）还是对数（dB、dBc、dBm、dBV、dBμV 等）。

刻度/div：选定坐标类型之后，选择每格所代表的刻度值。

参考基准：确定当前可显示的最大幅度值，该值的单位与已选择的坐标类型相同。

③ 其他功能键。

Marker：开启光标功能，可以对当前显示迹线所对应的测量值进行多种标识。常用功能，如峰值搜寻（Peak Search），即把光标指向迹线的幅度最大值处，并显示该最大幅度值以及最大幅值点的频率值；相对测量，使用两个光标，测量它们各自所在位置的幅度、频率差等。

保存：可以保存当前参数设置、测量结果以及屏幕显示等各类数据，并提供多种保存方式，如可存为文本文件、ASCII 码文件、位图图片文件等。

编辑键：用于输入要设置的数值，如 Span、中心频率、RBW、参考电平等。可以使用数字、单位键，也可以转动旋钮连续调节。

三、F40 型函数信号发生器信号频谱测试过程

1. 调幅的基本原理

(1) 调幅波的表达式及波形

用调制信号（音频信号或视频信号）去控制高频载波的振幅，从而使高频载波的振

幅随调制信号的变化而变化，即为调幅（AM）。设一高频载波电流 $i_c = I_c\cos(\omega_c t+\varphi)$ 的振幅被一单频信号 $i_\Omega = I_\Omega\cos\Omega t$ 所调制，其调幅波电流的表达式为

$$\begin{aligned} i_{AM}(t) &= (I_c + I_\Omega\cos\Omega t)\cos(\omega_c t+\varphi) \\ &= I_c\left(1+\frac{I_\Omega}{I_c}\cos\Omega t\right)\cos(\omega_c t+\varphi) \\ &= I_c(1+m\cos\Omega t)\cos(\omega_c t+\varphi) \end{aligned}$$

视频
F40 型函数信号发生器的测试

式中，I_c、ω_c、φ 分别为高频载波电流的振幅、角频率和初相位；I_Ω、Ω 分别为调制信号的振幅和角频率；$m = I_\Omega / I_c$ 为调制系数，又称调幅度。

调幅波的波形如图 2.2.18 所示。从图中可以看出，调幅波的振幅是随调制信号的变化而变化的。对应于调制信号的最高点，调幅波的振幅最大；对应于调制信号的最低点，调幅波的振幅最小。

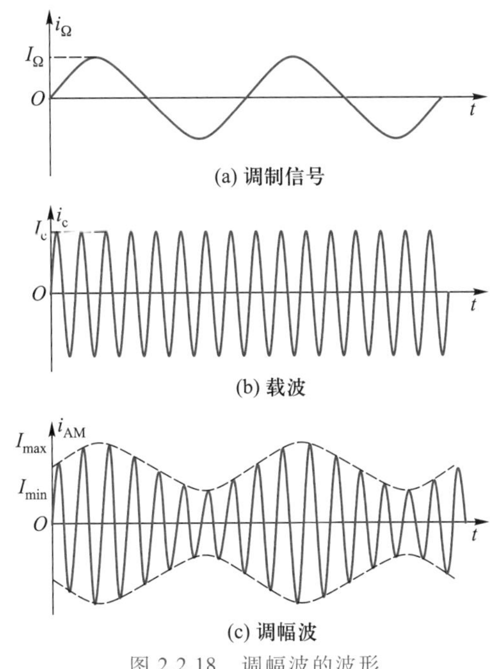

图 2.2.18　调幅波的波形

调幅波形不是载波波形与调制信号波形相叠加的结果，而是两种信号经过非线性电路后重新组合的结果，所以调制是一个频率变换过程，即调制信号和载波通过非线性电路产生新的频率分量的过程。

由于调幅波的包络变化反映了调制信号的变化，因此在解调时只需将包络提取出来即可得到原始的调制信号。对调幅波的解调也称为包络检波。

（2）调幅波的频谱

用单一频率的调制信号去调制一个高频载波时，所得到的调幅波电流由三个分量组成，第一个是载波分量，第二个是下边频分量，第三个是上边频分量，其频谱如图 2.2.19（a）所示。上、下边频以载波频率为中心对称分布，它们与载波之间的间隔为调制频率的大小。

若调制信号不是单一频率，而是语言或音乐节目，即音频信号。由于音频信号中

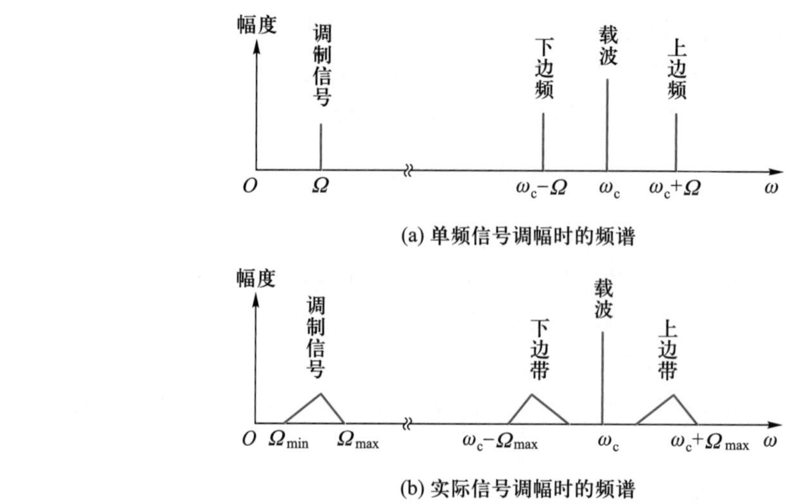

图 2.2.19 调幅波的频谱

通常包含许多频率不同、幅度不同的信号,也就是说,从频域上看,音频信号是由不同频率成分组成的频谱,所以调幅时会在载波频率的上、下各形成一个由音频信号频谱组成的上、下边带,通常称为上边带和下边带,若用 Ω_{max} 和 Ω_{min} 分别表示调制信号的最高频率和最低频率,那么这个实际调幅波信号的频谱如图 2.2.19(b)所示。由图可见,调幅后的信号所占的频带宽度为调制信号最高频率的 2 倍。例如,设所传声音信号频谱的最高频率为 10 kHz,则经调幅后,需占有 2 倍带宽,即 20 kHz。

由于调幅广播所用无线电波的波段是中、短波波段,波段的带宽不宽,为了节省无线电波的频率资源,以便能容纳更多的电台,我国规定,一个调幅广播电台所占用的频道宽度只能有 9~10 kHz,即调幅广播的声音信号带宽不超过 5 kHz。由于人耳可听声音的最高频率为 20 kHz,而调幅广播只能传送约 5 kHz 的最高频率,因而所传声音的保真度较差,再加上中、短波广播的抗干扰能力也较差,所以收听效果不够令人满意。

2. 函数信号发生器信号频谱测试

知识准备

(1) 电信号频率分析方法

从技术实现来说,目前有两种方法可用于对信号频率进行分析。

一种方法是对信号进行时域的采集,然后对其进行傅立叶变换,将其转换成频域信号,这种方法称为动态信号的分析方法。其特点是比较快,有较高的取样速率、较高的分辨力,即使两个信号间隔非常近,用傅立叶变换也可将它们分辨出来。但由于其分析是用数字取样,所能分析信号的最高频率受其取样速率的影响,因此限制了对高频的分析。目前来说,最高的分析频率只在 10 MHz 或是几十兆赫。也就是说,其测量范围是从直流到几十兆赫,是矢量分析。这种分析方法一般用于低频信号的分析,如声音、振动等。

另一种方法是靠电路的硬件实现的,而不是通过数学变换实现的,相应的仪器称为超外差接收直接扫描调谐分析仪,简称扫描调谐分析仪(频谱分析仪的一种),也是本项目主要介绍的仪器。

(2) 频谱及频谱测试

广义上讲,信号频谱是指组成信号的全部频率分量的总集;狭义上讲,一般的频谱测试中常将随频率变化的幅度谱称为频谱。

频谱测试即在频域内测量信号的各频率分量，以获得信号的多种参数。频谱测试的基础是傅立叶变换。

(3) 频谱的两种基本类型

离散频谱(线状谱)：各条谱线分别代表某个频率分量的幅度，每两条谱线之间的间隔相等。

连续频谱：可视为谱线间隔无穷小，如非周期信号和各种随机噪声的频谱。

(4) 周期性信号的频谱特性

① 离散性：频谱是离散的，由无穷多个冲激函数组成。

② 谐波性：谱线只在基波频率的整数倍上出现，即谱线代表的是基波及其高次谐波分量的幅度或相位信息。

③ 收敛性：各次谐波的幅度随着谐波次数的增大而逐渐减小。

(5) 信号频谱分析的内容

通常频谱分析是以傅立叶分析为理论基础，可对不同频段的信号进行线性或非线性分析。信号频谱分析的主要内容包括以下两部分。

① 对信号本身的频率特性分析，如对幅度谱、相位谱、能量谱、功率谱等进行测量，从而获得信号在不同频率处的幅度、相位、能量、功率等信息。

② 对线性系统非线性失真的测量，如测量噪声、失真度、调制度等。

(1) 测试仪器及条件

① 测试仪器：

函数信号发生器(F40 型)　　1 台

频谱分析仪(GSP-827 型)　　1 台

② 测试条件：

环境温度：15~35 ℃。

相对湿度：25%~75%。

大气压力：85~106 kPa。

电源电压：交流电压　额定值×(1±3%)。

(2) 测试准备

① 仪器开机预热 10 min。

② 检查测试系统电源情况，保证系统间接地良好。

③ 仪器校准。启动 F40 型函数信号发生器，按下面板上的电源按钮，电源接通，先闪烁显示“WELCOME”2 s，再闪烁显示仪器型号(如“F05A-DDS”)1 s。之后根据系统功能中的开机状态，设置进入点频功能状态，波形显示区显示当前波形“~”，频率为 10.000 000 00 kHz，或者进入上次关机前的状态。

④ 仪器连线。按图 2.2.20 所示连接测试仪器。

(3) 测试工艺文件(如表 2.2.4 所示)

表 2.2.4 F40 型函数信号发生器信号频谱测试工艺文件

电路	项目编号	项目内容	测试工艺卡	调幅信号频谱测试		制订	审核	批准
F40 型函数信号发生器	01	调幅信号频率特性测试		制订日期				

操作步骤：

① F40 型函数信号发生器、频谱分析仪开机预热。

② 按照频谱测试连接框图（见图 2.2.20）连接 F40 型函数信号发生器与频谱分析仪。

③ F40 型函数信号发生器输出调幅信号：载波信号为正弦波，频率为 1 MHz，幅度为 2 V_{P-P}，调制信号频率为 20 kHz，调制深度为 50%。

④ 设置频谱分析仪参数：

- 按“Frequency”键，子菜单 F1(Center) 设为 1 MHz，F2(Start) 设为 920 kHz，F3(Stop) 设为 1 080 kHz。
- 按“Amplitude”键，子菜单 F1(Ref Level) 设为 0 dB，F2（Scale) 设为 10 dBm。
- 按“BW”键，将 RBW 手动设置为 3 kHz。
- 按“Peak Search”键，让光标去寻找显示器上的峰值信号，选择 Next Peak，让光标去寻找显示器上的下一个峰值信号，并将每个峰值信号的参数显示于屏幕右上角。

⑤ 若频谱超出显示屏，可通过修改 Ref Level 和 Scale，直到能完全观察到频谱。从频谱分析仪上观察函数信号发生器输出调幅波信号的频谱分布，并记录其基波、二次谐波成分的幅度和频率。

⑥ 测量的调幅波的频谱图如图 2.2.21 所示。

注意：选择信号源的输出阻抗为 50 Ω。

F40型函数信号发生器 → 频谱分析仪

图 2.2.20 频谱测试连接框图

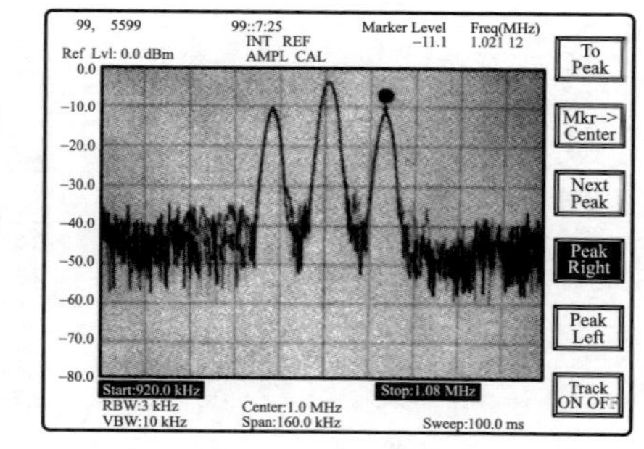

图 2.2.21 调幅波的频谱图

序号	工具、夹具、仪器	数量			序号	更改日期	更改依据	实施	签名	确认
2	F40 型函数信号发生器	1								
1	GSP-827 型频谱分析仪	1								

续表

电路	项目编号	项目内容	测试工艺卡	方波信号频谱测试		制订	审核	批准
F40 型函数信号发生器	02	方波信号频率特性测试		制订日期				

操作步骤：

① F40 型函数信号发生器、频谱分析仪开机预热。

② 按照频谱测试连接框图（见图 2.2.20）连接 F40 型函数信号发生器与频谱分析仪。

③ F40 型函数信号发生器输出信号为方波，频率为 2 MHz，幅度为 2 V_{P-P}。

④ 设置频谱分析仪参数：

- 按“Frequency”键，子菜单 F1（Center）设为 1 MHz，F2（Start）设为 800 kHz，F3（Stop）设为 18 MHz。
- 按“Amplitude”键，子菜单 F1（Ref Level）设为 0 dB，F2（Scale）设为 10 dBm。
- 按“BW”键，将 RBW 手动设置为 3 kHz。
- 按“Peak Search”键，让光标去寻找显示器上的峰值信号，选择 Next Peak，让光标去寻找显示器上的下一个峰值信号，并将每个峰值信号的参数显示于屏幕右上角。

⑤ 若频谱超出显示屏，可通过修改 Ref Level 和 Scale，直到能完全观察到频谱。从频谱分析仪上观察函数信号发生器输出方波信号的频谱分布，并记录其基波、二次谐波、三次谐波、四次谐波、五次谐波成分的幅度和频率。

⑥ 测量的方波信号频谱图如图 2.2.22 所示。

注意：选择信号源的输出阻抗为 50 Ω。

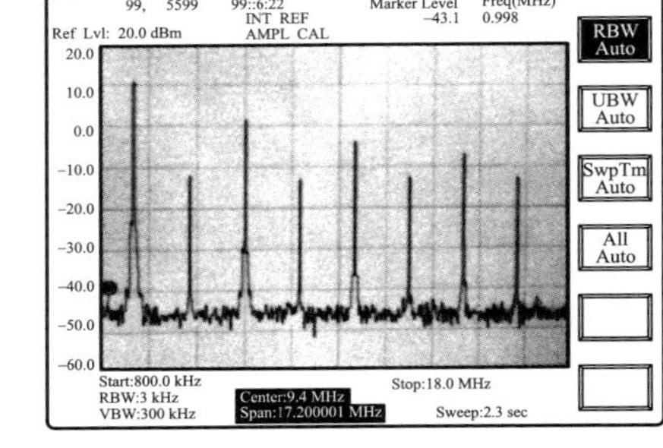

图 2.2.22　方波信号频谱图

2	F40 型函数信号发生器	1								
1	GSP-827 型频谱分析仪	1								
序号	工具、夹具、仪器	数量			序号	更改日期	更改依据	实施	签名	确认

续表

电路	项目编号	项目内容	测试工艺卡	正弦波信号失真度测试		制订	审核	批准
F40 型函数信号发生器	03	正弦波信号频率特性测试		制订日期				

操作步骤：

① F40 型函数信号发生器、频谱分析仪开机预热。

② 按照频谱测试连接框图（见图 2.2.20）连接 F40 型函数信号发生器与频谱分析仪。

③ F40 型函数信号发生器输出信号为正弦波，频率为 1 MHz，幅度为 2 V_{P-P}。

④ 设置频谱分析仪参数：

- 按“Frequency”键，子菜单 F1（Center）设为 1 MHz，F2（Start）设为 800 kHz，F3（Stop）设为 8 MHz。
- 按“Amplitude”键，子菜单 F1（Ref Level）设为 0 dB，F2（Scale）设为 10 dBm。
- 按“BW”键，将 RBW 手动设置为 3 kHz。
- 按“Peak Search”键，让光标去寻找显示器上的峰值信号，选择 Next Peak，让光标去寻找显示器上的下一个峰值信号，并将每个峰值信号的参数显示于屏幕右上角。

⑤ 若频谱超出显示屏，可通过修改 Ref Level 和 Scale，直到能完全观察到频谱。从频谱分析仪上观察函数信号发生器输出正弦波信号的频谱分布，并记录其基波、二次谐波成分的幅度和频率。

⑥ 根据公式 $\gamma=\frac{U_2}{U_1}\times100\%$（$U_2$：谐波分量的有效值；$U_1$：基波分量的有效值）计算出正弦波信号的失真度。

注意：选择信号源的输出阻抗为 50 Ω。

序号	工具、夹具、仪器	数量			序号	更改日期	更改依据	实施	签名	确认
2	F40 型函数信号发生器	1								
1	GSP-827 型频谱分析仪	1								

(4)测试报告

① 测试记录。

调幅信号频谱测试记录

测试日期:________________　　测试人:________________

调幅信号频谱 (载波信号:频率 1 MHz,幅度 2 V_{P-P},正弦波 调制信号:频率 20 kHz,调制深度 50%)						
项目	上边频		载波		下边频	
	频率/MHz	功率/dBm	频率/MHz	功率/dBm	频率/MHz	功率/dBm
测量值						

方波信号频谱测试记录

测试日期:________________　　测试人:________________

方波信号频谱 (输入信号:频率 2 MHz,幅度 2 V_{P-P},方波)										
项目	基波		二次谐波		三次谐波		四次谐波		五次谐波	
	频率/MHz	功率/dBm	频率/MHz	功率/dBm	频率/MHz	功率/dBm	频率/MHz	功率/dBm	频率/MHz	功率/dBm
测量值										

正弦波信号失真度测试记录

测试日期:________________　　测试人:________________

正弦波信号失真度 (输入信号:频率 1 MHz,幅度 2 V_{P-P},正弦波)				
项目	基波		二次谐波	
	频率/MHz	功率/dBm	频率/MHz	功率/dBm
测量值				

② 数据处理。

a. 使用描点的方法,将调幅信号频谱测试记录表中的数据绘制在图 2.2.23 中,得到调幅信号频谱特性曲线。

b. 使用描点的方法，将方波信号频谱测试记录表中的数据绘制在图 2.2.24 中，得到方波信号频谱特性曲线。

c. 使用描点的方法，将正弦波信号失真度测试记录表中的数据绘制在图 2.2.25 中，得到正弦波信号频谱特性曲线，并计算其失真度。

图 2.2.23 调幅信号频谱特性曲线　图 2.2.24 方波信号频谱特性曲线　图 2.2.25 正弦波信号频谱特性曲线

频谱分析仪的其他测量

(1) 通信监测

无线通信因频谱使用的规定，必须使用高频，经由天线收发信号，使用频谱分析仪配合天线可容易地侦测目前通信信号的强度与载波的频率，通信监测接线如图 2.2.26(a)所示。如使用方向性天线，两组测量设备将能粗估信号源的地区，这也是相关单位取缔非法传送电波的主要侦测技术。

如图 2.2.26(b)所示，为了监视某地区 0~1 250 MHz 的通信概况，由频谱分析仪测量得知有人正在使用 125 MHz、380 MHz、750 MHz、1 200 MHz 等频率，根据频谱分析仪显示的信号高度，可判断其对应的输出功率值，另外依据需要可适当调整频谱分析仪的扫描频宽(如缩小)，做较精细的选择，以评估该地区干扰信号的状况。

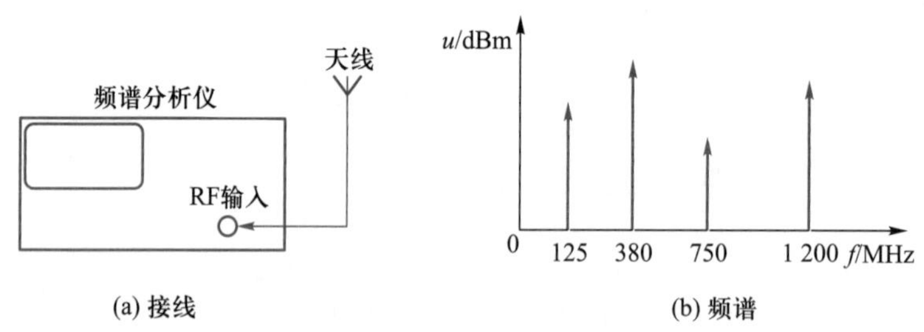

(a) 接线　(b) 频谱

图 2.2.26 通信监测

(2) CATV 载波频率的测量

CATV 的载波频率由头端决定，目前相关的调变器、信号处理器等均使用 PLL 高稳定与准确振荡技术，载波频率稳定而准确，另外频率也不会因传输的关系而产生变化，因此不论在传输网络或头端，测量的载波频率应该一致，没有变化或差异。依据国际 NTSC 系统的规范，彩色副载波比视频载波高 3.58 MHz，声音载波比视频载波高4.5 MHz。测量载波频率时设备如图 2.2.27 所示进行连接，测量步骤如下。

① 选定待测频道，调整滤波器的导通频道，设定频谱分析仪的测量起始与终止频率。

② 调整载波在屏幕中心，展幅（Span）为 6 MHz，分辨力带宽（RBW）为 100 kHz，以光标（Marker）标示载波的最大值，记录光标显示的视频载波频率，移动光标以读出彩色副载波的频率，用同样方法读出声音载波频率，比较三者的关系是否符合规范值。

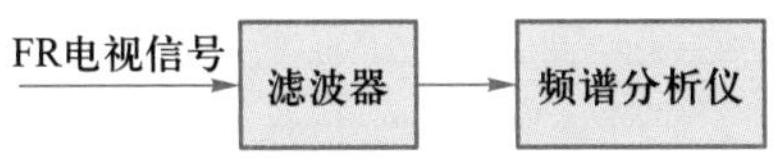

图 2.2.27 测量载波频率

知识小结

本项目主要介绍了频谱分析仪的工作原理及其使用方法。频谱分析仪是使用不同方法在频域内对信号的电压、功率、频率等参数进行测量并显示的仪器，一般有实时分析法、非实时分析法两种分析方法，一般采用非实时分析法。通过对函数信号发生器输出的调幅波信号、方波信号频谱特性的测试，以及正弦波信号失真度的测试，要掌握频谱分析仪的应用。

习 题

（一）理论题

1. 频谱分析仪的主要功能是什么？

2. 频谱分析仪分为________与________两大类，________频谱分析仪是以模拟滤波器为基础的，应用广泛。

3. 顺序滤波式频谱分析仪由哪些电路组成？请画出其组成框图。

4. 叙述频谱分析仪的工作原理。

5. 频谱分析仪的三个主要按键为________、________、________。

6. 设置分辨力带宽（RBW）时，一般设定 RBW 为________（3 kHz/1 MHz）。

7. 频谱分析仪有哪些主要性能参数？

8. （ ）外差式频谱分析仪的频率变换原理与超外差式收音机不相同。

9. （ ）扫频外差式频谱分析仪利用自动调谐方式，通过改变扫频本振的频率来捕获待测信号的不同频率分量。

10. 什么是调幅波信号？

11. 频谱分析仪的原理是用________（窄带/宽带）带通滤波器对信号进行选通。

12. 调幅波信号与调频波信号有何区别？

13. 调幅波振幅是随调制信号的________（振幅/频率）变化而变化的。

（二）实践题

1. 测量方波信号的频谱。

条件：用 F40 型函数信号发生器输出方波信号，频率为 200 kHz，幅度为 1 V_{P-P}。

要求：利用频谱分析仪测量方波信号七次以内谐波分量的频谱，将谱线绘入图 2.2.28 中，标出频率和功率值。

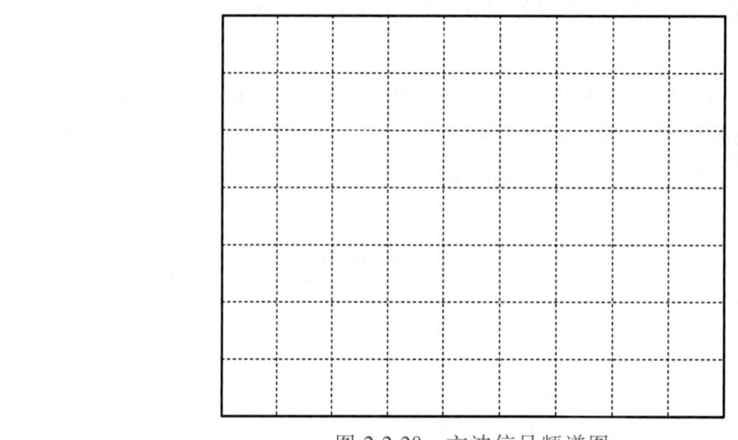

图 2.2.28 方波信号频谱图

2. 测量调幅波信号的频谱搬移特性。

低频信号经过调幅之后，频谱会搬移到载波信号频谱的两侧。

条件：用 F40 型函数信号发生器输出调幅波信号。载波为正弦波，频率为 2 MHz，幅度为 100 mV_{P-P}；调制信号为正弦波，频率为 10 kHz，调制深度为 30%。

要求：利用频谱分析仪测量调幅波信号的频谱，并将谱线绘入图 2.2.29 中，标出频率和功率值。

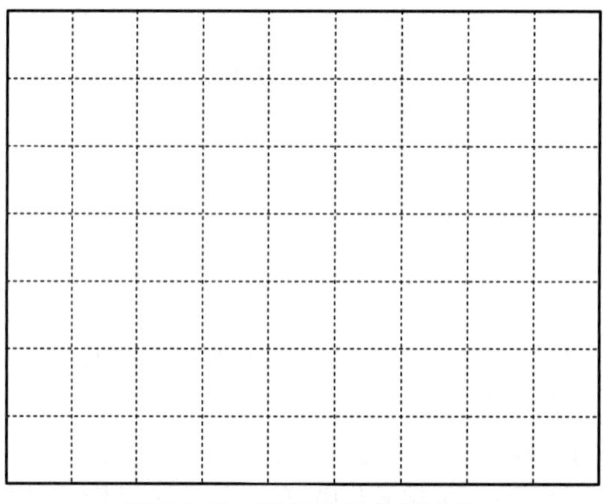

图 2.2.29 调幅波信号频谱图

3. 测量正弦波信号的失真度。

条件：用 F40 型函数信号发生器输出正弦波信号，频率为 2 MHz，幅度为 500 mV_{P-P}。

要求：利用频谱分析仪测量正弦波信号的基波及谐波分量频谱，并将谱线绘入图 2.2.30 中，标出频率和功率值，并计算其失真度。

4. 测量三角波信号的频谱。

条件：用 F40 型函数信号发生器输出三角波信号，频率为 200 kHz，幅度为 1 V_{P-P}。

要求：利用频谱分析仪测量三角波信号的基波及谐波分量频谱，并将谱线绘入图 2.2.31 中，标出频率和功率值。

5. 测量广播信号的频谱。

条件：运用外差扫频即外差式接收机原理，利用天线接收空中电磁波。

要求：打开收音机分别调谐到某两个电台，如中波 702 kHz、调频 105.8 MHz，利用天线接收广播信号，用频谱分析仪测量这两个电台信号的频谱，并测出它们的频率和功率。

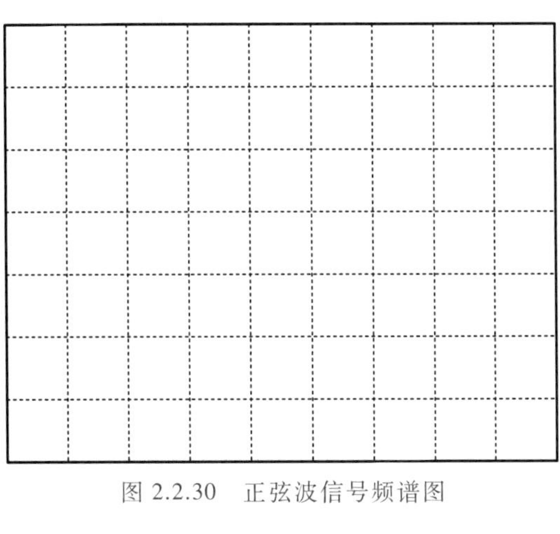

图 2.2.30　正弦波信号频谱图

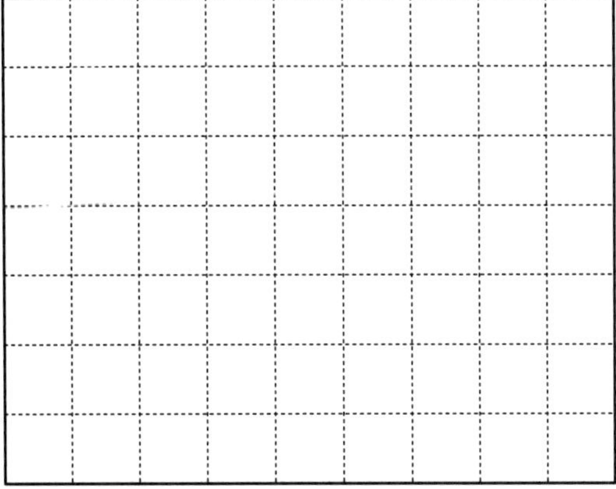

图 2.2.31　三角波信号频谱图

项目 2-3 数字有线电视机顶盒的测试
——D1660E68 型逻辑分析仪的应用

数字有线电视机顶盒的测试

学习目标

测试数字有线电视机顶盒所需的基本的测量仪器是逻辑分析仪。逻辑分析仪的基本功能是显示数字系统的运行情况，并对数字系统进行时序分析和故障判断。

学习完本项目后，你将能够：

- 理解数字有线电视机顶盒的工作原理
- 了解逻辑分析仪的特点
- 掌握逻辑分析仪的工作原理
- 掌握逻辑分析仪的性能和参数
- 掌握逻辑分析仪的使用方法和注意事项
- 学会编制测量工艺文件

一、数字有线电视机顶盒测试指标

数字有线电视机顶盒的部分数字逻辑测试指标如表 2.3.1 所示。

表 2.3.1 数字有线电视机顶盒的部分数字逻辑测试指标

序号	测试对象	要求
1	I^2C 总线（SCL、SDA）	分析时序波形
2	Flash 的片选、读写和使能信号	分析时序波形
3	SDRAM 的片选、读写和时钟信号	分析时序波形
4	传输流（TS 流）	分析状态波形

① 传输流（TS 流）：数字视频和音频信号在系统复用中切割成的一个个固定长度为 188 字节的数据包组成的数据流。在机顶盒中，高频头解调输出的传输流就是数字电视的数字基带信号。

② I^2C 总线：内部集成电路总线，是一种多重双向的两线式串行总线，由时钟线 SCL 和数据线 SDA 组成。

③ SDRAM（同步动态随机存储器）：同步是指存储器工作需要同步时钟，内部命令的发送与数据的传输都以它为基准；动态是指存储阵列需要不断地刷新来保证数据不

丢失；随机是指数据不是线性依次存储，而是自由指定地址进行数据读写。

④ Flash Memory（闪速存储器）：其主要特点是在不加电的情况下能长期保持存储的信息，属于 EEPROM（电擦除可编程只读存储器）类型。它既有 ROM 的特点，又有很高的存取速度，而且易于擦除和重写，功耗很小。

二、数字有线电视机顶盒测试仪器选用

1. 测试仪器选择（如表 2.3.2 所示）

表 2.3.2　数字有线电视机顶盒测试仪器选择

序号	测试仪器	数量	备注
1	BT9013 型数字万用表	1	① 根据实际情况选用 ② 根据实际测试要求进行选择
2	3513B-001 型多制式数字电视信号发生器	1	
3	D1660E68 型逻辑分析仪	1	
4	熊猫 3216 型数字有线电视机顶盒	1	
5	彩色电视机	1	

2. 主要仪器介绍：D1660E68 型逻辑分析仪

（1）面板结构

D1660E68 型逻辑分析仪的面板图如图 2.3.1 所示。

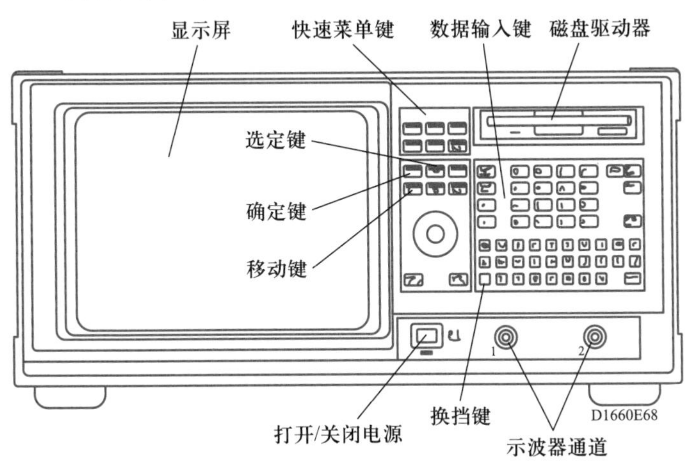

图 2.3.1　D1660E68 型逻辑分析仪的面板图

（2）主要性能指标

D1660E68 型逻辑分析仪有 68 个通道；定时分析速度为 250/500 MHz（全通道/半通道）；状态分析速度为 150 MHz；有 4 个状态时钟/限定器；存储器深度是 64/128 K（全通道/半通道）；选择存储器为 256/512 K；有一个双通道、500 MHz、32 K 取样、

2 GSa/s的选择示波器。其主要性能指标如表 2.3.3 所示。

表 2.3.3 **D1660E68** 型逻辑分析仪的主要性能指标

探极（通用引线组）	
输入电阻	100 kΩ,2%
杂散触针电容	1.5 pF
最小电压摆幅	500 mV（峰-峰值）
阈值准确度	±（100 mV+3%×阈值设置值）
最大输入电压	±40 V（峰值）
状态分析	
最小状态时钟脉冲宽度	3.5 ns
时间标识分辨力	8 ns
状态间最大时间计数	34.4
状态间最大状态标记数[1]	4.29×10^9状态
最小主时钟至主时钟时间[2]	6.67 ns
最小主时钟至副时钟时间	0.0 ns
最小副时钟至主时钟时间	4.0 ns
时钟限定器建立/保持时间	4.0/0 ns（固定）
定时分析	
取样周期准确度	0.01%取样周期
通道对通道的时差	2 ns 典型值（不大于 3 ns）
时间间隔准确度	±（取样周期准确度+通道对通道的时差+0.01%×时间间隔读数）
最小可检测毛刺	3.5 ns
触发	
序列器速度	>150 MHz
最大事件计数器	1 048 575
量程宽度	各 32 bit
定时器量值范围	400～500 ns
定时器分辨力	16 ns
定时器精度	±32 ns

注：[1] 当没有未分配的接口夹时，时间或状态标志将采集存储器减半。
[2] 保证的技术指标。

① 逻辑分析仪的通道数：通道数至少是被测系统的字长（数据总线数）+被测系统的控制总线数+时钟线数。这样对于一个 8 位机系统，就至少需要 34 个通道。现在有

的主流产品的通道数高达 340 通道，市面上主流的产品是 34 通道的逻辑分析仪，用它来分析最常见的 8 位系统。

② 定时取样速率：在定时取样分析时，要有足够的定时分辨力，就应当有足够高的定时取样速率，现在的主流产品的取样速率高达 2 GSa/s，在这个速率下，可以看到 0.5 ns时间上的细节。

③ 状态分析速率：在状态分析时，逻辑分析仪取样基准时钟就用被测试对象的工作时钟（逻辑分析仪的外部时钟），这个时钟的最高速率就是逻辑分析仪的状态分析速率，也就是该逻辑分析仪可以分析的系统最快的工作频率。现在的主流产品的定时分析速率在 300 MHz，最高可高达 500 MHz 甚至更高。

(3) 工作特点

逻辑分析仪是利用时钟从测试设备上采集和显示数字信号的仪器，它的作用是利用便于观察的形式显示出数字系统的运行情况，对数字系统进行时序分析和故障判断。逻辑分析仪测量被测信号时，并不会显示出电压值，只是 High 跟 Low 的差别，也就是只有“0”和“1”。

逻辑分析仪的主要特点如下。

① 有足够多的输入通道。

② 具有多种灵活的触发方式，确保对被观察的数据流准确定位（对软件而言可以跟踪系统运行中的任意程序段，对硬件而言可以检测并显示系统中存在的毛刺干扰）。

③ 具有记忆功能，可以观测单次及非周期性数据信息，并可诊断随机性故障；具有延迟能力，用以分析故障产生的原因。

④ 具有限定功能，实现对欲获取的数据进行挑选，并删除无关数据。

⑤ 具有多种显示方式，可用字符、助记符、汇编语言显示程序，用二进制、八进制、十进制、十六进制等显示数据，用定时图显示信息之间的时序关系。

⑥ 具有驱动时域仪器的能力，以便复显待测信号的真实波形及有利于故障定位。

⑦ 具有可靠的毛刺检测能力。

逻辑分析仪按照工作特点分为逻辑状态分析仪（Logic State Analyzer，LSA）和逻辑定时分析仪（Logic Timing Analyzer，LTA）。这两类分析仪的基本结构是相似的，主要区别表现在显示方式和定时方式上。逻辑状态分析仪用字符 0、1 或助记符显示被检测的逻辑状态，显示直观，可以从大量数码中迅速发现错码，便于进行功能分析。逻辑状态分析仪用来对系统进行实时状态分析，检查在系统时钟作用下总线上的信息状态，内部没有时钟发生器。逻辑定时分析仪用来考察两个系统时钟之间的数字信号的传输情况和时间关系，它的内部装有时钟发生器。

(4) 工作原理

逻辑分析仪的工作过程就是数据采集、存储、触发、显示的过程，由于它采用数字存储技术，可将数据捕获工作和显示工作分开进行，也可同时进行，必要时，对存储的数据可以反复进行显示，以利于对问题的分析和研究。

图 2.3.2 所示为 D1660E68 型逻辑分析仪基本原理框图，逻辑分析仪由数据捕获部分和数据显示部分组成。数据捕获部分用来捕获并存储要测量的数据。使用逻辑分析仪的探头（逻辑分析仪的探头是将若干个探极集中起来，其触针细小，以便于探测高

密度集成电路)将被测系统的数据流接入逻辑分析仪,输入变换部分将各通道的输入变换成相应的数据流,而触发产生部分则根据数据捕获方式,在数据流中搜索特定的数据字。当搜索到特定的数据字时,就产生触发信号以控制数据存储部分开始存储有效数据或停止存储数据,以便将数据流进行分块。数据显示部分则将存储器里的有效数据以多种显示方式显示出来,以便对捕获的数据进行分析。整个系统的工作受外时钟或内时钟的控制。

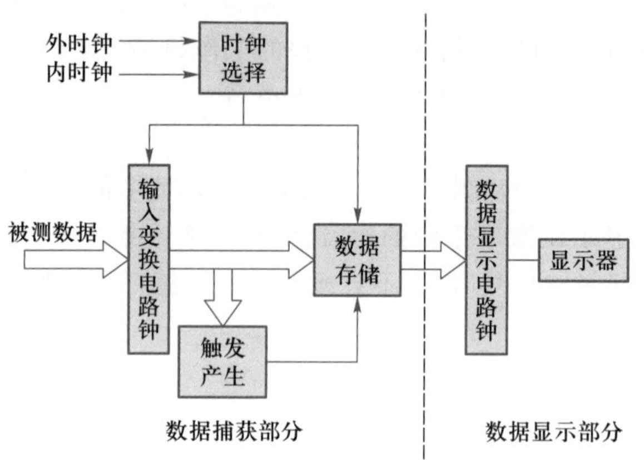

图 2.3.2 D1660E68 型逻辑分析仪基本原理框图

(5) 显示形式

逻辑分析仪将被测数据信号用数字形式写入存储器后,可以根据需要通过控制电路将内存中的全部或部分数据稳定地显示在屏幕上。通常有以下几种显示方式。

① 定时显示。定时显示是以逻辑电平表示的波形图的形式将存储器中的内容显示在屏幕上,显示的是一串经过整形后类似方波的波形,高电平代表“1”,低电平代表“0”。由于显示的波形不是实际波形,所以也称“伪波形”。

② 状态表显示。状态表显示是以各种数值如二进制、八进制、十进制、十六进制的形式将存储器中的内容显示在屏幕上。

③ 图解显示。图解显示是将屏幕的 X 方向作为时间轴,将 Y 方向作为数据轴进行显示的一种方式。将欲显示的数字量通过 D/A 转换器转变成模拟量,将此模拟量按照存储器中取出的数字量的先后顺序显示在屏幕上形成一个图像的点阵。

④ 映像显示。映像显示是将存储器中的全部内容以点图形式一次显示出来。它将每个存储器字分为高位和低位两部分,分别经 X、Y 方向 D/A 转换器转换为模拟量,送入显示器的 X 与 Y 通道,则每个存储器字点亮屏幕上的一个点。

(6) 功能

绝大多数逻辑分析仪是两种仪器的合成,即定时分析仪和状态分析仪。

① 定时分析。定时分析是逻辑分析仪中类似示波器的部分,它与示波器显示信息的方式相同,水平轴代表时间,垂直轴代表电压幅度。定时分析首先对输入的波形采样,然后使用用户定义的电压阈值,确定信号的高低电平,定时分析只能确定波形是高还是低,不存在中间电平,所以定时分析就像一台只有 1 位垂直分辨力的数字示波器。但是,定时分析并不能用于测试参量,如果用定时分析测量信号的上升时间,那就用错

了仪器。如果要检验几条线上的信号的定时关系,定时分析仪就是合理的选择。如果定时分析前一次取样的信号是一种状态,这一次取样的信号是另一种状态,那么它就知道在两次取样之间的某个时刻输入信号发生了跳变,但是,定时分析却不知道精确的时刻。在最坏的情况下,不确定度是一个取样周期。

② 跳变定时。如果要对一个长时间没有变化的波形取样并保存数据,跳变定时能有效地利用存储器。使用跳变定时,定时分析只保存信号跳变后采集的样本,以及上次跳变的时间。

③ 毛刺捕获。数字系统中毛刺是令人头疼的问题,某些定时分析仪具有毛刺捕获和触发能力,可以很容易地跟踪难以预料的毛刺。定时分析可以对输入数据进行有效的取样,跟踪取样间产生的任何跳变,从而容易识别毛刺。在定时分析中,毛刺的定义是取样间穿越逻辑阈值多次的任何跳变。显示毛刺是一种很有用的功能,有助于对毛刺触发和显示毛刺产生前的数据,从而确定毛刺产生的原因。

④ 状态分析。逻辑电路的状态是数据有效时对总线或信号线取样的样本。定时分析与状态分析的主要区别是:定时分析由内部时钟控制取样,取样与被测系统是异步的;状态分析由被测系统时钟控制取样,取样与被测系统是同步的。用定时分析查看事件什么时候发生,用状态分析检查发生了什么事件。定时分析通常用波形显示数据,状态分析通常用列表显示数据。

(7) 应用场合

逻辑分析仪是数字设计验证与调试过程中的常用工具,它能够检验数字电路是否正常工作,并帮助用户查找并排除故障。它每次可捕获并显示多个信号,分析这些信号的时间关系和逻辑关系;对于调试难以捕获的间断性故障,某些逻辑分析仪可以检测低频瞬态干扰,以及是否违反建立、保持时间。在软硬件系统集成中,逻辑分析仪可以跟踪嵌入软件的执行情况,并分析程序执行的效率,便于系统最后的优化。另外,某些逻辑分析仪可将源代码与设计中的特定硬件活动相互关联。

当需要完成下列工作时,使用逻辑分析仪:

- 调试并检验数字系统的运行;
- 同时跟踪并使多个数字信号相关联;
- 检验并分析总线中违反时限的操作以及瞬变状态;
- 跟踪嵌入软件的执行情况。

(8) 使用方法

① 配置系统(映射到目标系统)。

- 连接探头:如图 2.3.3 所示,将被测设备的测试点连接到 D1660E68 型逻辑分析仪背板最左边的外部电缆(插槽 1)上的探头。按下前面板底部的电源开关键,打开逻辑分析仪。逻辑分析仪的启动需要 15 s。
- 设置类型:将逻辑分析仪设置为时序分析(即定时分析)模式,使用内部时钟。
- 分配插槽:在逻辑分析仪菜单中将连接的插槽分配给分析仪。

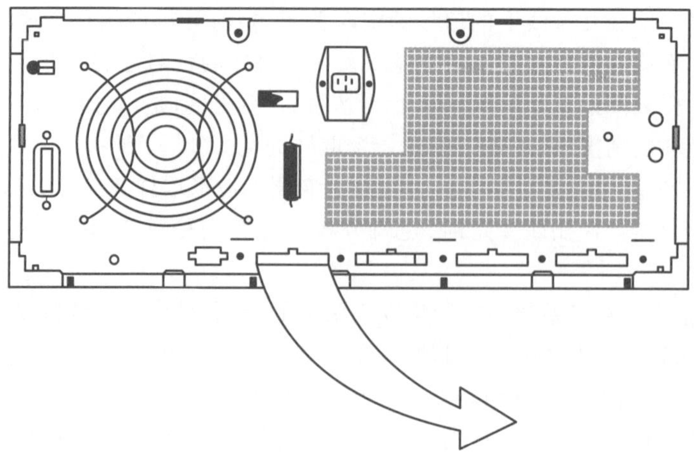

图 2.3.3 D1660E68 型逻辑分析仪的背板

② 设定逻辑分析仪。

- 设置模式和时钟:用菜单设置状态和时序分析模式。
- 建立带标记的位组:在格式菜单中建立跨越插槽的位组或插槽内部的子位组,并使用标记命名。

③ 设定触发。

- 定义项:在触发菜单中定义称作项的触发变量,以配合目标系统的特定条件。
- 配置待发控制:如果要关联两个逻辑分析仪的触发或要触发外部装置或内部示波器,使用待发控制。
- 设定触发序列:建立控制逻辑分析仪捕获信息的一系列步骤。可使用宏指令来简化过程。

④ 运行测量。

- 单次运行:按下逻辑分析仪前面板右上角的"Run"键,"单次运行"只运行一次,直到存储器存满为止。显示屏会显示被测量的数据波形,如图 2.3.4 所示。

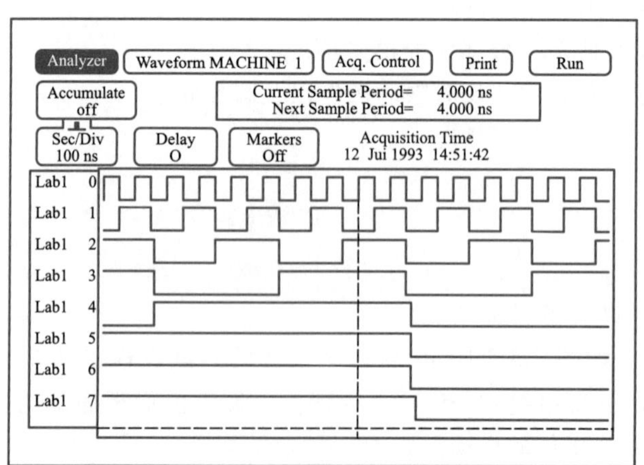

图 2.3.4 逻辑分析仪运行显示

- 反复运行:反复运行,直到按下"Stop"键或在标志线菜单中设置的停止运行条件满足为止。

（9）注意事项

① 逻辑分析仪使用前要开机预热 10 min 左右。

② 逻辑分析仪外接电缆每组有一个时钟探头，注意在使用状态模式测量时一定要连接外部被测系统的时钟。

③ 逻辑分析仪有多种触发方式，如组合触发、手动触发、延迟触发、序列触发、限定触发及毛刺触发，在使用时要根据要求选择正确的触发方式。

④ 逻辑分析仪的使用中关键要掌握其菜单的设置，根据功能和要求要逐级深入研究，这是学习使用逻辑分析仪的首要问题。

三、数字有线电视机顶盒测试过程

1. 数字有线电视机顶盒的工作原理

（1）DVB-C 机顶盒的工作原理

DVB-C 机顶盒框图如图 2.3.5 所示，它采用的是 QAM 调制方式，由于其传输媒介是同轴线，外界干扰相对较小，信号强度较高，所以其前向纠错码（FEC）保护中取消了内码。采用 QAM 调制后，其频道利用率最大，8 MHz 带宽内可传送 36 Mbit/s 的数据。

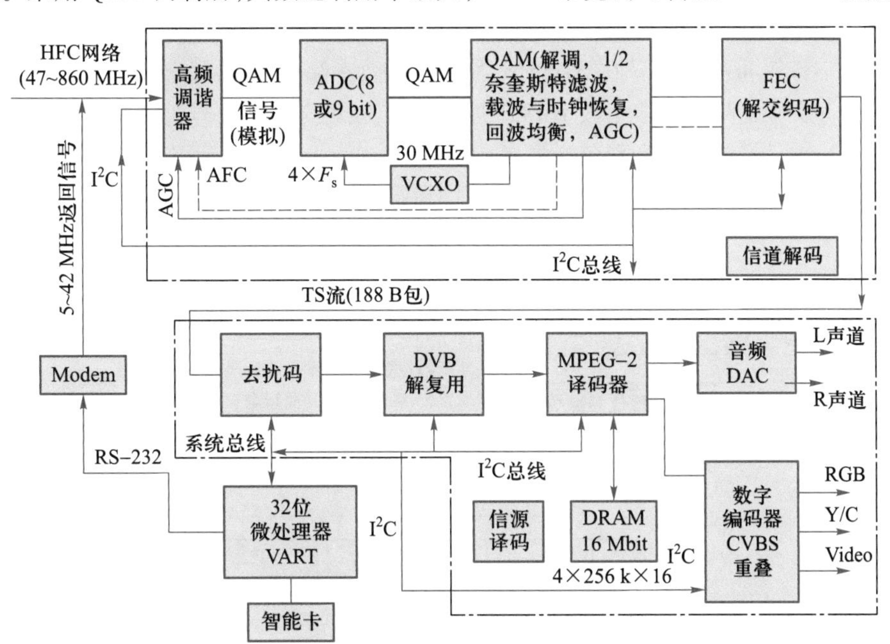

图 2.3.5 DVB-C 机顶盒框图

该系统从 47～860 MHz 的信号频谱中选择目标频率并差频成 36.15 MHz 的第一中频（其带宽为 7 MHz），再二次变频为第二中频 6.875 MHz（第二本振为 43.25 MHz）。经差频变换后的 QAM 信号经 ADC、QAM 解调及前向纠错（FEC）后，输出数据为并行的 8 bit 的 188 B 传输流(TS 流)数据包。TS 流由 CPU 处理单元进行数据包的解复用，并将数据分为视频流、音频流和数据流。视频流由 MPEG-2 译码器译码后，交给 PAL/NTSC/SECAM 制式的编码器以得到相应格式的模拟视频信号。在此过程中，可以叠加图形发生器产生的诸如选单之类的图形信号。音频流由 MPEG-2 译码后由音频 DAC 转化为模拟音频信号。数据流传递给 CPU，由 CPU 做相应的处理。CPU 对各部件的控制和处理是通过 I^2C 总线来完成的。

(2) 熊猫 3216 型数字有线电视机顶盒的工作原理

熊猫 3216 型数字有线电视机顶盒前端部分采用某款 DVB-C(QAM 解调)数字有线电视一体化高频头 DCQ-1D/CW11F2-D5 来实现，可以输出并行或串行传输的 MPEG-2 规格的 TS 传输流，适合监督 IC 在传输过程中的连接情况。调谐、波段开关转换、初始状态和解调过程都由 I^2C 总线连接控制。QAM 解调应用的是 ST 公司生产的 STV0297 解调芯片。其工作框图如图 2.3.6 所示。

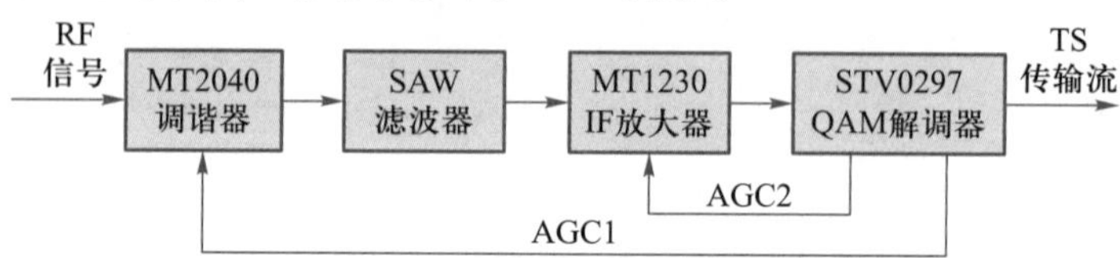

图 2.3.6 数字有线电视机顶盒的前端部分

后端部分即信源部分原理框图如图 2.3.7 所示。有线电视电缆的 RF 射频信号(48~860 MHz)进入高频头 DCQ-1D/CW11F2-D5，高频头对高频信号进行高频解调和 QAM 解调，解调出的 8 位并行数字传输流(TS 流)信号送入 Sti5516 进行解复用、译码，译码后的数字音频和视频信号在 STi5516 内部分别做音频 D/A 转换和视频编码，STi5516 送出的差分音频信号用集成运放 LM833 进行放大，视频全电视信号进行滤波、放大调整，最后产生标准的音频信号和彩色全电视信号，可以送入电视机显示图像和播放声音。

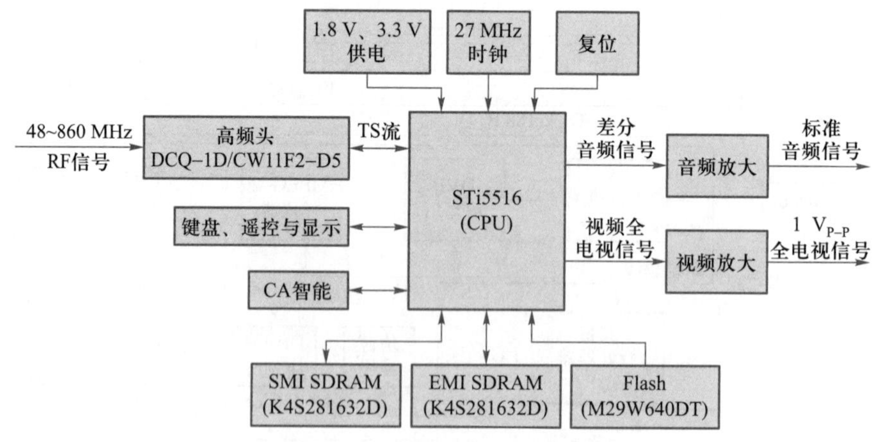

图 2.3.7 信源部分原理框图

中心控制芯片 STi5516 除了完成数据传输流的解复用和译码以及音频 D/A 转换和视频编码等专用功能以外，还担负着整个机顶盒的所有控制任务，从 Flash (M29W640DT) 中读取程序，把机顶盒功能程序和动态数据存到 SDRAM (K4S281632D)中，通过 I^2C 总线或通用输入/输出(I/O)口与其他功能块一起完成机顶盒的整体功能,比如 I^2C 总线对高频头 DCQ-1D/CW11F2-D5 的控制,I/O 口对前面板键盘和 LED 数码显示的控制以及与智能卡的通信等。

2. 数字有线电视机顶盒测试

知识准备

(1) 逻辑分析仪的协议分析

逻辑分析仪与示波器相同,其工作过程是:采集指定的信号,通过图形化的方式展示给开发人员,开发人员根据这些图形化信号按照协议分析出是否出错。开发人员通过逻辑分析仪等测试工具的协议分析功能可以很轻松地发现错误、调试硬件、加快开发进度,为高速度、高质量完成工程提供保障。

协议分析是在某个应用领域充分利用逻辑分析仪资源的统一体。逻辑分析仪无论取样频率、存储空间、触发深度等资源都是有限的。

协议译码是协议分析的基础,只有译码正确的协议分析才能够被别人接受,只有正确的译码才能提供更多的错误信息。

协议触发能够充分利用有限的触发深度和存储空间,同时提供更多更可靠的触发,为快速发现和定位错误提供了一种高效的工具。

错误识别是逻辑分析仪的主要作用,它是建立在协议译码和协议触发之上的,只有协议触发功能强大才能采集到错误,只有协议译码正确才能发现错误。

(2) 逻辑分析仪的触发

逻辑分析仪主要用于定位系统运行出错时的特定波形数据,通过观察该波形数据来推断该系统出错的原因,从而有针对性地找出解决该错误的方案。

运用逻辑分析仪定位出错波形数据的方法主要有两种:一种是通过抓取运行过程中大量的数据,然后在这些数据中通过其他方法来查找出错误点的位置,该方法费时费力,而且受制于逻辑分析仪的存储容量,并不一定每次都可以捕捉到目标波形数据;另一种是通过触发的方式在特定波形数据到来时开始捕捉数据,从而精准地定位目标波形数据。

通过触发的方式,在特定波形数据信号产生的条件下,观测与其相关的信号在该条件产生的前或(和)后时刻的状态。直观表现就是触发位置的设置。如果触发位置设置为跟踪触发开始,则存储器在触发事件发生时开始储存采集到的数据,直到存储器满;如果设置为跟踪触发结束,则触发事件发生前存储器一直存储采集到的连续数据,直到触发时停止存储,当存储器满而触发事件尚未发生时新数据将自动覆盖最早存储的数据。

(1) 测试准备

① 仪器开机预热 10 min。

② 仪器检查、校正。

③ 根据被测电路指标规定的中心频率值及频带宽度,进行仪器面板调节。

④ 准备数字有线电视机顶盒测试工艺文件,如表 2.3.4 所示。

⑤ 按图 2.3.8 所示连接逻辑分析仪与被测电路。

表 2.3.4 数字有线电视机顶盒测试工艺文件

技术条件

1. 技术要求

1.1 工作温度:-5~+50 ℃保证指标

1.2 储存温度:-40~+70 ℃应无损坏

1.3 工作频带:47~958 MHz

1.4 阻抗:75 Ω,反射衰耗≥10 dB

2. 试验方法

2.1 测试仪器和设备

BT9013 型数字万用表	1 台
3513B-001 型多制式数字电视信号发生器	1 台
D1660E68 型逻辑分析仪	1 台
熊猫 3216 型数字有线电视机顶盒	1 台
彩色电视机	1 台

2.2 测试条件

2.2.1 环境温度:15~35 ℃。

2.2.2 相对湿度:45%~85%。

2.3 测试时注意事项

2.3.1 所有仪器接通电源,先预热 10 min 左右。

2.3.2 应对逻辑分析仪进行检查。

旧底图总号													
									标记	数量	更改单号	签名	日期

底图总号		拟制		数字有线电视机顶盒测试工艺	×××2.×××		
		审核					
		工艺			阶段标记	第 1 张	共 2 张
日期	签名						
		标准化					
		批准					

格式(4) 描图: 幅面:

续表

2.3.3　机顶盒的检查：

① 用数字万用表检查机顶盒通电前各路电源与地是否有短路。

② 机顶盒通电检查各路电源的电压值是否正确（见下表）以及基本工作情况是否正常，之后关机。

机顶盒各路电源的电压值（主板电源连接线排插）

引脚	1 脚	3 脚	4 脚	7 脚	8 脚	9 脚	12 脚
测量值							
正常值	-12 V	+12 V	0 V	+5 V	+5 V	+5 V	+3.3 V

2.4　测试设备的连接（如图 2.3.8 所示）

① 用有线电缆（RF 电缆）将机顶盒的 RF 输入端与 3513B-001 多制式数字电视信号发生器的输出端连接起来。

② 用音视频连接线（AV 连接线）将机顶盒的 AV 输出端子与彩色电视机的 AV 输入端子连接起来。

③ D1660E68 型逻辑分析仪背板上的测量电缆探头与机顶盒的被测点连接。

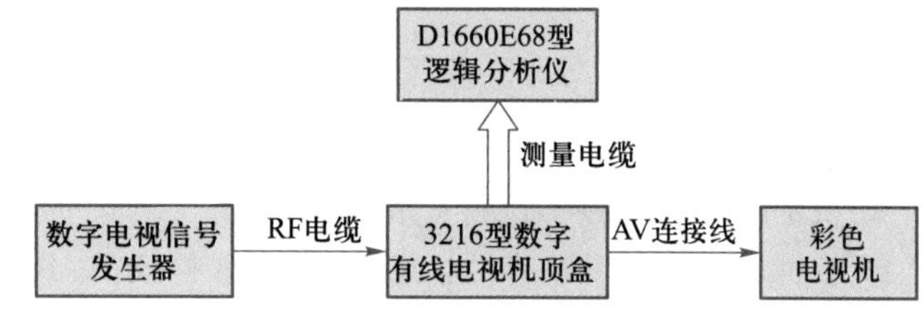

图 2.3.8　测试设备连接

2.5　测试步骤

① 仪器开机预热：将数字电视信号发生器和逻辑分析仪以及机顶盒都开机预热 10 min。

② 设置数字电视信号发生器发射 DVB-C 电视信号的调制方式、频率、符号率、电平等数字有线电视信号的参数，使数字电视信号发生器发射固定参数的信号。

③ 设置逻辑分析仪的测量方式，可参照 D1660E68 型逻辑分析仪的使用方法。

④ 测试数字有线电视机顶盒。

媒体编号

旧底图总号

底图总号

日期	签名						拟　制		×××2.×××
							审　核		
							工　艺		
		标记	数量	更改单号	签名	日期	标准化		第 2 张

格式(4a)　　描图：　　幅面：

（2）测试步骤

按图 2.3.8 所示连接测试线路和仪器。

① I^2C 总线时序的测试。

a. 将逻辑分析仪插槽 1 的探头连接到机顶盒高频头的 24 脚 SDA 和 25 脚 SCL。

b. 设置数字电视信号发生器，输出任意频率和符号率的 DVB-C 电视信号。

c. 将逻辑分析仪设置为时序模式“Timing”，更改标记为 SCL 和 SDA，如图 2.3.9 所示。

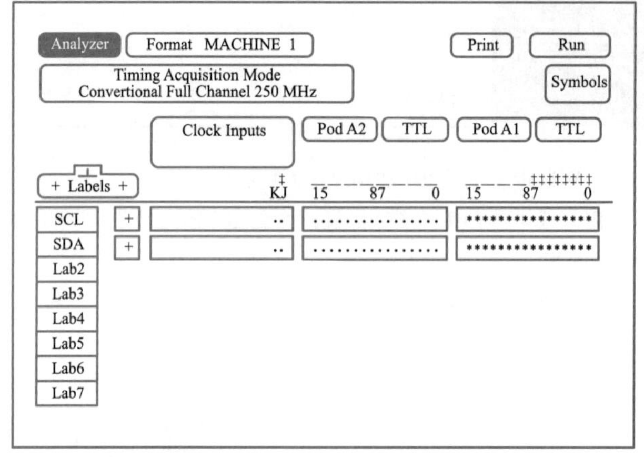

图 2.3.9 I^2C 总线时序测试屏幕显示

d. 设定时序触发的项和触发条件。

e. 使机顶盒进入搜索节目状态，按逻辑分析仪的“Run”键，屏幕显示 SCL 和 SDA 的时序波形，记录捕获的波形及相关参数。

② Flash 的片选、读写和使能信号的测试。

a. 将逻辑分析仪插槽 1 的探头连接到机顶盒主板上 ICM1（Flash）的 26 脚（/E 片选）、11 脚（/W 读写）和 28 脚（/G 使能）信号上。

b. 设置数字电视信号发生器，输出任意频率和符号率的 DVB-C 电视信号。

c. 将逻辑分析仪设置为时序模式“Timing”，更改标记为/E、/W 和/G。

d. 设定时序触发的项和触发条件。

e. 使机顶盒进入搜索节目状态，按逻辑分析仪的“Run”键，屏幕显示/E、/W 和/G 的时序波形，记录捕获的波形及相关参数。

③ SDRAM 的片选、读写和时钟信号的测试。

a. 将逻辑分析仪插槽 1 的探头连接到机顶盒主板上 ICS1（SDRAM）的 19 脚（/CS 片选）、16 脚（/WE 读写）和 38 脚（CLK 时钟）信号上。

b. 设置数字电视信号发生器，输出任意频率和符号率的 DVB-C 电视信号。

c. 将逻辑分析仪设置为时序模式“Timing”，更改标记为/CS、/WE 和 CLK。

d. 设定时序触发的项和触发条件。

e. 使机顶盒进入搜索节目状态，按逻辑分析仪的“Run”键，屏幕显示/CS、/WE 和 CLK 的时序波形，记录捕获的波形及相关参数。

④ 传输流(TS 流)的测试。

a. 将逻辑分析仪插槽 1 的时钟探头连接到机顶盒高频头的 23 脚(CLK),其他 8 个数据探头连接到高频头的 15~21 脚(TS 流的 D7~D0)。

b. 设置数字电视信号发生器,输出任意频率和符号率的 DVB-C 电视信号。

c. 将逻辑分析仪设置为状态模式"State",设定状态时钟,更改标记为 DATA,分配通道给数据 D7~D0。

d. 设定状态触发的项和触发条件(在 Trigger 菜单中),以确定开始记录数据和停止的时间以及存储什么数据。

e. 使机顶盒处于正常播放节目状态,按逻辑分析仪的"Run"键,屏幕显示所选项的状态列表,如图 2.3.10 所示,记录状态数据。滚动面板上的旋钮或按"Page"键可以翻阅后面页的数据。

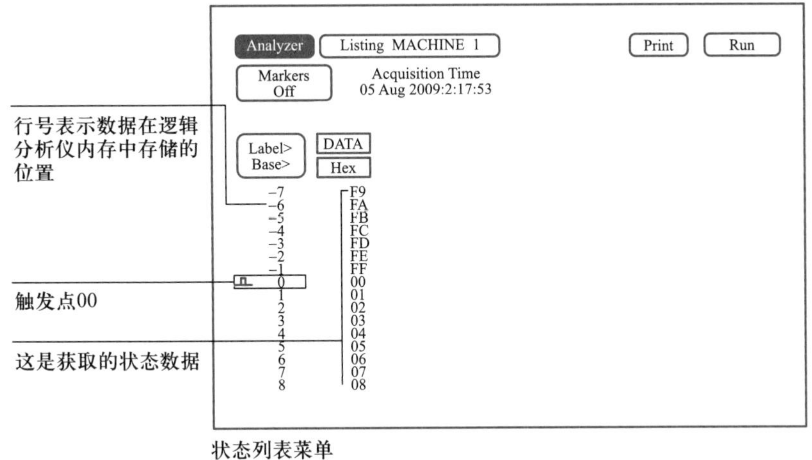

图 2.3.10 状态分析数据列表显示

(3) 测试报告(记录与数据处理)

数字有线电视机顶盒测试记录

测试日期:________________ 测试人:________________

① I^2C 总线的测试。

被测信号	波形(表明相应参数)
SCL	
SDA	

② Flash 的片选、读写和使能信号的测试。

被测信号	波形(表明相应参数)
/E 片选	
/W 读写	
/G 使能	

③ SDRAM 的片选、读写和时钟信号的测试。

被测信号	波形(表明相应参数)
/CS 片选	
/WE 读写	
CLK 时钟	

④ 传输流(TS 流)状态的测试。

CLK									
DATA									
CLK									
DATA									
CLK									
DATA									

3. 机顶盒系统软件测试

数字有线电视机顶盒主要是由嵌入式软件控制其工作的，尤其是 I^2C 总线的控制，可以运用逻辑分析仪对 I^2C 时序的监测来测试软件，也可以通过对时序的检查来查找软件的错误。机顶盒对于信号的处理基本都是数字信号的处理，可以运用逻辑分析仪测试信号的状态来调试和测试信号处理软件，同样可以通过分析信号状态的对错排查软件或者硬件电路的错误。

3513B-001 型多制式数字电视信号发生器

如图 2.3.11 所示，3513B-001 型多制式数字电视信号发生器集 TS 数据发生器、多制式数字电视调制器和射频噪声发生器于一体，单台设备就可以满足与数字电视有关的测试需要。可供选择的制式包括地面 DVB-T（COFDM 调制）、有线 DVB-C（QAM 调制）、卫星 DVB-S（QPSK 调制）、美国地面 ATSC（8VSB 调制）和美国有线 ITU-T J.83 Annex B 制式（QAM 调制）。

图 2.3.11　3513B-011 型多制式数字电视信号发生器

DVB-T 制式包括了 6 MHz、7 MHz 和 8MHz 的基带带宽调制，且每种调制都可以进行分层传输调制（HP/LP）。DVB-C 的调制包括 QPSK/16QAM/32QAM/64QAM/128QAM/256QAM，调制的符号率范围为 1~6.96 Mbaud（设置步幅 1 baud），频率范围为 47~870 MHz（设置步幅 1 Hz）。DVB-S 调制的符号率范围为 1~45 Mbaud（设置步幅 1 baud），频率范围为 950~2 150 MHz（设置步幅 0.01 MHz）。

DVB-T、DVB-C、ATSC 和 OpenCable 制式的射频输出功率范围为-99~0 dBm（设置步幅 0.1 dB），DVB-S 制式则为-80~0 dBm（设置步幅 0.1 dB）。

3513B-011 型多制式数字电视信号发生器内置两个 TS 数据发生器，输出码率的调节范围为 1~90 Mbit/s。每个发生器的内置码流库为 1 GB 容限，分别内置了相应制式宽高比为 4 : 3 和 16 : 9 的码流，内容包括活动图像、单管测试图和彩条。以小型闪存卡（CF 卡）为媒介，可以变更码流库内的 TS 数据文件。内置噪声信号发生器（C/N Generator）的设置范围分别为：DVB-T、ATSC 和 DVB-C 为 0~40 dB（设置步幅 0.1 dB），DVB-S 为 0~30 dB（设置步幅 0.1 dB）。具有44 MHz（-10 dBm）的中频调制信号输出（DVB-T、ATSC 和 DVB-C），备有可供遥控使用的GPIB接口（IEEE-488.2）。

知识小结

本项目从数字有线电视机顶盒的工作原理及其中的数字时序和信号的测量出发介绍了逻辑分析仪的使用方法。逻辑分析仪是利用时钟从测试设备上采集和显示数字信号的仪器，它的作用是利用便于观察的形式显示出数字系统的运行情况，对数字系统进行时序分析和故障判断。

逻辑分析仪分为逻辑状态分析仪和逻辑定时分析仪。逻辑状态分析仪用来对系统进行实时状态分析,检查在系统时钟作用下总线上的信息状态,内部没有时钟发生器。逻辑定时分析仪用来考察两个系统时钟之间的数字信号的传输情况和时间关系,它的内部装有时钟发生器。

数字有线电视机顶盒以 CPU 为核心,在 Flash 和 SDRAM 的配合下用 I^2C 对外围器件进行控制,从高频头解调出来的就是数字 TS 传输流(数字基带信号)。掌握了逻辑分析仪的使用方法之后,用逻辑分析仪对机顶盒的一些数字时序和数字信号进行测试和检查的过程和方法就变得简单易做。

习 题

(一)理论题

1. 简述数字有线电视机顶盒的工作原理。

2. 数字有线电视机顶盒采用什么调制方式?熊猫 3216 型数字有线电视机顶盒采用什么芯片解调制?

3. 什么是数字电视的 TS 流(传输流)?

4. 逻辑分析仪的工作特点是什么?它的工作过程包括哪些方面?

5. 逻辑分析仪有哪些显示方式?

6. 逻辑分析仪有哪些触发方式?

7. 简述逻辑状态分析仪和逻辑定时分析仪的异同之处,它们的作用分别是什么?

8. 简述用逻辑分析仪测试机顶盒数字信号的过程。

9. 使用逻辑分析仪时要注意些什么?

10. 逻辑分析仪与示波器有什么不同?

(二)实践题

1. 仪器使用练习:进一步练习 D1660E68 型逻辑分析仪的定时模式和状态模式的测量方法。

2. 测量练习 1:用 D1660E68 型逻辑分析仪测量熊猫 3216 型数字有线电视机顶盒 Flash 存储器数据线上的状态数据。

3. 测量练习 2:用 D1660E68 型逻辑分析仪测量熊猫 3216 型数字有线电视机顶盒的 CPU STi5516 芯片上数字音频 SCLK、LRCLK、PCMCLK、PCMD1 的时序波形。

第三章

综合测试

学习目标

综合测试是指使用电子测量仪器对电子产品性能进行综合测量或测试，考察或检测电子整机产品的整体性能是否工作协调，达到最佳状态。

学习完本章后，你将能够：

- 了解综合测试的定位
- 掌握数传电台和低频函数信号发生器的测试方法
- 掌握无线电综合测试仪和虚拟仪器的使用方法

引 言

综合测试是在单元电路测试与整机测试基础上,为进一步提高学生测试能力,使其熟练使用各种测量仪器,以及进一步学习虚拟仪器使用而设定的。

本章主要包括以下两个子项目:

项目 3-1 数传电台的测试——EE5113 型无线电综合测试仪的应用

EE5113 型无线电综合测试仪是一种测试量程可达 1 000 MHz 的集多种测试功能于一体的通用经济的无线电综合测试仪器。该仪器可实现以下仪器功能:RF 合成信号发生器、音频信号发生器、射频频率计、射频功率计、音频和直流数字电压表、音频频率计、调制度表、失真度表、信纳计、信噪比计、数字存储示波器,以及 GPIB 接口(选件)等。通过它可以对数传电台进行如下测试。

(1) 发射机测试

① 发射频率误差、发射功率、调制及调制频率测试。

② 调制性能、信噪比、失真、信纳比测试。

③ 音频响应测试。

(2) 接收机测试

① 灵敏度测试。

② 带宽测试。

③ 选择性测试。

④ 音频响应测试。

⑤ 音频输出功率和音频失真测试。

项目 3-2 低频函数信号发生器性能测试——虚拟仪器的应用

该项目主要通过使用虚拟通用频率计、示波器、毫伏表、失真度仪等完成对 EE1641B 型函数信号发生器主要性能指标的测试,进一步提高学生对虚拟测量仪器的掌握程度,使学生进一步掌握现代测试技术。

项目 3-1 数传电台的测试
——EE5113 型无线电综合测试仪的应用

学习目标

测试数传电台所需的基本的测量仪器是无线电综合测试仪。无线电综合测试仪能测试多种通信指标。本项目主要介绍无线电综合测试仪在工程中的使用,它是电工电子类行业专业工程所必备的基本知识和技能。

学习完本项目后,你将能够:

- 理解无线电综合测试仪的结构框图
- 理解数传电台的结构组成和工作原理
- 掌握无线电综合测试仪的工作原理
- 掌握无线电综合测试仪的使用方法和注意事项
- 学会编制测量工艺文件

一、数传电台测试指标

课内阅读

1. 电台的总体规格(如表 3.1.1 所示)

表 3.1.1 电台的总体规格

序号	项目	规格
1	频率范围	220.000 0~240.000 0 MHz
2	信道间隔	25 kHz
3	频带展宽	20 MHz
4	电源额定电压	+13.8 V(工作电压范围:+5~+16 V)

2. 发射机主要指标(如表 3.1.2 所示)

表 3.1.2 发射机主要指标

序号	项目	规格
1	发射功率	1~10 W
2	杂波发射	≥70 dB
3	最大调制频偏	≤5 kHz

续表

序号	项目	规格
4	音频谐波失真	≤2%
5	调制灵敏度	3.5~14 mV
6	数据输入调制频偏	±4 kHz(输入信号:1 kHz、250 mV)
7	频率稳定度	±1.5 ppm(-30~+70 ℃)
8	发射限时	30~1 200 s 可设置(步长 30 s)
9	发射电流	≤1.0 A(13.8 V、5 W 时),≤1.6 A(13.8 V、10 W 时)
10	噪声和交流声	≥45 dB
11	发射启动时间	≤20 ms

3. 接收机主要指标(如表 3.1.3 所示)

表 3.1.3 接收机主要指标

序号	项目	规格
1	第一中频	45.1 MHz
2	第二中频	455 kHz
3	灵敏度	≤0.18 μV(12 dB SINAD)
4	杂散及镜像	≥75 dB
5	邻道选择性	≥70 dB
6	互调抗拒	≥70 dB
7	杂噪声率	≥50 dB
8	音频输出功率	500 mW(8 Ω、10%失真)
9	失真率	≤2%(音频输出功率为 200 mW 时)
10	接收电流	50 mA
11	鉴频输出电平	(180±20)mV(可调整范围:0~1 000 mV)

讨论

① 频偏:调频波频率摆动的幅度,一般说的是最大频偏,它影响调频波的频谱带宽。但并不是说最大频偏越大,频谱带宽就一定越宽,这里面还有个调制指数的问题。调制指数 m=最大频偏/调制低频的频率,调制指数直接影响调频波频谱的形状与带宽。一般说来,调制指数越大,调频波的频谱带宽越宽,而最大频偏是调制指数的一个决定因素,所以说它影响调频波的频谱带宽。

② 调制灵敏度:使发射机产生规定调制的输入信号电压。如对调频发射机,调制

灵敏度是指能产生最大允许频偏的 60% 的调制时 1 000 Hz 正弦输入信号的电压，用 mV 或 dB 表示。从通信原理角度看，调制灵敏度就是已调载波的变化量与调制信号的比值。

③ 谐波失真(THD)：原有频率的各种倍频的有害干扰。放大 1 kHz 的频率信号时会产生 2 kHz 的二次谐波和 3 kHz 及许多更高次的谐波，理论上此数值越小，失真度越低。由于放大器不够理想，输出的信号除了包含放大了的输入成分之外，还新添了一些原信号的 2 倍、3 倍、4 倍、…，甚至更高倍的频率成分(谐波)，致使输出波形走样。这种因谐波引起的失真称为谐波失真。

④ 杂散干扰：一个系统发射频段外的杂散发射落入另外一个系统接收频段内造成的干扰。杂散干扰直接影响系统的接收灵敏度。若杂散信号落入某个系统接收频段内的幅度较高，则被干扰系统的接收机便无法滤除该杂散信号，因此必须在发信机的输出口加滤波器来控制杂散干扰。通过干扰分析可以计算出干扰对系统的影响降低到适当程度所需要的隔离度，即灵敏度不明显降低时的干扰水平。

二、数传电台测试仪器选用：EE5113 型无线电综合测试仪

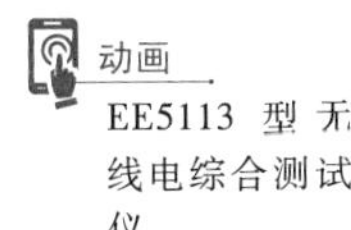

EE5113 型无线电综合测试仪可对通信设备(如电台、移动通信端机等)进行发射机测试、接收机测试、双工测试和音频测试，主要用于无线电台及移动通信收发信机的维护和检测，也可用于通信产品的研制和生产，对短波电台的单边带测试还可以进行联机通信下的指标测试。

1. 面板结构

EE5113 型无线电综合测试仪的前面板和后面板示意图分别如图 3.1.1 和图 3.1.2 所示。

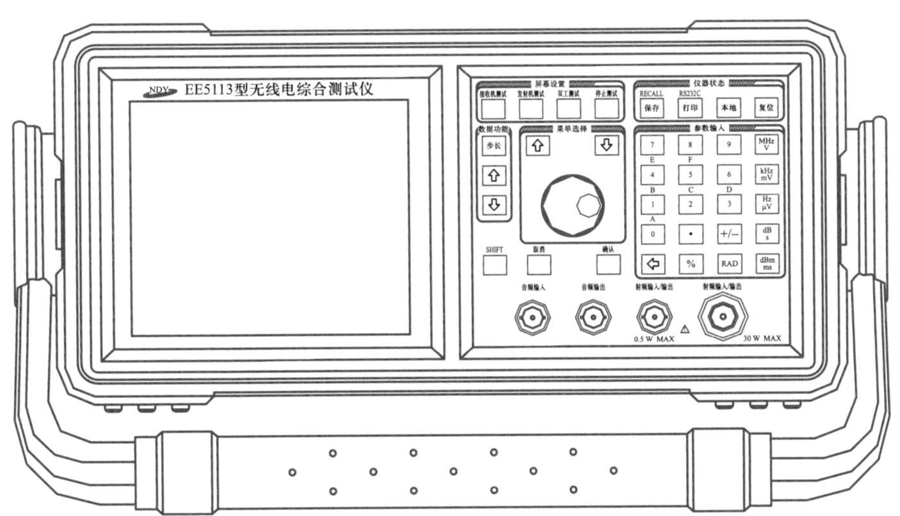

图 3.1.1　EE5113 型无线电综合测试仪前面板示意图

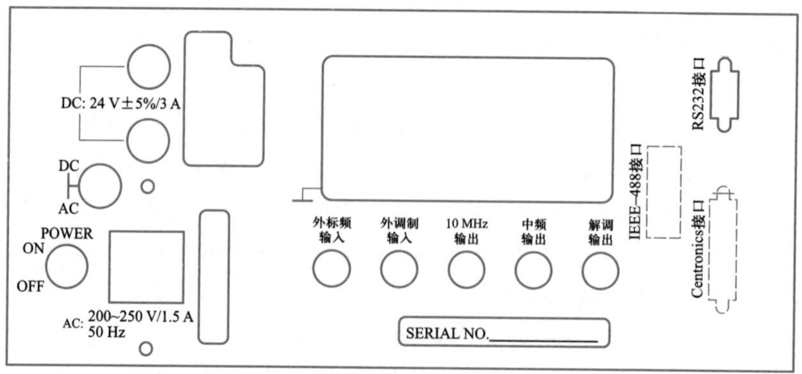

图 3.1.2 EE5113 型无线电综合测试仪后面板示意图

2. 主要性能指标(如表 3.1.4 所示)

表 3.1.4 EE5113 型无线电综合测试仪主要性能指标

序号	性能指标		规格
1	射频信号发生器	输出阻抗	50 Ω 标称值
		输出频率范围	0.4~1 000 MHz
		输出电平	对 N 型座:-127~-20 dBm(0.1 μV~22.4 mV) 对 BNC 型座:-107~0 dBm(1 μV~224 mV)
2	调制信号发生器	调幅度范围	0~99%
		调频率范围	20 Hz~20 kHz
		相移范围	0~10 rad
		可外调幅、调频、调相	
3	双音频信号发生器	频率范围	8 Hz~32 kHz
		输出电平范围	0.5 mV~4.095 V 有效值(正弦和方波)
4	射频频率计		1.5~1 000 MHz
5	射频功率计		对 BNC 型座:0.05 mW~0.5 W 对 N 型座:5 mW~30 W
6	调制度仪	调幅度测量范围	0~90%
		频偏测量范围	0~25 kHz
		相移量程	0~10 rad
		失真度表范围	0~30%
7	音频频率计		10 Hz~50 kHz
8	直流和音频数字电压表		电压量程:0~80 V(有效值)

续表

序号	性能指标		规格
9	数字存储示波器	频率量程	直流，交流 10 Hz～20 kHz
		电压量程	50 mV/格～20 V/格
		扫描速率	100 μs/格～200 ms/格
10	接口功能		Centronics 并行打印机接口；EIA-RS232C 串行通信接口；IEEE-488 通用程控接口（选件）

3. 工作原理

EE5113 型无线电综合测试仪的工作原理如图 3.1.3 所示。

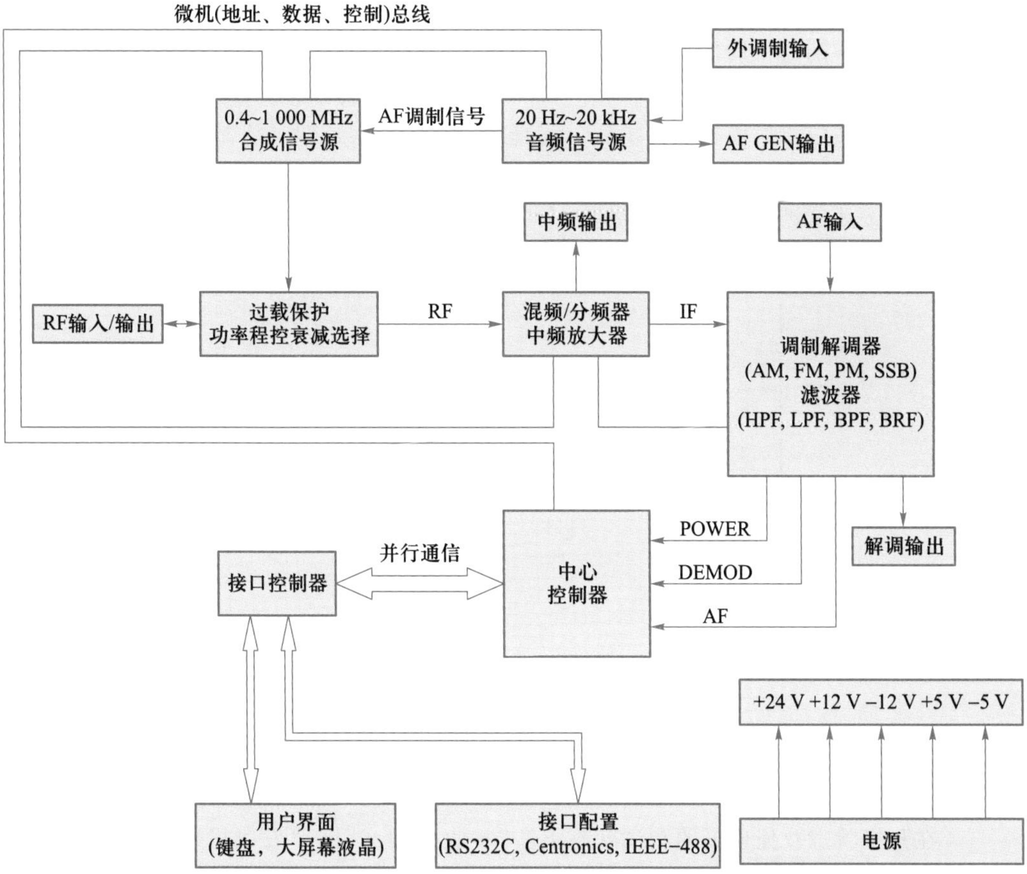

图 3.1.3　EE5113 型无线电综合测试仪的工作原理

视频
EE5113 型无线电综合测试仪的使用

4. 使用方法

EE5113 型无线电综合测试仪是多种仪器的组合，这些仪器通过不同的测试屏来控制、操作。测试屏共包括三个主测试屏（接收机测试屏、发射机测试屏、双工测试屏）

和几个辅测试屏(音频测试屏、系统设置及自检屏、示波器屏等)。

测试屏共四种状态。第一种为测试状态,每次转换进入测试屏时均为此状态,此时光标闪烁,可通过旋钮和按面板上菜单选择区的“↑”和“↓”键移动光标,此时接收测量结果、进行数据显示。第二种为选择设置状态,此时光标隐去,下拉菜单打开,可通过旋钮和按键移动光带选择几种设置的一种。第三种为数据输入状态,此时光标隐去,需设置的数据反显,可通过数字键和单位键进行数据输入。第四种为停止测试状态,此时光标停止闪烁,不接收显示数据,保持最后一次的测量数据,屏幕冻结。

测试屏又分四个区域。第一个为结果显示区,测量结果用大号字在此显示出来。第二个为参数设置区,在此区域可移动光标选择不同的参数,进入选择设置状态和数据输入状态进行参数的修改。第三个为测试屏按钮控制区,此处为反亮光带显示,可移动光标至此处进行选择,以进入不同的测试。第四个为帮助提示区,在显示屏上方及下方显示不同的帮助信息以便使用者操作。

(1) 开机

仪器开关位于后面板。开机后,液晶屏显示仪器型号名称、研制单位及系统时间,如图 3.1.4 所示。此时面板上只有“接收机测试”“发射机测试”“双工测试”三个按键可操作。按此三键便可进入相应的三个主测试屏。

NDY
EE5113型无线电综合测试仪
南京新联电子公司
南京电讯仪器厂
研制
2011年12月01日 星期四 12时10分00秒

图 3.1.4 开机界面

(2) 进入主测试屏

在开机状态及任何屏的测试状态下按“接收机测试”键、“发射机测试”键和“双工测试”键,可进入相应三个主测试屏。

在辅测试屏的测试状态下,移动光标到测试屏控制区的 RETURN 处,按“确认”键,即可回到进入辅测试屏前的主测试屏,如图 3.1.5 所示。

(3) 进入辅测试屏

在任一测试屏的测试状态下,移动光标到测试屏控制区的相应辅测试屏处,按“确认”键,即可进入相应辅测试屏,如图 3.1.6 所示。

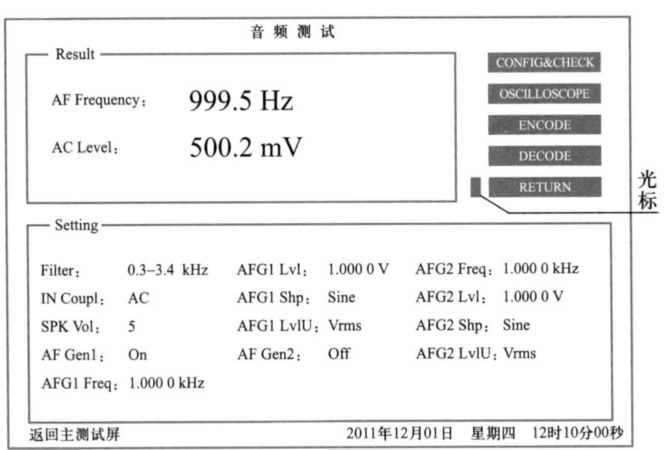

图 3.1.5 返回主测试屏

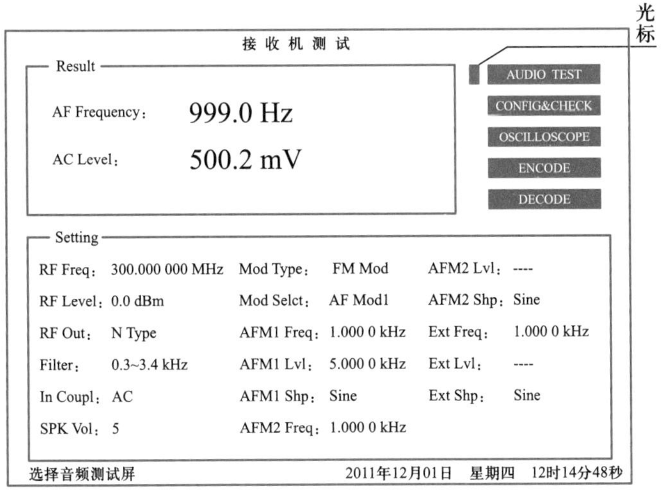

图 3.1.6 辅测试屏

(4) 测试屏之间的设置

参数的设置操作是全局的,在任何屏上所做的设置操作都会自动改变所有屏中要改变的设置。如:

接收机测试屏 AFG1 Freg:1.000 0 kHz

↓

音频测试屏 AFG1 Freg:1.000 0 kHz → 按“2”“kHz”键 → AFG1 Freg:2.000 0 kHz

↓

双工测试屏 AFG1 Freg:2.000 0 kHz

↓

接收机测试屏 AFG1 Freg:2.000 0 kHz

(5) 显示不同的测量仪器

发射机频率:TX Frequency,调谐方式 Tune Mode 设为 Auto 自动方式,如图 3.1.7

所示。

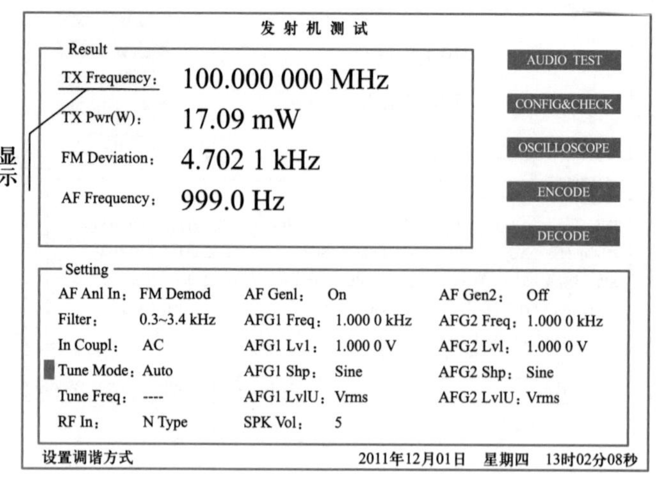

图 3.1.7 发射机频率设置

发射机功率：TX Power(TX Pwr)，可以 dBm 为单位或以 W 为单位，如图 3.1.8 所示，可将光标移至图示处进行选择。

图 3.1.8 发射机功率设置

调制度：AM Depth、FM Deviation、PM Shift、AC Level，可将光标移至 AF Anl In 处进行选择(参照表 3.1.5)，如图 3.1.9 所示。

表 3.1.5 调制度设置

测量	音频分析输入(AF Anl In)设置
调幅度(AM Depth)	AM Demod
频偏(FM Deviation)	FM Demod
相移(PM Shift)	PM Demod
音频电压(AC Level)	Audio In

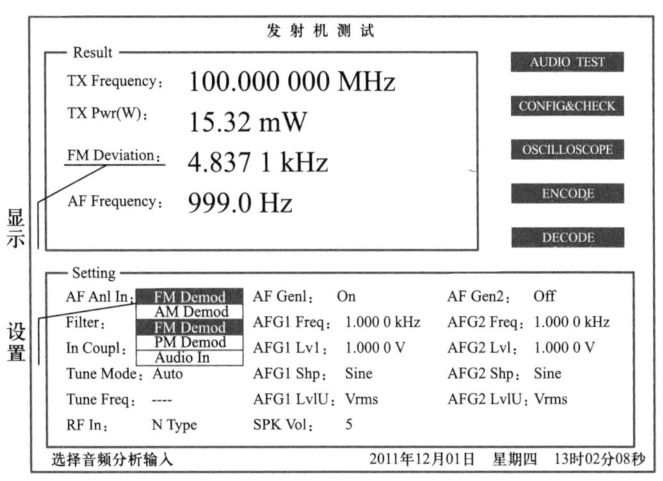

图 3.1.9 调制度设置

音频参数:音频频率(AF Frequency)、失真度(Distn,仅对 1 kHz)、信纳比(SINAD)和信噪比(S/N),如图 3.1.10 所示,可将光标移至图示处进行选择,如图 3.1.10 所示。

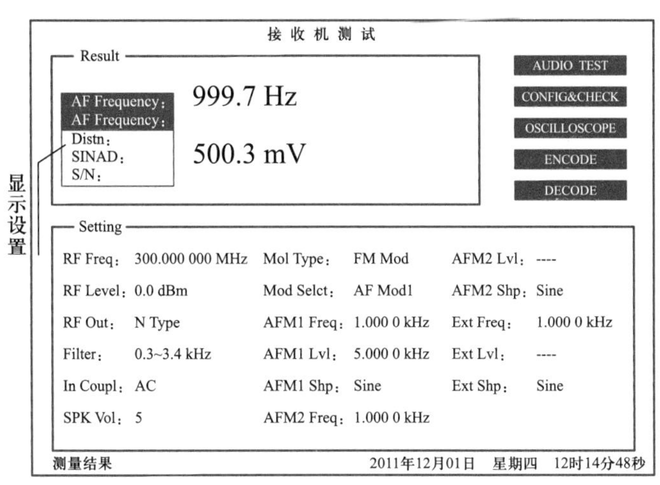

图 3.1.10 音频参数设置

当系统测试出无效数据时,会显示若干“-”及单位,如测试射频频率失败,会显示“----.------MHz”。

(6) 参数设置

将光标移至所要改变的参数设置前(包括选择功率显示单位和选择显示音频频率、失真度、信纳比或信噪比),按“确认”键,闪烁光标消失,打开下拉菜单,旋转旋钮或按菜单选择区的“↑”和“↓”键将反显光带移至所需设置,如图 3.1.11 所示。此时若按“取消”键,则不改变参数设置返回测试状态;若按“确认”键,则改变参数设置返回测试状态。

(7) 在数据输入状态下改变参数设置

将光标移至所要改变的参数设置前,按“确认”键,所示参数反显,进入数据输入状态,如图 3.1.12 所示。此时有两种方法进行数据输入。

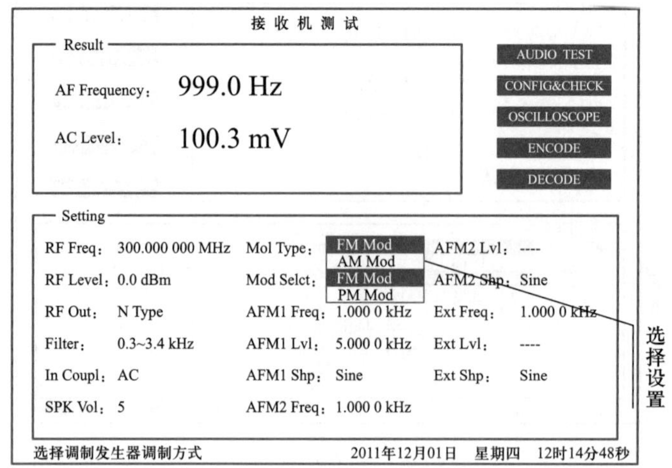

图 3.1.11 调制方式设置

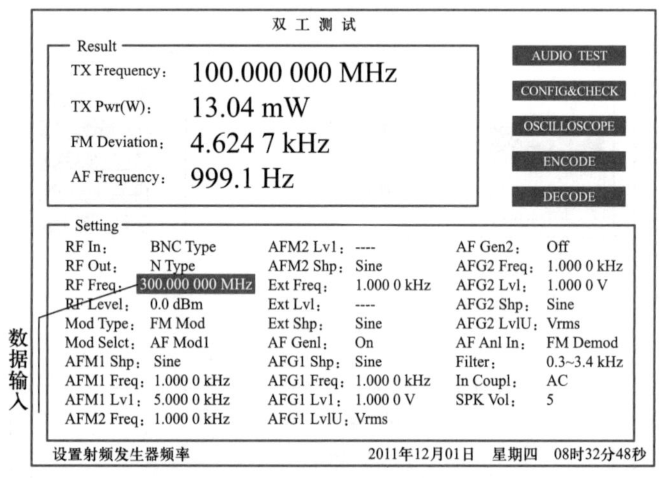

图 3.1.12 射频发生器频率设置

① 按相应数字键和单位键可依次输入所需的数据和单位,若输入错误可按“←”键回删,然后按“取消”键或“确认”键取消或确认输入数据,回到测试状态。

② 进入数据输入状态后,旋转旋钮或按数据功能的“↑”和“↓”键,则可按所设的步长自动加或减设置数据,然后按“取消”键或“确认”键取消或确认输入数据,回到测试状态。数据输入的参数中有三个参数不能用这种方法设置,即仪器编号、日期、时间。

若输入的数据不在应取值的范围内,则仪器自动截取最大值或最小值作为设置。

例如,射频频率 RF Freq 为 300 MHz,要改为 100 MHz,可移动光标至 RF Freq 前,按“确认”键,再按“1”“0”“0”“MHz”,再按“确认”键,则射频频率改为 100 MHz。

（8）步长设置

在测试状态下，将光标移至所需改变步长设置的参数前，按“步长”键，则反显步长设置数据，进入数据输入状态。与设置参数不同的是，反显光带的最前面有“I:”标志，表示步长设置，如图 3.1.13 所示。此时按数字键和单位键输入数据，然后按“取消”键或“确认”键返回测试状态。同样，仪器编号、日期、时间三个参数不能进行步长设置。

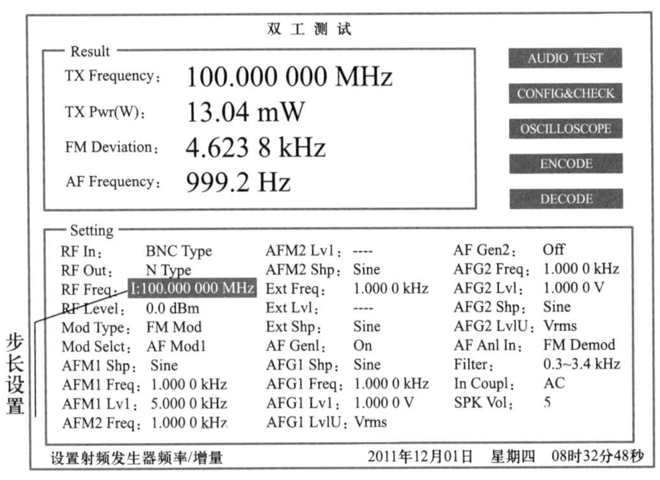

图 3.1.13　步长设置

（9）第二功能键设置

仪器面板上，上方有蓝色字符的按键都具有第二功能，蓝色字符表示其相应的第二功能。若想使用第二功能，则需按“SHIFT”键。按“SHIFT”键一次，在屏幕右上方出现 SHIFT 符号，再按一次，则 SHIFT 消失。当屏幕右上方出现 SHIFT 时，按具有第二功能的键，则选择了此键的第二功能。例如，要选择 RECALL 功能，先按“SHIFT”键，再按“保存”键，则进入 RECALL 功能。

（10）存储和调出

仪器具有存储和调出功能，可存储屏幕上的所有设置以便需要时直接调出使用。

存储：在任一测试屏的测试状态下，按“保存”键，屏幕左上方出现如“Save：RXTest-”，在不同的测试屏反显光带前部的字符各不相同，分别为“RXTest-”“TXTest-”“Duplex-”“Audio-”“Config-”“Scope-”，后部有一位数字，可由用户输入 0~9 十个数字中的一个，然后按“确认”键，返回测试状态，则仪器存储以反显的字符为文件名的设置数据，下次调出时选此文件名即可调出所需设置。若中途需要取消，可按“取消”键返回测试状态。

每一测试屏最多可存储 0~9 共十组设置参数，仪器最多可存储 26 组设置参数。

调出：在任一测试屏的测试状态，按“SHIFT”和“RECALL”键，进入调出状态（下拉菜单选择的状态）。下拉菜单显示出所有存入的设置参数组的文件名，移动光带至所选择文件名处，按“确认”键，则调出所存数据，回到测试状态。中途取消时可按“取消”键返回。

删除:在任一测试屏的测试状态,按“SHIFT”和“RECALL”键,进入调出状态,移动光带至所要删除的文件名处,按“←”键,则删除以此文件名存储的参数设置,返回测试状态。

(11) 停止测试状态设置

在任一测试屏的测试状态,按“停止测试”键,屏幕右上方出现“HOLD”字符,表示仪器进入停止测试状态,此时测量结果冻结,不响应大多数按键。但此时按“打印”键可进行屏幕打印。再次按“停止测试”键,则“HOLD”字符消失,退出停止状态,回到测试状态。

(12) 操作帮助及出错信息

仪器的屏幕下方为帮助栏。右下方显示系统时间,可在系统设置及自检屏内进行设置。左下方为中文帮助提示,移动光标时,帮助提示显示光标处的设置内容,对此进行注解。当仪器操作出现错误时,帮助栏显示出错信息,且蜂鸣器响一声。

系统在不同的状态及设置时响应不同的按键,当操作到无效按键时,帮助栏显示“无效按键,请重新操作”。

(13) 系统设置及自检

自检显示:RF Gen Freq: 300 MHz
RF Gen Pwr: 0.25 mW(-6 dBm)
FM Deviation: 5 kHz
AF Frequency: 1 kHz
Distn: 0.5%

系统设置:仪器编号 Inst No: 00000001
屏幕亮度 Scr Light:: 20
GPIB 接口地址 GPIB Addr: 1
GPIB 接口工作方式 GPIB Mode: TALK&Lisn
系统设置的日期、时间、星期显示根据系统时钟决定

示波器设置:扫描速率 Time/div: 100 μs
垂直灵敏度 Vert/div: 10 mV
垂直偏移 V-Offset: 0

探究

5. 注意事项

① 开机后,仪器无显示,应检查电源是否已供给,或拔下电源线,检查电源插座内熔断器是否已烧毁。

② 自检是仪器开机后应进行的一项基本操作,在自检操作前应注意以下两点。

- 应撤去所有同轴接口的连接电缆,以免外信号输入引起检验结论的错误。
- 一般情况下,仪器开启电源后经短暂加热,屏幕显示趋于稳定,仪器即可正常使用。但若要进行自检操作,仪器应通电加热 5 min,待 10 MHz 频标趋于稳定后再进

行自检操作,这是特别需要注意的一点。

③ 注意最大可输入的功率,否则输入功率过大或者大功率输入时间持续过长都会引起衰减器、负载器过热,有可能会损坏仪器。如果用户要测试更高的功率设备,可以外接衰减器或者为综合测试仪安装高功率输入测试的选件(使用外置衰减器的花费会小得多)。

三、数传电台测试过程

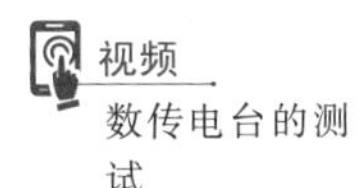

1. 数传电台的工作原理

数传电台通常由发射机、接收机及数据传输模块组成,其结构框图如图 3.1.14 所示。

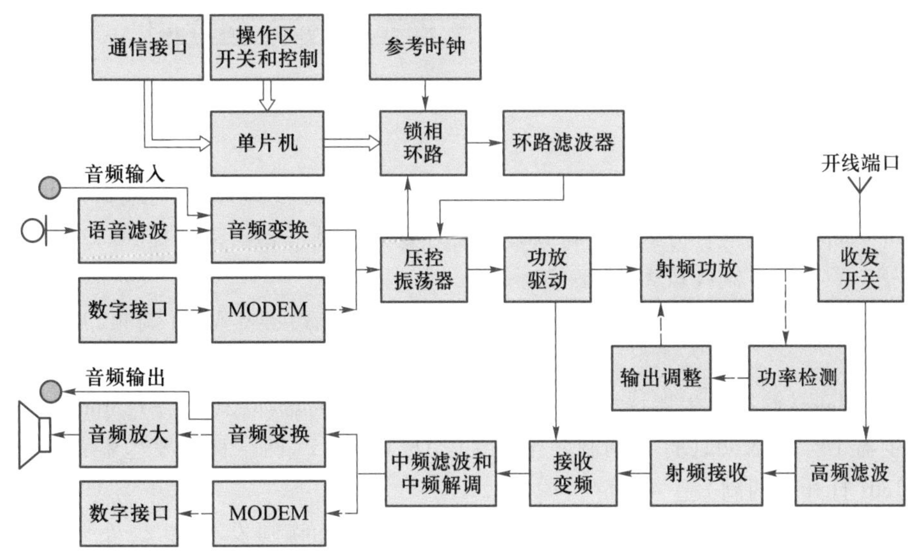

图 3.1.14　数传电台的结构框图

2. 数传电台的测试

操作

(1) 测试准备

① 综合测试仪的设置。

a. 接收状态设置。综合测试仪的接收机测试屏如图 3.1.15 所示。

AF Frequency、Distn、SINAD、S/N:光标移至此前按“确认”键,可选择显示 AF Frequency(音频频率)、Distn(失真度)、SINAD(信纳比)、S/N(信噪比)。当选中 Distn 和 SINAD 时,In Coupl(输入耦合方式)自动选中 AC 耦合。

AC Level:测量音频电压,结果为有效值。

RF Freq:射频发生器频率,设置范围是 0.4~1 000 MHz。

RF Level:射频发生器电平,-127 dBm~0 dBm。

RF Out:射频输出插座,可选择 N Type 或 BNC Type,选择 N Type 时输出衰减

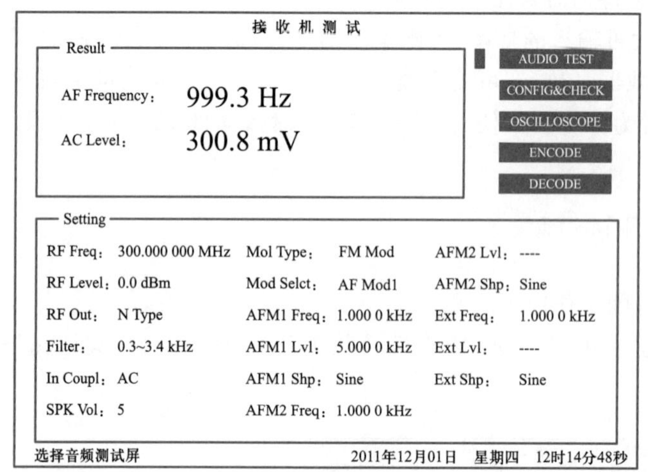

图 3.1.15 接收机测试屏

20 dB。

Filter:滤波器,可选择 0.3~3.4 kHz 带通、300 Hz 低通、15 kHz 低通或 50 kHz 低通。

In Coupl:输入耦合方式 AC 或 DC,当选为 DC 时,滤波器自动选择 50 kHz 低通。

SPK Vol:扬声器音量大小,0~20。

Mod Type:调制发生器调制方式,可选 AM Mod(调幅)、FM Mod(调频)或 PM Mod(调相)。

Mod Selct:调制发生器选择,可选 Off(两个调制发生器都关闭)、AF Mod1(打开调制发生器 1)、AF Mod2(打开调制发生器 2)、AF Mod1&2(两个调制发生器都打开)或 Ext Mod(打开外调制)。

AFM1 Freq、AFM2 Freq、Ext Freq:调制发生器 1、调制发生器 2、外调制频率,8Hz~32 kHz。

AFM1 Lvl、AFM2 Lvl、Ext Lvl:调制发生器 1、调制发生器 2、外调制电平,当选 AM Mod(调幅)时,0~99%;当选 FM Mod(调频)时,0~30 kHz;当选 PM Mod(调相)时,0~10 rad;当相应调制发生器未打开时,电平不能输入,显示“----”。

AFM1 Shp、AFM2 Shp、Ext Shp:调制发生器 1、调制发生器 2、外调制波形,可选 Sine(正弦波)、Square(方波)、Triangle(三角波)或 Sawtooth(锯齿波)。

b. 发射状态设置。综合测试仪的发射机测试屏如图 3.1.16 所示。

TX Frequency:发射机频率。

TX Pwr(W)、TX Pwr(dBm):发射机功率,光标移至此前按“确认”键,即可选择 TX Pwr(W),功率以 W 为单位显示;或 TX Pwr(dBm),功率以 dBm 为单位显示。

FM Deviation、AM Depth、PM Shift、AC Level:根据音频分析输入 AF Anl In 的不同可选择显示 FM Deviation(频偏)、AM Depth(调幅度)、PM Shift(相移)或 AC Level(音频电压)。

AF Frequency、Distn、SINAD、S/N:参见“接收状态设置”部分。

Tune Mode:调谐方式,不可选择。

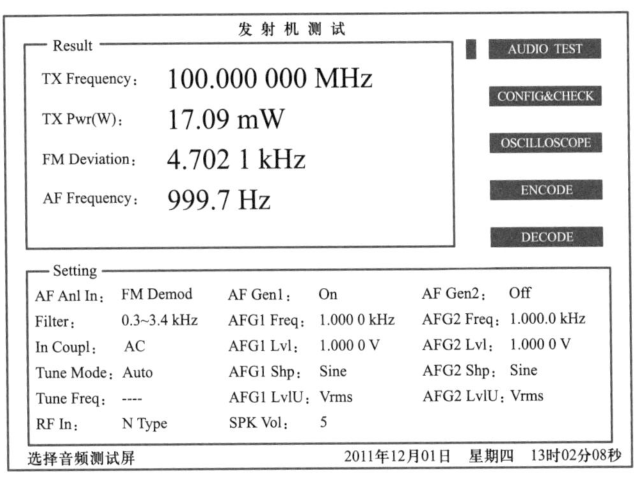

图 3.1.16 发射机测试屏

Tune Freq:调谐频率,不可设置。

RF In:射频输入插座,可选择 N Type 输入或 BNC Type 输入,选择 N Type 输入时衰减 20 dB。

AF Anl In:音频分析输入,可选择 AM Demod (调幅解调)、FM Demod(调频解调)、PM Demod(调相解调)或 Audio In(音频输入),对显示的影响见 FM Deviation、AM Depth、PM Shift、AC Level。

Filter:滤波器,参见"接收状态设置"部分。

In Coupl:输入耦合方式,参见"接收状态设置"部分。

AF Gen1、AF Gen2:音频发生器 1、2,可设成 On(通)或 Off(断)。

AFG1 Freq、AFG2 Freq:音频发生器 1、2 频率,8 Hz~32 kHz。

AFG1 Lvl、AFG2 Lvl:音频发生器 1、2 电平,0~4.095 V。

AFG1 Shp、AFG2 Shp:音频发生器 1、2 波形,可选择 Sine(正弦波)、Square(方波)、Triangle(三角波)或 Sawtooth(锯齿波)。

AFG1 LvlU、AFG2 LvlU:音频发生器 1、2 电平单位,为有效值 V_{rms}或峰值 V_{P-P},不可设置。

SPK Vol:音量大小,参见"接收状态设置"部分。

c. 双工状态设置。综合测试仪的双工测试屏如图 3.1.17 所示。

TX Frequency:发射机频率,参见"发射状态设置"部分。

TX Pwr(W)、TX Pwr(dBm):发射机功率,参见"发射状态设置"部分。

FM Deviation、AM Depth、PM Shift、AC Level:参见"发射状态设置"部分。

AF Frequency、Distn、SINAD、S/N:参见"接收状态设置"部分。

RF In、RF Out:射频输入插座、射频输出插座,当改变其中之一时,另一必随之改变,使 BNC 座和 N 座一输入、一输出。

RF Freq:射频发生器频率,参见"接收状态设置"部分。

RF Level:射频发生器电平,参见"接收状态设置"部分。

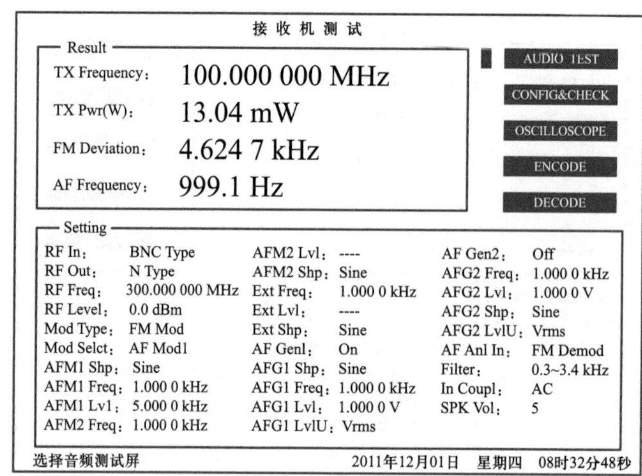

图 3.1.17 双工测试屏

Mod Type:调制发生器调制方式,参见“接收状态设置”部分。

Mod Selct:调制发生器选择,参见“接收状态设置”部分。

AFM1 Freq、AFM2 Freq、Ext Freq、AFG1 Freq、AFG2 Freq:调制发生器 1、调制发生器 2、外调制、音频发生器 1、音频发生器 2 频率,参见“接收状态设置”部分的 AFM1 Freq、AFM2 Freq、Ext Freq 及”发射状态设置”部分的 AFG1 Freq、AFG2 Freq。调制发生器 1、音频发生器 1 频率任一改变,另一必随之改变;调制发生器 2、音频发生器 2 频率也如此。

AFM1 Shp、AFM2 Shp、Ext Shp、AFG1 Shp、AFG2 Shp:调制发生器 1、调制发生器 2、外调制、音频发生器 1、音频发生器 2 波形,参见“接收状态设置”部分的 AFM1 Shp、AFM2 Shp、Ext Shp 及“发射状态设置”部分的 AFG1 Shp、AFG2 Shp。调制发生器 1、音频发生器 1 波形任一改变,另一必随之改变;调制发生器 2、音频发生器 2 波形也如此。

AFM1 Lvl、AFM2 Lvl、Ext Lvl:调制发生器 1、调制发生器 2、外调制电平,参见“接收状态设置”部分。

AF Gen1、AF Gen2:音频发生器 1、2,参见“发射状态设置”部分。

AFG1 Lvl、AFG2 Lvl:音频发生器 1、2 电平,参见“发射状态设置”部分。

AFG1 LvlU、AFG2 LvlU:音频发生器 1、2 电平单位,参见”发射状态设置”部分。

AF Anl In:音频分析输入,参见“发射状态设置”部分。

Filter:滤波器,参见“接收状态设置”部分。

In Coupl:输入耦合方式,参见”接收状态设置”部分。

SPK Vol:音量大小,参见“接收状态设置”部分。

d. 音频状态设置。综合测试仪的音频测试屏如图 3.1.18 所示。

AF Frequency、Distn、SINAD、S/N:参见“接收状态设置”部分。

AC Level:参见“接收状态设置”部分。

Filter:滤波器,参见“接收状态设置”部分。

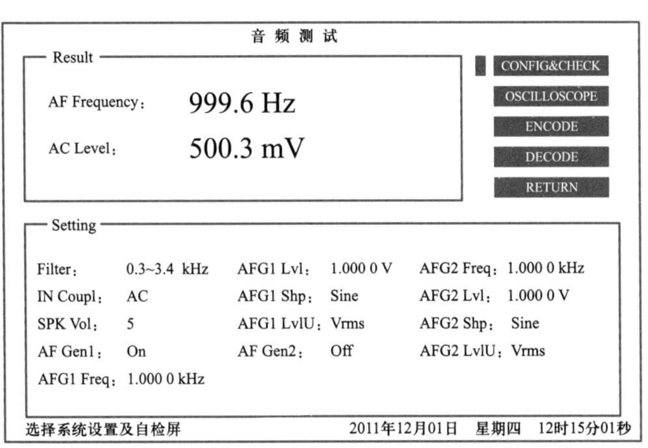

图 3.1.18 音频测试屏

In Coupl:输入耦合方式,参见“接收状态设置”部分。

SPK Vol:音量大小,参见“接收状态设置”部分。

AF Gen1、AF Gen2:音频发生器 1、2,可选 On 或 Off 打开或关断。

AFG1 Freq、AFG2 Freq:音频发生器 1、2 频率,8 Hz~32 kHz 可设。

AFG1 Lvl、AFG2 Lvl:音频发生器 1、2 电平,0~4.095 V 可设。

AFG1 Shp、AFG2 Shp:音频发生器 1、2 波形,可选择 Sine(正弦波)、Square(方波)、Triangle(三角波)或 Sawtooth (锯齿波)。

AFG1 LvlU、AFG2 LvlU:音频发生器 1、2 电平单位,为有效值 V_{rms}或峰值 V_{P-P},不可设置。

e. 数字示波器状态设置。综合测试仪的数字示波器屏如图 3.1.19 所示。

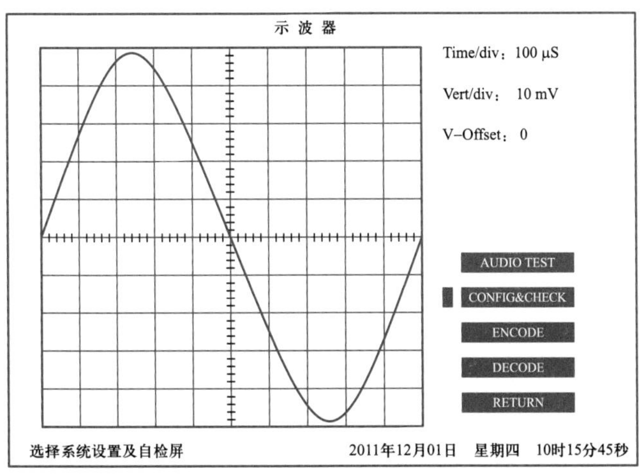

图 3.1.19 数字示波器屏

Time/div:扫描速率,可设为 100 μs/div~500 ms/div,按 1-2-5 递进。

Vert/div:垂直灵敏度,可设为 10 mV/div~20 V/div,按 1-2-5 递进。

V-Offset:垂直偏移。

f. 系统设置及自检。系统设置及自检屏如图 3.1.20 所示。

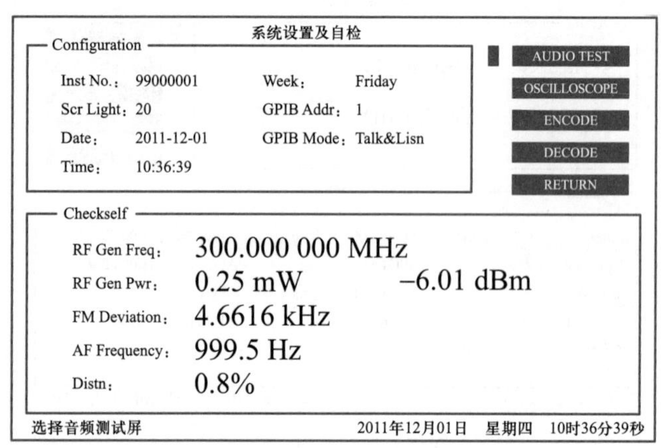

图 3.1.20 系统设置及自检屏

- 系统设置。

Inst No:仪器编号,共 8 位数字,可根据用户需要进行设置。

Scr Light:屏幕亮度,设为 0~20,用户可根据自己喜好进行设置。

Date:日期,按"确认"键反显后输入数据需完整,例如,1999 年 1 月 1 日需依次按"1""9""9""9""0""1""0""1"键,如按键不完整,输入日期就会出错。

Time:时间,时间为 24 小时制,设置时也需要完整输入,例如,8 点 1 分 0 秒需在按"确认"键后再依次按"0""8""0""1""0""0"键。

Week:星期,可在 Sunday(星期日)、Monday(星期一)、Tuesday(星期二)、Wednesday(星期三)、Thursday(星期四)、Friday(星期五)、Saturday(星期六)中进行选择。

GPIB Addr:GPIB 接口地址,可在 1~30 之间设置。

GPIB Mode:GPIB 接口工作方式,Talk&Lisn(讲听方式),不可设置。

- 自检。

进入此屏幕自动进行自检,自检测量如下数据。

RF Gen Freq:射频发生器频率,应当为 300.000 000 MHz。

RF Gen Pwr:射频发生器功率,同时显示以 W 为单位和以 dBm 为单位的射频功率值,应为 0.25 mW,-6 dBm。

FM Deviation:频偏,应为 5 kHz。

AF Frequency:音频频率,应为 1.000 0 kHz。

Distn:失真度,应小于 1%。

当自检测量结果偏差超出测量误差范围时,说明整机系统有故障。

② 工艺文件。准备数传电台的测试工艺文件,如表 3.1.6 和表 3.1.7 所示。

表 3.1.6　数传电台的发射机测试工艺文件

1. 技术要求

1.1　工作温度：-5～+50 ℃ 保证指标

1.2　存储温度：-40～+70 ℃ 应无损坏

1.3　频率范围：220.000 0～240.000 0 MHz

1.4　信道间隔：25 kHz

1.5　频带展宽：20 MHz

1.6　电源额定电压：+13.8 V（工作电压范围：+5～+16 V）

2. 试验方法

2.1　测试仪器和设备

EE5113 型无线电综合测试仪　　　　1 台

2.2　测试条件

2.2.1　环境温度：15～35 ℃。

2.2.2　相对湿度：45%～85%。

2.3　测试时注意事项

2.3.1　电路连接过程中禁止带电操作，禁止按发送开关。

2.3.2　发送开关不能长时间处在发送状态，应断续操作，否则易损坏电台。

2.3.3　确认电台发送功率小于 30 W。如果电台发送功率超过 30 W，应在综合测试仪射频输入 N 端前外加大功率衰减器。

2.4　测试步骤

2.4.1　根据图 3.1.21 和图 3.1.22 连接好电路。

旧底图总号													
									标记	数量	更改单号	签名	日期

底图总号		拟制		数传电台发射机测试工艺	×××2.×××		
		审核					
		工艺			阶段标记	第 1 张	共 3 张
日期	签名						
		标准化					
		批准					

续表

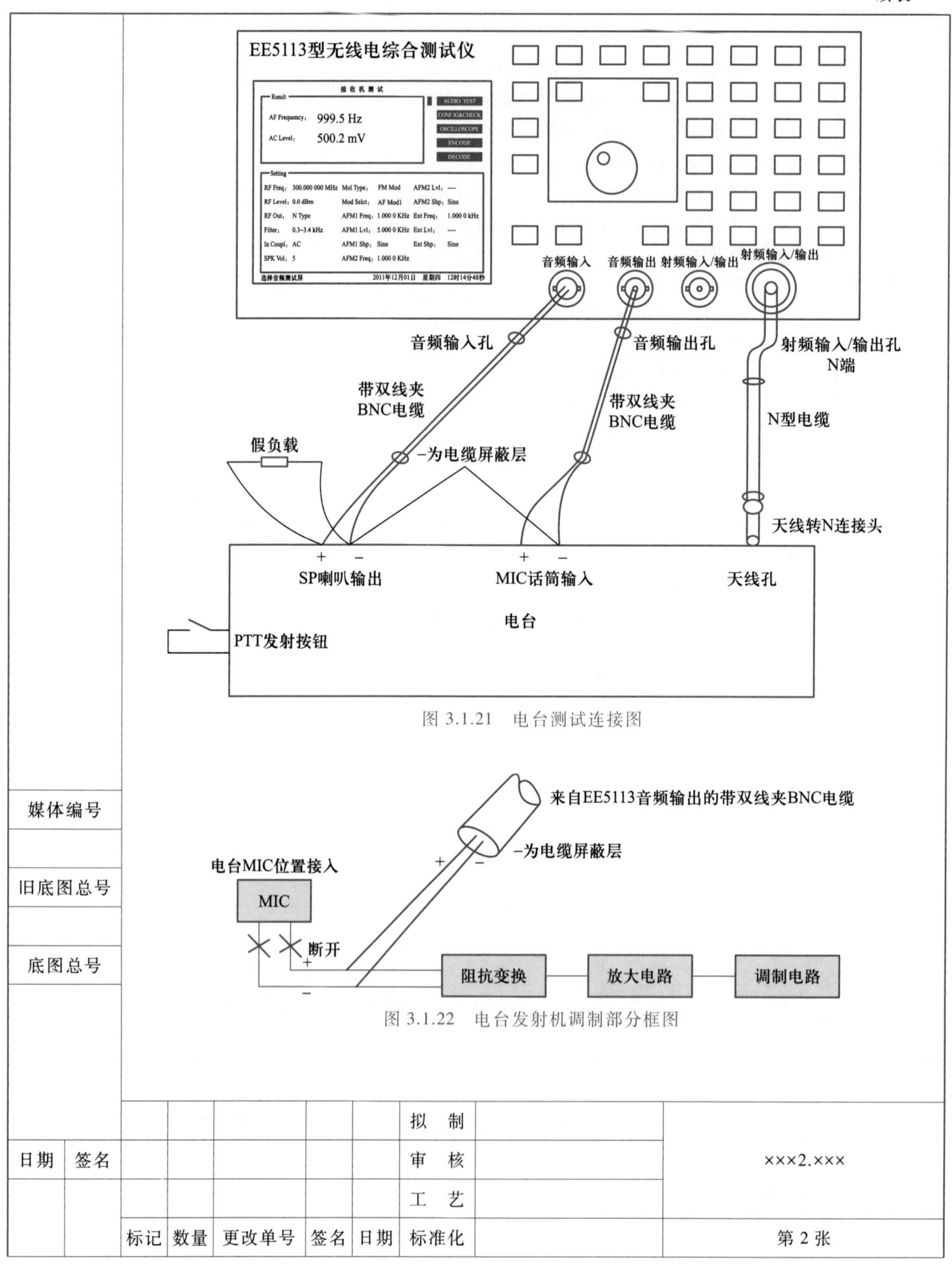

图 3.1.21 电台测试连接图

图 3.1.22 电台发射机调制部分框图

续表

2.4.2　发射频率误差、发射功率、调制及调制频率测试：

① 关闭电台和仪器电源（连接过程中禁止带电操作，禁止按发送开关）。

② 将 EE5113 型无线电综合测试仪打到 TX（发射机测试状态），进行初始设置，设定显示窗口上的 RFC Gate 为 1 s。

③ 压下电台发送开关，大约几秒钟后，EE5113 界面上显示发射频率、发送功率。发射频率误差可以直接得到。关断电台发送开关，记录测试数据。

2.4.3　调制性能、信噪比、失真、信纳比测试：

① 关闭电台和仪器电源，在电台话筒上找到 MIC 麦克风位置，将 MIC 端断开，连接 EE5113 音频输出电缆到原 MIC 的位置，用 EE5113 内部音频源代替 MIC。连接过程中禁止按发送开关。

② 将 EE5113 型无线电综合测试仪打到 TX，设置左右两边参数。

③ 压下电台发送开关，大约几秒钟后，EE5113 界面上显示发射频率、发送功率，此外还显示 FM 频偏和 AF 频率。此时，AF 频率必定是 1 kHz（允许误差几 Hz），如果不是，则重新检查 MIC 切断点是否合适，焊接是否正常。

④ 增加 EE5113 音频输出电压，同时压下发射开关，可以看到频偏逐渐变大。当频偏不再增大时，最大调制频偏直接显示在显示屏上，此时读出数据，并关闭电台发送开关。

⑤ 重新调节音频输出，并压下发射开关，调节频偏到显示屏显示 3 kHz，记录此时 1 kHz 调制频率下调频频偏为 3 kHz；保持音频输出幅度，在规定的音频频率范围内，逐渐改变音频频率，并压下发射开关，得到规定音频频率范围内的调频频偏的一组数据，用最大频偏值除以最小频偏值，并求对数，得到调制频响，记录数据。

⑥ 将光标移至屏幕左上方 AF Frequency 位置，改变其内容为 Distn（失真）、SINAD（信纳比）、S/N（信噪比），结果显示在屏幕上。

2.4.4　音频响应测试：

① 调制音频源频率置 1 kHz。

② 调节音频输出幅度使发射机输出频偏达 1.5 kHz，记录下此时的音频电压值。

③ 改变音频输出频率到规定测试的几个点，测试发射机输出频偏数值，记录数据，按下式计算频响：

$$\Delta = 20\ \lg \frac{\text{输出频偏}}{1.5\ \text{kHz}}$$

媒体编号
旧底图总号
底图总号

							拟　制		×××2.×××
日期	签名						审　核		
							工　艺		
		标记	数量	更改单号	签名	日期	标准化		第 3 张

表 3.1.7 数传电台的接收机测试工艺文件

1. 技术要求

1.1 工作温度：-5～+50 ℃ 保证指标

1.2 存储温度：-40～+70 ℃ 应无损坏

1.3 频率范围：220.000 0～240.000 0 MHz

1.4 信道间隔：25 kHz

1.5 频带展宽：20 MHz

1.6 电源额定电压：+13.8 V(工作电压范围：+5～+16 V)

2. 试验方法

2.1 测试仪器和设备

EE5113 型无线电综合测试仪　　　　1 台

2.2 测试条件

2.2.1 环境温度：15～35 ℃。

2.2.2 相对湿度：45%～85%。

2.3 测试时注意事项

2.3.1 电路连接过程中禁止带电操作，禁止按发送开关。

2.3.2 发送开关不能长时间处在发送状态，应断续操作，否则易损坏电台。

2.3.3 确认电台发送功率小于 30 W。如果电台发送功率超过 30 W，应在综合测试仪射频输入 N 端前外加大功率衰减器。

2.4 测试步骤

2.4.1 根据图 3.1.21 和图 3.1.23 连接好电路。

旧底图总号						
			标记	数量	更改单号	签名	日期
底图总号	拟制		数传电台 接收机测试工艺	×××2.×××		
	审核					
	工艺			阶段标记	第 1 张	共 3 张
日期 签名						
	标准化					
	批准					

续表

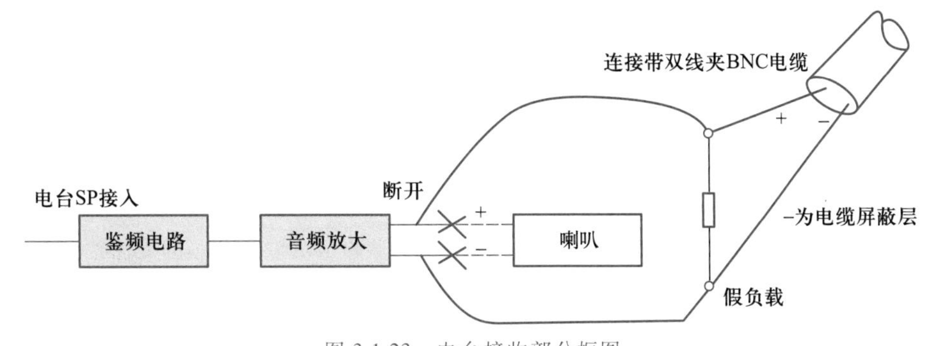

图 3.1.23 电台接收部分框图

2.4.2 灵敏度测试：

① 将 EE5113 型无线电综合测试仪打到 RX(接收机测试状态)，进行初始设置。

② 设置 EE5113 RF Freq 输出频率到电台的接收机频率上，假设电台是 FM 电台，设置 EE5113 输出带 1 kHz FM 调频，频偏为 3 kHz，设置 EE5113 RF Level 到-20 dBm，EE5113 输出连接到电台天线输入端后，电台的喇叭会发出 1 kHz 音频声音。

③ 逐渐减少 EE5113 的 RF Lvl 输出电平，直到电台声音越来越小，到正好能正常接收为止，EE5113 的输出电平就是电台的灵敏度，记录此数据。

④ 将光标移至 EE5113 屏幕左上方 AF Frequency 位置，改变其内容为 SINAD，则屏幕上显示信纳比。

⑤ 调节 EE5113 的 RF Lvl 输出电平到信纳比指标为 12 dB，此时 EE5113 的输出电平为 12 dB 信纳比灵敏度。

2.4.3 带宽测试：

在接收机 12 dB 信纳比基础上，将 EE5113 信号源输出电平增加 6 dB，此时信纳比有所提高。逐渐增大 1 kHz 音频调制频率下的频偏，直到显示窗显示的信纳比回到 12 dB，此时，EE5113 信号源输出频偏数乘 2 就是接收机带宽。

2.4.4 选择性测试：

在接收机灵敏度测试后并在接收机 12 dB 信纳比基础上，将 EE5113 信号源输出电平增加 6 dB，此时信纳比有所提高。改变射频信号源频率到规定的另一个频率点，并增加射频信号源输出电平，直到显示窗显示的信纳比回到 12 dB，此时信号源的输出电平与灵敏度之差的 dB 数就是选择性。常见的另一频率有镜频，还有邻道频率等，对应电台镜频选择性和邻道选择性。

媒体编号

旧底图总号

底图总号

							拟 制		
日期	签名						审 核		×××2.×××
							工 艺		
		标记	数量	更改单号	签名	日期	标准化		第 2 张

续表

2.4.5 音频响应测试：

① 关闭电台和仪器电源，按图 3.1.23 所示连接线路，虚线部分喇叭断开，和音频输出连接。连接过程中禁止按发送开关。

② 将 EE5113 型无线电综合测试仪打到 RX（接收机测试状态），进行初始设置，调节射频频率到电台接收机中心频率上，信号源音频调制频率为 1 kHz，调频频偏为 3 kHz，设置射频信号源输出电平为 0.5 mV（54 dBμV）。

③ 改变电台音量电位器，直到 50% 的音频输出功率，通常换算成音频电压数计算，将射频信号源调频频偏减小到 1 kHz，记录音频电压表的数值，作为参考点。

④ 选取几个音频调制频率，分别测得音频输出电压，将这些电压分别与前面测试的 1 kHz 音频电压进行比值运算，并求对数，得

$$\Delta = 20\lg \frac{U_i}{U_0}$$

式中，U_i 为 1 kHz 基准音频电压，U_0 为其他频点的电压。

2.4.6 音频输出功率和音频失真测试

① EE5113 屏幕上显示音频输出电压，调整电台音量电位器，使音频输出电压最大，按下式换算成功率（R 为 8 Ω）：

$$P = \frac{U^2}{R}$$

即为电台的音频输出功率。

② 改变电台音量电位器大小，直到音频输出电压达到规定的音频输出功率 200 mW，此时将光标移至 AF Frequency 位置，改变其内容为 Distn，则显示屏直接显示规定音频输出功率下的失真指标。

媒体编号
旧底图总号
底图总号

							拟 制		
日期	签名						审 核		×××2.×××
							工 艺		
		标记	数量	更改单号	签名	日期	标准化		第 3 张

（2）测试步骤

① 发射机测试。

a. 发射频率误差、发射功率、调制及调制频率测试，调制性能、信噪比、失真、信纳比测试。

按照表 3.1.6 中的测试步骤进行测试，发射机测试屏幕设置如图 3.1.24 所示，发射机调制性能及信噪比测试如图 3.1.25 所示。

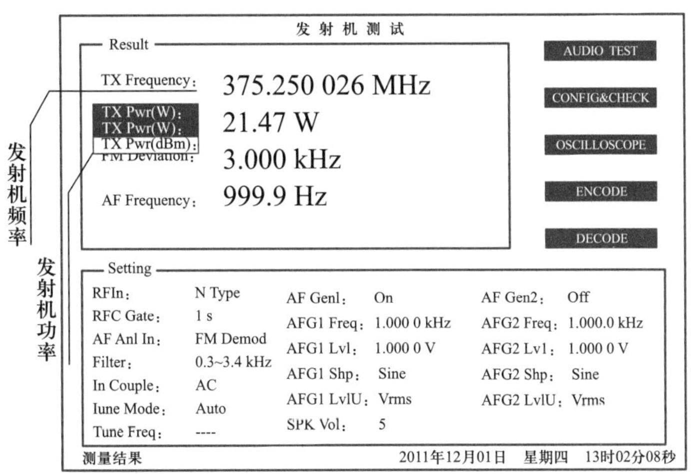

图 3.1.24　发射机测试屏幕设置

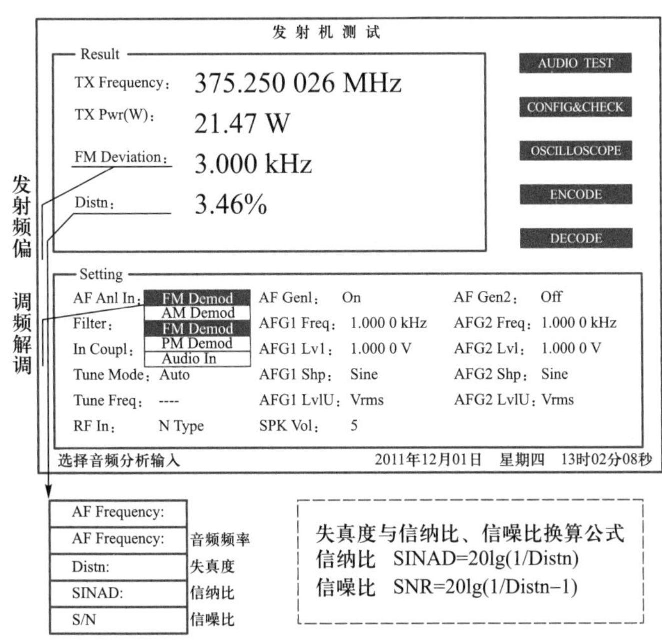

图 3.1.25　发射机调制性能及信噪比测试

b. 音频响应测试。

按照表 3.1.6 中的测试步骤进行测试，所得的发射机音频响应测试如图 3.1.26 所示。

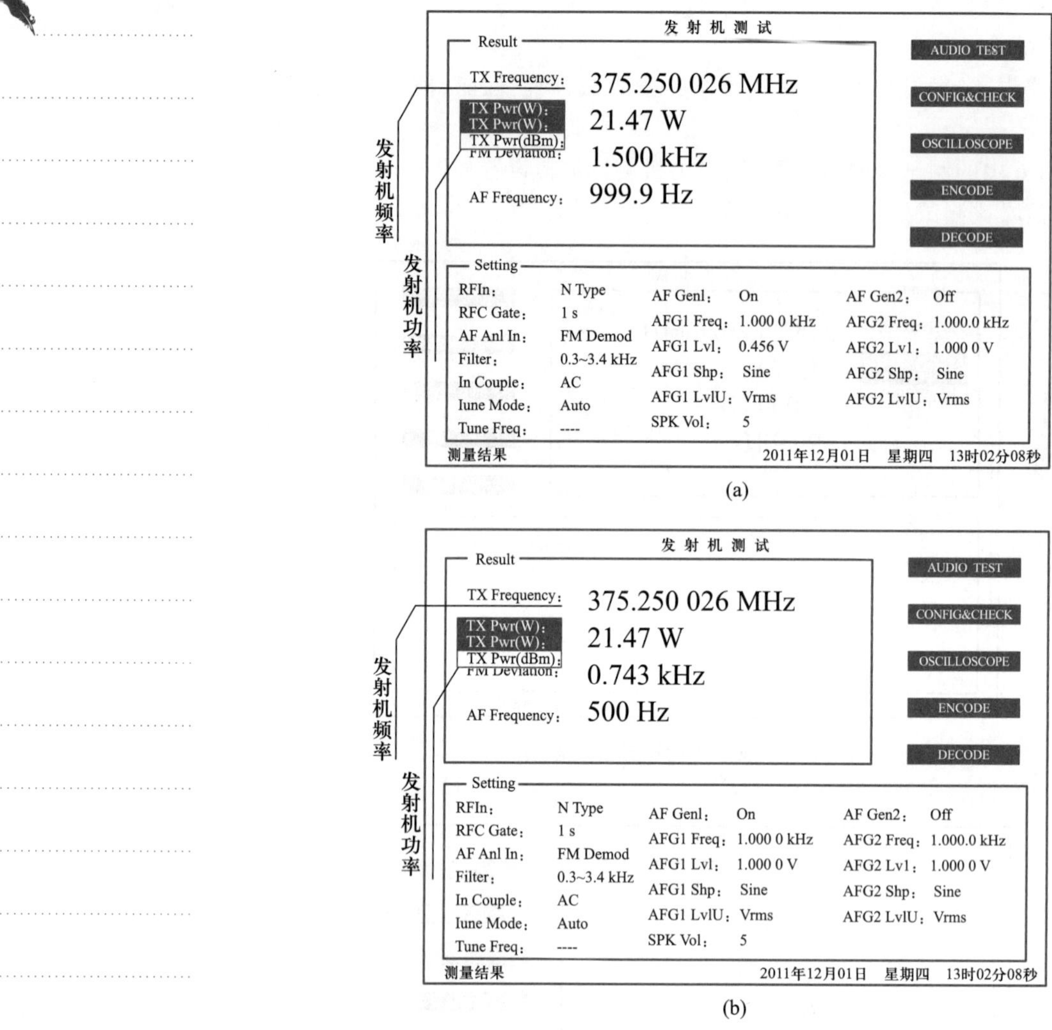

图 3.1.26 发射机音频响应测试

② 接收机测试。

a. 灵敏度测试。

按图 3.1.21 和图 3.1.23 连接线路,连接过程中禁止带电操作。

注 意

严禁按发送开关,否则会损坏仪器。

按照表 3.1.7 中的测试步骤进行测试,所得的接收机灵敏度测试如图 3.1.27 所示。

b. 带宽测试。

按照表 3.1.7 中的测试步骤进行测试。

c. 选择性测试。

按照表 3.1.7 中的测试步骤进行测试,所得的接收机选择性测试如图 3.1.28 所示。

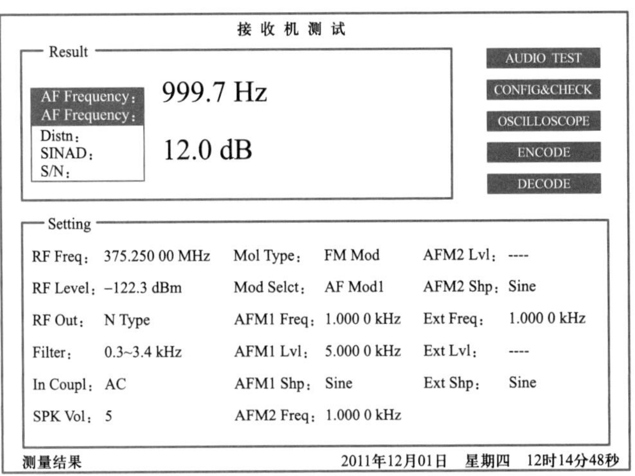

图 3.1.27　接收机灵敏度测试

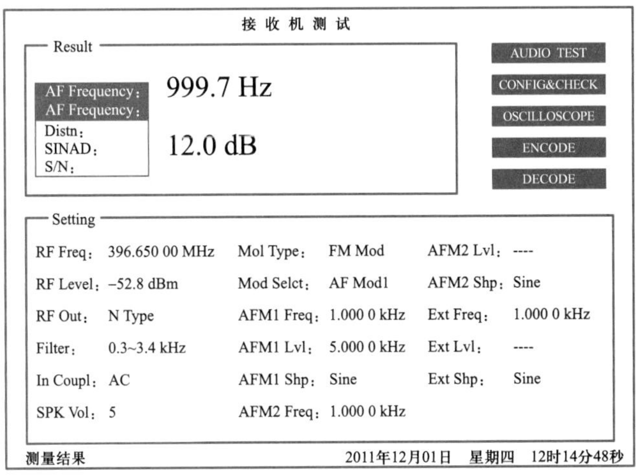

(a)

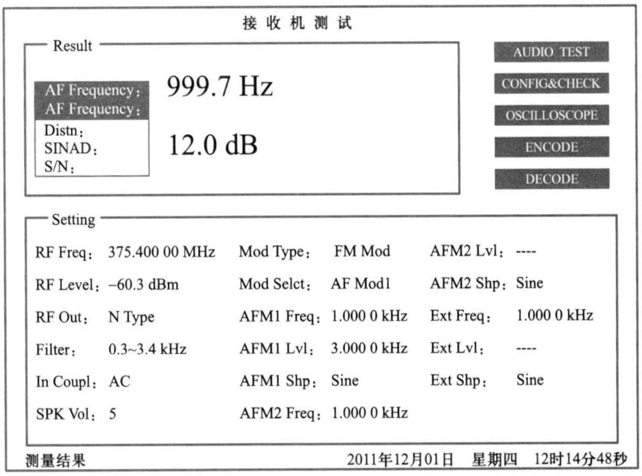

接收机测试

Result

AF Frequency:
AF Frequency:
Distn:
SINAD:
S/N:

999.7 Hz

12.0 dB

AUDIO TEST
CONFIG&CHECK
OSCILLOSCOPE
ENCODE
DECODE

Setting

RF Freq: 375.400 00 MHz　Mod Type: FM Mod　AFM2 Lvl: ----
RF Level: −60.3 dBm　Mod Selct: AF Mod1　AFM2 Shp: Sine
RF Out: N Type　AFM1 Freq: 1.000 0 kHz　Ext Freq: 1.000 0 kHz
Filter: 0.3~3.4 kHz　AFM1 Lvl: 3.000 0 kHz　Ext Lvl: ----
In Coupl: AC　AFM1 Shp: Sine　Ext Shp: Sine
SPK Vol: 5　AFM2 Freq: 1.000 0 kHz

测量结果　2011年12月01日　星期四　12时14分48秒

(b)

图 3.1.28　接收机选择性测试

d. 音频响应测试(虚线部分喇叭断开和音频输出连接)。

按照表 3.1.7 中的测试步骤进行测试,所得的接收机音频响应测试如图 3.1.29 所示。

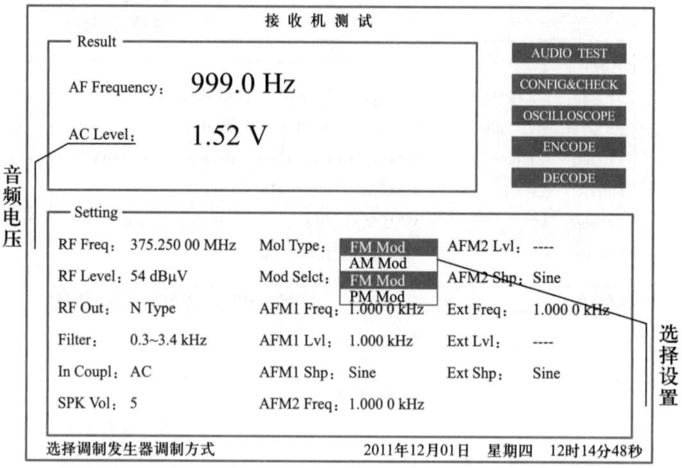

(a)

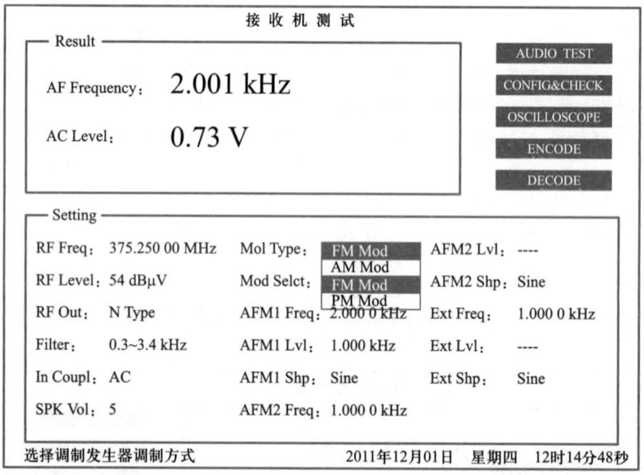

(b)

图 3.1.29 接收机音频响应测试

e. 音频输出功率和音频失真测试(虚线部分喇叭断开和音频输出连接)。喇叭前输出信号送 EE5113 音频输入端,选择好 EE5113 音频滤波器,EE5113 音频频率置 1 kHz,调频频偏为 3 kHz,滤波器为 0.3~3.4 kHz,EE5113 射频源输出电平置 0.5 mV (54 dBμV),被测电台的喇叭用相同阻抗的假负载代替。当 EE5113 射频源送给电台后,EE5113 屏幕上显示音频输出电压,代表音频输出功率的大小。调整电台音量电位器,使音频输出电压最大,如换算成功率,就是电台的音频输出功率。

接收机音频输出功率及音频失真测试如图 3.1.30 所示。

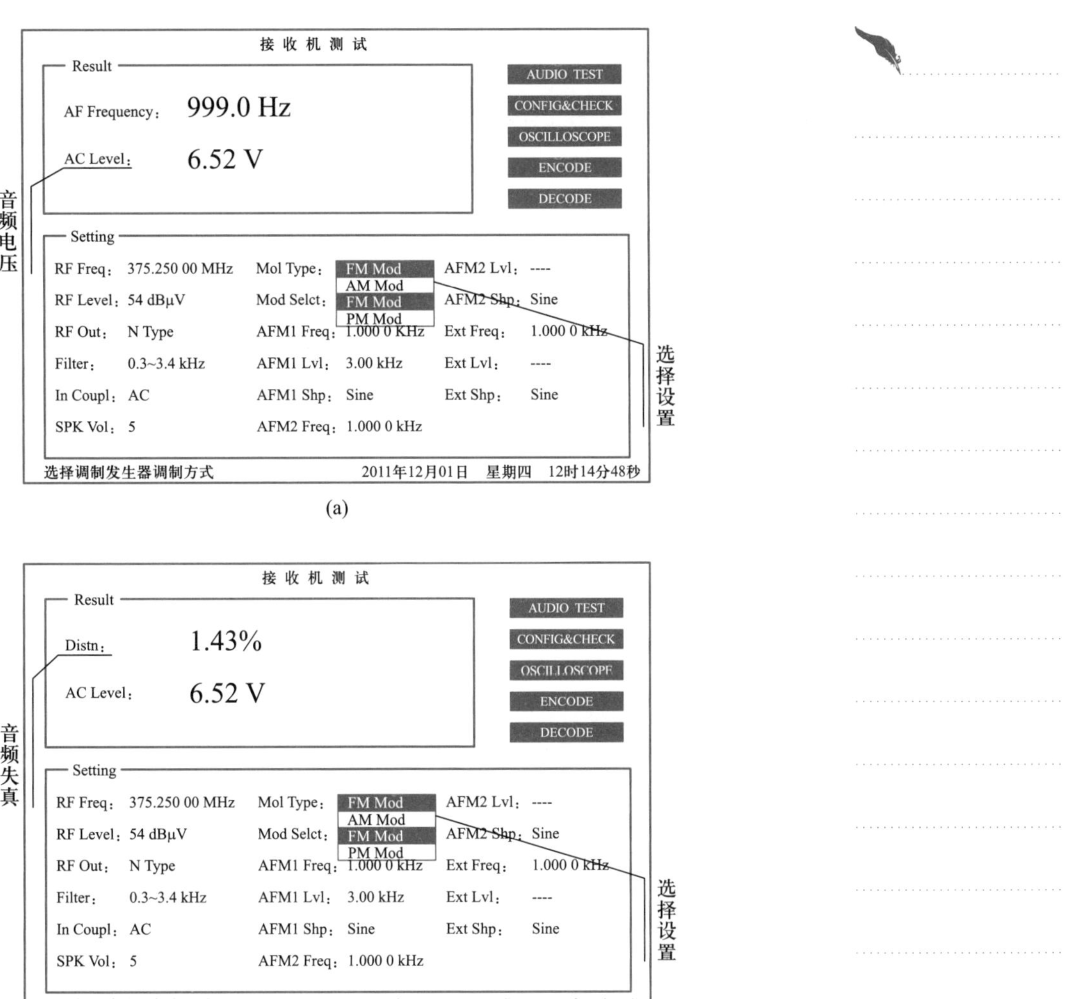

图 3.1.30 接收机音频输出功率及音频失真测试

（3）测试报告（记录与数据处理）

数传电台测试记录

设备编号：__________ 测试日期：__________ 测试人：__________

1. 发射机部分

序号	项目	测试结果
1	发射功率/W	
2	发射频率/MHz	
3	发射频率误差/kHz	
4	最大调制频偏/kHz	

续表

<table>
<tr><th>序号</th><th>项目</th><th colspan="6">测试结果</th></tr>
<tr><td rowspan="2">5</td><td>最小频偏/kHz</td><td colspan="6"></td></tr>
<tr><td>调制频响/kHz</td><td colspan="6"></td></tr>
<tr><td>6</td><td>Distn(失真)</td><td colspan="6"></td></tr>
<tr><td rowspan="7">7</td><td rowspan="7">音频响应</td><td colspan="6">音频频率 1 kHz,输出频偏 1.5 kHz 时,音频电压:____ mV</td></tr>
<tr><td>音频频率/Hz</td><td>1k</td><td>100</td><td>50</td><td>20</td><td>10</td></tr>
<tr><td>输出频偏/kHz</td><td>1.5</td><td></td><td></td><td></td><td></td></tr>
<tr><td>频响</td><td>—</td><td></td><td></td><td></td><td></td></tr>
<tr><td>音频频率/Hz</td><td>6</td><td>3k</td><td>10k</td><td>12k</td><td>15k</td></tr>
<tr><td>输出频偏/kHz</td><td></td><td></td><td></td><td></td><td></td></tr>
<tr><td>频响</td><td></td><td></td><td></td><td></td><td></td></tr>
</table>

2. 接收机部分

<table>
<tr><th>序号</th><th>项目</th><th colspan="6">测试结果</th></tr>
<tr><td>1</td><td>灵敏度/μV</td><td colspan="6">(12 dB SINAD)</td></tr>
<tr><td>2</td><td>接收机带宽/MHz</td><td colspan="6"></td></tr>
<tr><td rowspan="3">3</td><td rowspan="3">选择性测试/dB</td><td colspan="6">12 dB 信纳比灵敏度:______ dB,输出电平:______ dB
选择性</td></tr>
<tr><td colspan="6">镜频选择性:</td></tr>
<tr><td colspan="6">邻道选择性:</td></tr>
<tr><td>4</td><td>音频输出功率/mW</td><td colspan="6">(8 Ω、10%失真)</td></tr>
<tr><td>5</td><td>音频失真</td><td colspan="6">(音频输出功率为 200 mW 时)</td></tr>
<tr><td rowspan="7">6</td><td rowspan="7">音频响应</td><td colspan="6">音频频率 1 kHz,调制频偏 1 kHz 时,音频电压:____ mV</td></tr>
<tr><td>音频频率/Hz</td><td>1k</td><td>100</td><td>50</td><td>20</td><td>10</td></tr>
<tr><td>电压/mV</td><td></td><td></td><td></td><td></td><td></td></tr>
<tr><td>频响</td><td>—</td><td></td><td></td><td></td><td></td></tr>
<tr><td>音频频率/Hz</td><td>6</td><td>3k</td><td>10k</td><td>12k</td><td>15k</td></tr>
<tr><td>电压/mV</td><td></td><td></td><td></td><td></td><td></td></tr>
<tr><td>频响</td><td></td><td></td><td></td><td></td><td></td></tr>
</table>

无线电综合测试仪常用功能及应用意义

无线电综合测试仪是集多种射频仪器和常规电子测量仪器功能为一体的多功能仪器。综合测试仪通常集成有频率计、射频功率计、射频信号发生器、音频信号发生器、调制度仪、信纳比仪、数字电压表、失真度计等常规功能,有的还具有频谱仪、示波器、接收机、跟踪信号源、信令分析、模拟基站、专用测试模式等高级功能。

1. 常见功能概述

(1) 频率计

频率计可以测量发射机的载频实际频率,以了解载频误差。不同制式的发射机对载频误差的要求是不同的,例如,常规 FM 调频对讲机频率偏差 1 kHz 问题不大,但是 SSB 单边带调制偏差 200 Hz,声音就明显变调了。综合测试仪的频率计与常规独立频率计相比多了自动误差计算功能,很多综合测试仪可以直接显示载频误差值,无须用户自己再做加减法,该功能对自动化测试和批量测试很有帮助。此外,有的综合测试仪支持对一些特殊的 TDMA 时分多址信号,如 GSM、TETRA、IDEN、MOTOTRBO 以及 ODMA/WCDMA 信号的频率计数,由于这些信号大多是不连续的,所以常规频率计无法直接对其进行测量。

(2) 射频功率计

综合测试仪的射频功率计功能类似终端式功率计(只能用于测量功率,不能用来测量天线的驻波比)。目前主流的综合测试仪都是程控数字化产品,所以功率计的测量结果也是数字显示,可以直接读出的,并且可以选择 W 或 dBm 等常用单位,免除了用户换算之苦。与传统指针式功率计相比,综合测试仪的数字功率计具有量程广、读数方便、单位灵活的特点,尤其在小功率的测量方面,比指针式驻波比功率计的性能好得多。此外,有的综合测试仪支持 TDMA 和 ODMA 信号的专项功率测量,这是常规通用功率计所不具备的功能。

(3) 射频信号发生器

射频信号发生器可以通过模拟实际空中信号的强度来测试接收机的灵敏度。为了能让接收机模拟实际使用中一样的接收信号,信号发生器除了提供准确的频率和幅度外,还需要具备相同的调制方式。综合测试仪的信号发生器支持多种调制形式,包括模拟信号和数字信号。常规的模拟信号调制是 AM 和 FM,常用于测试模拟对讲机、收音机的接收灵敏度。对于数字信号则有各种专门的调制制式,如 TETRA、IDEN、MOTOTRBO、GSM、CDMA、WCDMA、蓝牙等,有的需要网络支持的设备(如数字移动电话),还需要模拟基站通信功能。综合测试仪数字信号和专用信号的产生是普通标准信号发生器所不具备的。

(4) 调制度仪

调制度仪用来检测调制信号的调制特性。例如,常用的模拟调频对讲机可以利用调制度仪检测其调制频偏范围。FM 调制度如果偏小,语音就会偏轻;如果过大,语音就会发浑,同时也容易干扰相邻信道的信号。现在市场上独立的调制度仪已经比较少见了,所以测量对讲机的调制度一般都靠综合测试仪上集成的功能。

(5) 信纳比仪

信纳比仪用来检测音频信号信噪比。它主要配合射频信号发生器来测量接收机(这里指模拟调制接收机)在一定信噪比标准下的接收灵敏度。随着输入信号的逐渐减小,接收机输出的噪声逐渐增加,信噪比也随之降低,当信噪比劣化到预设指标(一般对讲机灵敏度检测标准是 $S/N=12$ dB)时,信号发生器输出的电平就视为接收机的灵敏度。

(6) 频谱仪

频谱仪用于显示频率和幅度关系。通过频谱显示可以了解信号的基本特征,包括占用带宽、频谱图等,并可用来检测发射机带外辐射和高次谐波抑制情况。频谱仪配合跟踪信号源可以检测两端口网络的频幅特性,用户可以借此来调测滤波器、双功率等器件,配合驻波电桥还能用于测量天线的特性。

不同用途的综合测试仪的仪器配置功能不同,并不是所有综合测试仪的功能都是完全一样的。常见的综合测试仪有模拟信号综合测试仪和数字信号综合测试仪以及专用综合测试仪之分。

2. 综合测试仪与单功能仪器的比较

无线电综合测试仪属于通用型多功能仪器,其设计目标是满足对于收发信机的测试需求,而不是针对高精度仪器的设计要求设计的,所以综合测试仪不适合作为高精度计量仪器和标准仪器。综合测试仪的频率计、射频功率计的准确度都无法与高精度仪器相比。射频信号发生器输出的频谱纯度和相位噪声也无法与高精度信号发生器媲美。大部分综合测试仪的频谱分析功能和示波器功能也比较弱,以频谱分析功能为例,中档综合测试仪的频谱分析功能在扫描速度、低噪声水平、分辨力、扫宽、测量等方面都与中档频谱仪有较明显的差距。如果用户需要对一些单项指标做精确测量或者校准其他仪器,应该选择专项高精度仪器。

3. 应用与意义

综合测试仪的主要优势是提供了一个集成化多功能的测试平台,一台仪器就能完成对收发信机大部分基本参数的测量。由于是多种仪器的综合使用,有利于简化操作流程,减少误差引入的环节,提高仪器使用效率,而且利用微机程控,将多种仪器统一管理,协同工作,数据共享,可以实现一些自动化测试,同时也从一定程度上节省了测试成本。

很多新型的数字信号参数已经无法由传统仪器进行测量。在数字信号的测试中,新款综合测试仪更显优势。数字信号的测试要求和项目与模拟信号相比存在诸多差异,很多数字信号标准都采用非连续性的时分多址模式,并且终端接收信号必须包含信令数据,这使得常规测试仪器无法对其频率、功率、灵敏度等常规参数进行测量,必须通过专门设计的综合测试仪对其进行测量。新型的综合测试仪对不同制式的数字信号做了针对性的优化,提高了测量精度和效率。

知识小结

无线电综合测试仪是集多种射频仪器和常规电子测量仪器功能为一体的多功能

仪器。本项目通过对电台的测试来了解 EE5113 型无线电综合测试仪的使用。

EE5113 型无线电综合测试仪通过不同的测试屏来控制、操作多种仪器。测试屏由三个主测试屏(接收机测试屏、发射机测试屏、双工测试屏)和几个辅测试屏(音频测试屏、系统设置及自检屏、示波器屏等)组成。测试屏分为结果显示区、参数设置区、测试屏按钮控制区和帮助提示区四个区域。

无线电台通常由发射机和接收机组成,测试前正确连接线路,连接过程中注意不能带电操作。综合测试仪开机后先进行初始设置,之后对数传电台发射机和接收机的各项指标进行测试。

使用综合测试仪前应该对仪器的基本性能有个大致的了解,以防误操作对仪器造成损坏。最基本的是应该了解该仪器的工作频率范围、输入端口最大承受的功率,以及哪些端口是不能作为信号输入端使用的。很多综合测试仪端口输入的最大功率都小于 100 W。一般输入端口都有警告标志,标明最大可输入的功率,在说明书上会进一步写明最大功率输入允许的最长持续时间,如果输入功率过大或者大功率输入时间持续过长,就会导致衰减器、负载器过热,有可能会损坏仪器。如果用户要测试更高的功率设备,可以外接衰减器或者为综合测试仪安装高功率输入测试的选件(使用外置衰减器的花费会小得多)。对于一些大功率输出的发射机,如短波发射机和功率放大器,在接入综合测试仪前应该确认其功率输出的实际设定水平。

(一) 理论题

1. 无线电综合测试仪含有哪些仪器功能?

2. 综合测试仪的测试屏有哪些测试状态?

3. 综合测试仪的主测试屏和辅助测试屏由哪些部分构成? 如何由主测试屏进入辅助测试屏? 又如何由辅助测试屏进入主测试屏?

4. 综合测试仪在进入数据输入状态后,改变参数设置的方法有哪些?

5. 比较综合测试仪和单一功能仪器的性能。

(二) 实践题

1. 综合测试仪开机后,对其进行仪器自检。

2. 测试数传电台的双工灵敏度:查阅双工灵敏度的定义和测试方法,试编制测试工艺文件,并用综合测试仪进行测试。

3. 数传电台接收机的邻道选择性测试:查阅邻道选择性的定义和测试方法,试编制测试工艺文件,并用综合测试仪进行测试。

低频函数信号发生器性能测试

项目 3-2 低频函数信号发生器性能测试
——虚拟仪器的应用

学习目标

低频函数信号发生器是一种常用仪器。可以采用虚拟仪器对低频函数信号发生器进行测试。

学习完本项目后,你将能够:

- 理解虚拟仪器的工作原理
- 掌握虚拟仪器的应用方法
- 掌握函数信号发生器的使用
- 掌握虚拟仪器的基本知识
- 掌握综合使用各种测量仪器对函数信号发生器性能指标进行测试的方法

一、低频函数信号发生器性能测试指标

EE1641B 型低频函数信号发生器主要性能指标如表 3.2.1 所示。

表 3.2.1 EE1641B 型低频函数信号发生器主要性能指标

序号	性能指标	规格
1	输出频率范围	0.3 Hz~3 MHz
2	输出阻抗	函数输出 50 Ω;TTL/CMOS 同步输出 600 Ω
3	输出波形	正弦波,三角波,方波;TTL/CMOS 脉冲波
4	输出信号幅度(不衰减)	(2~20 V_{P-P})(精度:±10%)
		“0”电平≤0.8 V;“1”电平≥1.8 V(负载电阻≥600 Ω)
5	直流电平范围	-10~+10 V(50 Ω 负载)
6	正弦波失真度	<1%
7	脉冲波上升(下降)沿时间	≤30 ns
8	脉冲波上升沿、下降沿过冲	≤5%(50 Ω 负载)
9	脉冲的占空比	20%~80%
10	输出频率稳定度	±0.1%/min

正弦信号发生器的工作特性通常分为频率特性、输出特性和调制特性，其中包括30余项具体指标，这里仅介绍几项最常见的性能指标。

1. 频率特性

① 频率范围：指信号发生器的各项指标都能得到保证时的频率输出范围，更确切地讲，应称为“有效频率范围”。

② 频率准确度：指信号发生器读盘（或数字显示）数值 f 与实际输出信号频率 f_0 间的偏差，可用频率的绝对偏差（绝对误差）$\Delta f=f-f_0$ 或相对偏差（相对误差）来表示，即

$$\alpha=\frac{f-f_0}{f_0}$$

③ 频率稳定度：指在其他外界条件恒定不变的情况下，在规定时间内，信号发生器输出频率相对于预调值变化的大小。频率稳定度实际上是频率不稳定度，它表示频率源能够维持恒定频率的能力。对于频率稳定度的描述往往引入时间概念，如 $4\times10^{-3}/\text{h}$，$5\times10^{-9}/\text{d}$。

2. 输出特性

① 输出信号幅度：常采用两种表示方式，其一，直接用正弦波有效值（单位用 V、mV、μV）表示；其二，用绝对电平（单位用 dBm、dB）表示。

② 输出电平范围：表征信号发生器能提供的最小和最大输出电平的可调范围。

③ 输出电平频响：指在有效频率范围内调节频率时输出电平的变化，也就是输出电平的平坦度。

④ 输出电平准确度：对常用电子仪器，常采用“工作误差”来评价仪器的准确度。

⑤ 输出阻抗：信号发生器的输出阻抗视其类型不同而异。低频信号发生器的输出阻抗一般有 50 Ω、75 Ω、150 Ω、600 Ω 几种。高频信号发生器一般为 50 Ω 或 75 Ω 不平衡输出。

⑥ 输出信号频谱纯度：反映信号输出波形接近正弦波的程度，常用非线性失真度（谐波失真度）表示。一般信号发生器的非线性失真度应小于 1%。

3. 调制特性

高频信号发生器在输出正弦波的同时，一般还能输出一种或一种以上已被调制的信号，多数情况下是调幅信号和调频信号，有些还带有调相和脉冲调制等功能。当调制信号由信号发生器内部电路产生时，称为内调制。当调制信号由外部加入信号进行调制时，称为外调制。

调制特性主要指调制类型、调制频率、调制系数、调制线性度。调制线性度是指载波信号被调制后，被调制量变化规律与调制信号变化规律的结合程度。

二、低频函数信号发生器性能测试仪器选用

1. 仪器选择(如表 3.2.2 所示)

表 3.2.2 低频函数信号发生器性能测试仪器选择

序号	测试仪器	数量	备注
1	EE1641B 型低频函数信号发生器	1	① 根据实际情况选用 ② 根据实际测试要求进行选择
2	GOS6021 型示波器	1	
3	SG2172B 型毫伏表	1	
4	HM8027 型失真度仪	1	
5	SP312B 型通用计数器	1	
6	虚拟仪器	1	

2. 主要仪器介绍:虚拟仪器

(1) 虚拟仪器的概念

虚拟仪器是利用计算机显示器(CRT)的显示功能模拟传统仪器的控制面板,以多种形式表达输出检测结果,利用计算机强大的软件功能实现信号数据的运算、分析、处理,由 I/O 接口设备完成信号的采集、测量与调理,从而完成各种测试功能的一种计算机仪器系统。“虚拟”二字主要包含两方面的含义。

第一:虚拟仪器的面板是虚拟的。

虚拟仪器面板上的各种“控件”与传统仪器面板上的各种“器件”所完成的功能是相同的。如由各种开关、按键、显示器等实现仪器电源的“通”“断”,被测信号“输入通道”“放大倍数”等参数设置,测量结果的“数值显示”“波形显示”等。传统仪器面板上的器件都是实物,通过手动、触摸等行为来进行操作;而虚拟仪器面板上的控件是外形与实物相像的图标,“通”“断”“放大”等操作对应着相应的软件程序。这些软件无须用户设计,只需选用代表该种软件程序的图形控件即可,由计算机的鼠标动作来对其进行操作。因此,设计虚拟面板的过程就是在“前面板”设计窗口中,从控制模板选取、摆放所需的图形控件。

第二:虚拟仪器的测量功能是由软件编程来实现的。

在以计算机为核心组成的硬件平台支持下,通过软件编程设计来实现仪器的测试功能,而且可以通过不同测试功能的软件模块的组合来实现多种测试功能,因此,有在硬件平台确定后“软件就是仪器”的说法,它体现了测试技术与计算机深层次的结合。

虚拟仪器的特点可归纳为以下几点。

① 在通用硬件平台确定后,由软件取代传统仪器中的硬件来完成仪器的功能。

② 仪器的功能是用户根据需要由软件来定义的,而不是事先由厂家定义好的。

③ 仪器的改进和功能扩展只需进行相关软件的设计更新而无须购买新的仪器。

④ 研制周期较传统仪器大为缩短。

⑤ 虚拟仪器开放、灵活,可与计算机同步发展,可与网络及其他周边设备互联。

决定虚拟仪器具有上述传统仪器不可能具备的特点的根本原因在于:虚拟仪器的关键是软件。

(2) 虚拟仪器的分类

随着微机的发展和采用总线方式的不同,虚拟仪器可分为以下 5 种类型。

① PC 总线——插卡型虚拟仪器。这种方式借助于插入计算机内的数据采集卡(如 ISA 总线卡,如图 3.2.1 所示)与专用的软件如 LabVIEW 相结合(注:美国 NI 公司的 LabVIEW 是图形化编程工具,它可以通过各种控件自行组建各种仪器)。LabVIEW/cvi 是向基于文本编程的程序员提供的高效编程工具,通过三种编程语言(Visual C++、Visual Basic、LabVIEW/cvi)构成测试系统,能够充分利用计算机的总线、机箱、电源及软件的便利。但其受 PC 机箱和总线限制,具有电源功率不足、机箱内部的噪声电平较高、插槽数目不多、插槽尺寸较小、机箱内无屏蔽等缺点。另外,ISA 总线的虚拟仪器已经淘汰,PCI 总线的虚拟仪器价格比较昂贵。

图 3.2.1 ISA 总线卡

② 并行口式虚拟仪器。这种方式包含一系列可连接到计算机并行口的测试装置,它们把仪器硬件集成在一个采集盒内。仪器软件装在计算机上,通常可以完成各种测量测试仪器的功能,可以组成数字存储示波器、频谱分析仪、逻辑分析仪、任意波形发生器、频率计、数字万用表、功率计、程控稳压电源、数据记录仪、数据采集器。美国 LINK 公司的 DSO-2XXX 系列虚拟仪器的最大好处是可以与笔记本计算机相连,方便野外作业,又可与台式 PC 相连,实现台式和便携式两用,非常方便。由于其价格低廉、用途广泛,特别适合于研发部门和各种教学实验室应用。

③ GPIB 总线方式虚拟仪器(如图 3.2.2 所示)。GPIB 技术是 IEEE488 标准的虚拟仪器早期的发展阶段。它的出现使电子测量独立的单台手工操作向大规模自动测试系统发展,典型的 GPIB 系统由一台 PC、一块 GPIB 接口卡和若干台 GPIB 形式的仪器通过 GPIB 电缆连接而成。在标准情况下,一块 GPIB 接口可带多达 14 台仪器,电缆长度可达 40 m。GPIB 技术可用计算机实现对仪器的操作和控制,替代传统的人工操作方式,可以很方便地把多台仪器组合起来,形成自动测量系统。GPIB 测量系统的结构和命令简单,主要应用于台式仪器,适合于精确度要求高,但不要求对计算机高速传输的场合。

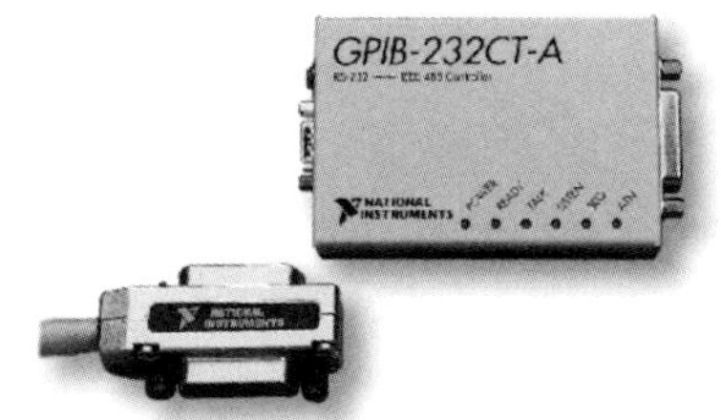

图 3.2.2 GPIB 总线控制器

④ VXI 总线方式虚拟仪器。VXI 总线是一种高速计算机总线 VME 总线在 VI 领域的扩展,它具有稳定的电源、强有力的冷却能力和严格的 RFI/EMI 屏蔽。由于它具有标准开放、结构紧凑、数据吞吐能力强、定时和同步精确、模块可重复利用、众多仪器厂家支持的优点,很快得到广泛应用。经过多年的发展,VXI 系统的组建和使用越来越方便,尤其是在组建大、中规模自动测量系统以及对速度、精度要求高的场合,有其他仪器无法比拟的优势。然而,组建 VXI 总线要求有机箱、零槽管理器及嵌入式控制器,造价比较高。

⑤ PXI 总线方式虚拟仪器。PXI 总线方式是在 PCI 总线内核技术上增加了成熟的技术规范和要求形成的,包括多板同步触发总线技术,增加了用于相邻模块高速通信的局域总线。PXI 具有高度可扩展性,PXI 具有 8 个扩展槽,通过使用 PCI-PCI 桥接器,可扩展到 256 个扩展槽;而台式 PCI 系统只有 3~4 个扩展槽。台式 PC 的性能价格比和 PCI 总线面向仪器领域的扩展优势结合起来,将形成未来的虚拟仪器平台。

(3) 虚拟仪器系统的设计方案

虚拟仪器由硬件设备与接口、设备驱动软件和虚拟仪器面板组成。其中,硬件设备与接口可以是各种以 PC 为基础的内置功能插卡、通用接口总线接口卡、串行口、VXI 总线仪器接口等设备,或者是其他各种可程控的外置测试设备;设备驱动软件是直接控制各种硬件接口的驱动程序;虚拟仪器通过底层设备驱动软件与真实的仪器系统进行通信,并以虚拟仪器面板的形式在计算机屏幕上显示与真实仪器面板操作元素相对应的各种控件。用户用鼠标操作虚拟仪器的面板就如同操作真实仪器一样方便。

① 虚拟仪器系统的硬件构成(如图 3.2.3 所示)。虚拟仪器的硬件系统一般分为计算机硬件平台和测控功能硬件。计算机硬件平台可以是各种类型的计算机,如台式计算机、便携式计算机、工作站、嵌入式计算机等。它管理着虚拟仪器的软件资源,是虚拟仪器的硬件基础。因此,计算机技术在显示、存储能力、处理器性能、网络、总线标准等方面的发展导致了虚拟仪器系统的快速发展。

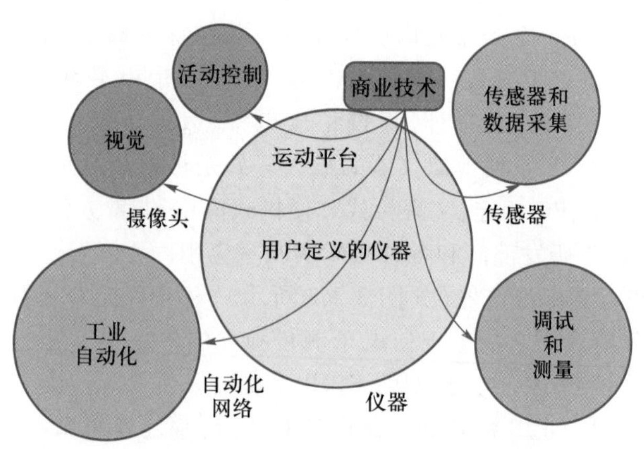

图 3.2.3 专用虚拟仪器系统

按照测控功能硬件的不同,VI 可分为 DAQ、GPIB、VXI、PXI 和串口总线 5 种标准体系结构,它们主要完成被测输入信号的采集、放大、模数转换。

② 虚拟仪器系统的软件构成。测试软件是虚拟仪器的主心骨。NI 公司在提出虚

拟仪器概念并推出第一批实用成果时，就用软件测试仪器来表达虚拟仪器的特征，强调软件在虚拟仪器中的重要位置。NI 公司从一开始就推出丰富而又简洁的虚拟仪器开发软件。使用者可以根据不同的测试任务，在虚拟仪器开发软件的提示下编制不同的测试软件，来实现当代科学技术复杂的测试任务。如利用虚拟仪器进行数字信号处理如图 3.2.4 所示，在虚拟仪器系统中用灵活强大的计算机软件代替传统仪器的某些硬件，特别是系统中应用计算机直接参与测试信号的产生和测量特性的分析，使仪器中的一些硬件甚至整个仪器从系统中消失，而由计算机的软硬件资源来完成它们的功能。虚拟仪器测试系统的软件主要分为以下四部分。

a. 仪器面板控制软件。仪器面板控制软件即测试管理层，是用户与仪器之间交流信息的纽带。利用计算机强大的图形化编程环境，使用可视化的技术，从控制模块上选择所需要的对象，放在虚拟仪器的前面板上。

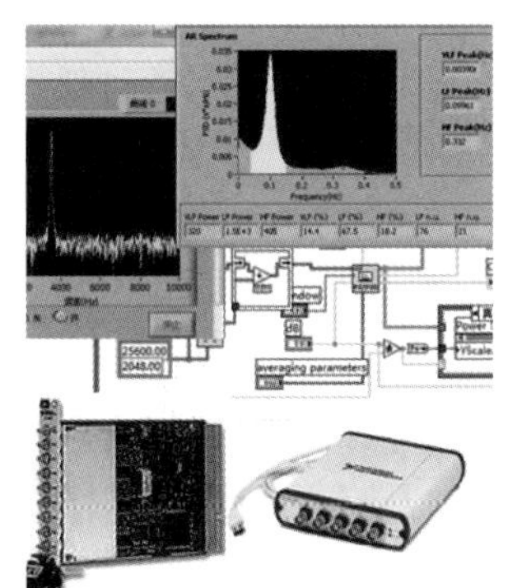

图 3.2.4 利用虚拟仪器进行数字信号处理

b. 数据分析处理软件。利用计算机强大的计算能力和虚拟仪器开发软件功能强大的函数库可以极大提高虚拟仪器系统的数据分析处理能力，节省开发时间。

c. 仪器驱动软件。虚拟仪器驱动程序是处理与特定仪器进行控制和通信的一种软件。仪器驱动器与通信接口及使用开发环境相联系，提供一种高级的、抽象的仪器映像，还能提供特定的使用开发环境信息。仪器驱动器是虚拟仪器的核心，是用户完成对仪器硬件控制的纽带和桥梁。

虚拟仪器驱动程序的核心是驱动程序函数/VI 集，函数/VI 是指组成驱动的模块化子程序。驱动程序一般分为两层。底层是仪器的基本操作，如初始化仪器、配置仪器输入参数、收发数据、查看仪器状态等。高层是应用函数/VI 层，根据具体测量要求调用底层的函数/VI。

d. 通用 I/O 接口软件。在虚拟仪器系统中，I/O 接口软件作为虚拟仪器系统软件结构中承上启下的一层，其模块化与标准化越来越重要。VXI 总线即插即用联盟为其制定了标准，提出了自底向上的 I/O 接口软件模型即 VISA。作为通用 I/O 标准，VISA 具有与仪器硬件接口无关性的特点，即这种软件结构是面向器件功能而不是面向接口总线的。应用工程师为带 GPIB 接口仪器所写的软件，也可用于 VXI 系统或具有 RS232 接口的设备上，这样不但大大缩短了应用程序的开发周期，而且彻底改变了测试软件开发的方式和手段。

(4) 虚拟仪器的设计方法

虚拟仪器的设计包括虚拟仪器的硬件选择、仪器驱动器设计和虚拟仪器面板设计。

① 虚拟仪器的硬件选择。

虚拟仪器的硬件一般分为基础硬件平台和外围硬件设备。

基础硬件平台目前可以选择各种类型的计算机，计算机是虚拟仪器的硬件基础，对于工业自动化的测试和测量来说，计算机是功能强大、价格低廉的运行平台。由于虚拟仪器需借助计算机的图形界面，对计算机的 CPU 速度、内存大小、显示卡性能都有要求，而且所开发的具体应用程序都基于 Windows 运行环境，所以计算机的配置必须合适。

外围硬件设备主要包括各种计算机内置插卡和外置测试设备。其中,外置测试设备通常为带有某种接口的各种测试设备,如带有 HP-IB 和 RS232 接口的 HP34401A 型数字万用表。

② 仪器驱动器设计和虚拟仪器面板设计。

仪器驱动器,用最简单的名词来定义就是一个软件,是用来处理与一台特定仪器进行控制和通信的软件模块。

仪器驱动器一般包括:操作接口,提供一个虚拟仪器面板,用户通过对该面板的控制完成对仪器的操作;编程接口,能将虚拟仪器面板的操作转换成相应的仪器代码,以实现对仪器驱动器的功能调用;I/O 接口,提供仪器驱动器与仪器的通信能力;功能库,描述仪器驱动器所能完成的测试功能;子程序接口,使得仪器驱动器在运行时能调用它所需的软件模块。

仪器驱动器开发现在通常使用 LabVIEW 软件。

LabVIEW 仪器驱动器的功能体包含两大类:第一类是组件程序的集合,用于控制仪器特定功能;第二类是高级应用程序的集合,用于完成仪器的基本测试和测量。功能体必须包括下列程序:初始化、关闭、启动、支持和程序树。还应包括:构建、动作/状态、数据及工具程序。

下面介绍仪器驱动器程序开发和编辑工具。编辑驱动器程序在前面板的“开发窗口”和“流程图编辑窗口”中进行。前面板由输入控制、输出和显示三部分构成。输入控制是用户输入数据到程序的接口;显示是输出程序产生的数据接口。可以用工具模板中的相应工具去取用控制模板中的有关控件,摆放在窗口中的适当位置,构成前面板。图 3.2.5 中,“未命名 1”为前面板编辑窗口,“控件”为控制模板,“工具”为工具模板。

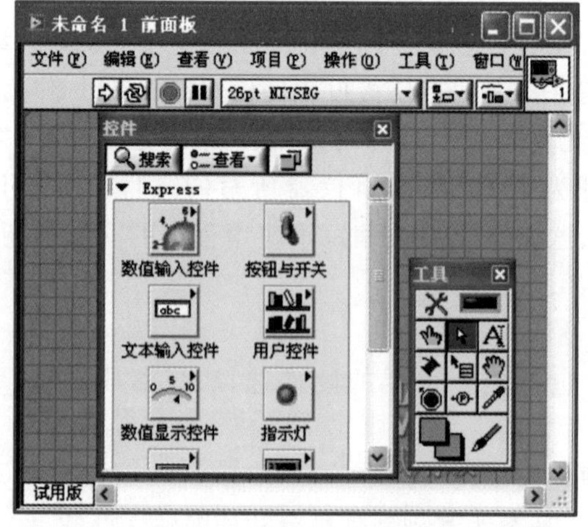

图 3.2.5 前面板编辑窗口及编辑工具

流程图是图形化的源代码,是虚拟仪器测试功能软件的图形化表述。框图程序用 LabVIEW 图形编程语言编写,可以把它理解成传统程序的源代码。框图程序由端口、节点、框图和连线构成。其中,端口用于控制程序前面板和显示传递数据;节点用于实现函数和功能调用;框图用于实现结构化程序控制命令;连线代表程序执行过程中的数据流,定义了框图内的数据流动方向。功能模板是创建框图程序的工具。在流程图编辑窗口中,可选用工具模板中的相应工具去取用功能模板上的有关图标来设计仪器流程图。图3.2.6中,“未命名2”为程序框图编辑窗口,“函数”为函数模板,“工具”为工具模板。

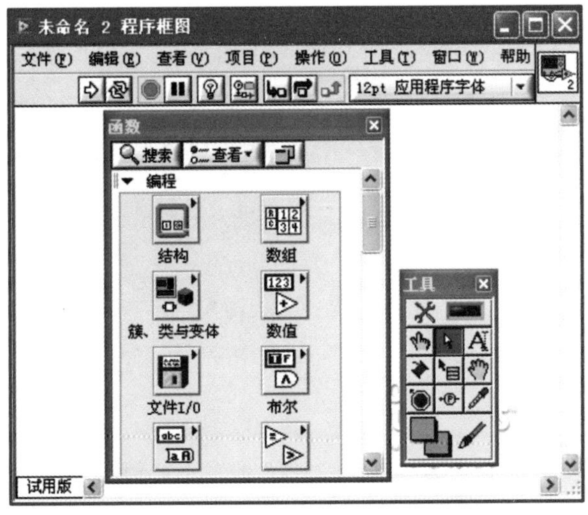

图3.2.6 程序框图编辑窗口及编辑工具

(5)仪器驱动器程序的设计步骤

典型LabVIEW仪器驱动器的设计步骤大致可分为以下三步:一是设计仪器驱动器的结构层次;二是设计仪器驱动器的功能体程序;三是按外部设计模型设计接口程序。

① 仪器驱动器结构层次设计。即定义主要函数和模块化的层次关系。LabVIEW仪器驱动器的层次结构由VI Tree来描述。VI Tree是不执行的,仅用于表明驱动器的功能结构,定义好驱动器的层次结构决定了程序之间的关系。

一般最上层为启动和应用程序,通常启动程序是高级别的程序,用于调用初始化、应用和关闭程序;应用程序用于设置和测量。下层第一个被调用的程序为初始化程序,紧接着为配置、动作/状态、数据、工具程序,最后为关闭程序。

② 仪器驱动器功能体程序设计。一旦层次结构确立,所有的驱动器程序的设计都可以从仪器驱动器模板程序开始。驱动器模板库提供常用程序,可以复制;按内部设计模型将所有程序组合起来,根据需要对仪器实施控制;按外部设计模型设计仪器驱动器与系统其他部分的接口。仪器驱动器功能体是仪器驱动器的设计重点,功能体由一系列子程序模块组成。LabVIEW提供了适合大多数仪器驱动的模板程序,如初始化、关闭、复位、自检等,一般只要做少量的修改即可。

应用程序为用户自定义程序,也可使用LabVIEW仪器驱动器模板程序,LabVIEW提供了适合大多数仪器的驱动模板,而且每个模板都有如何修改成特定仪器驱动器程序的指导。

③ 仪器驱动器功能体接口程序设计。VISA是标准的应用软件开发接口,本身没

有编程能力，通过调用底层驱动程序来实现对仪器的编程。

（6）虚拟仪器使用实例——函数信号发生器性能参数测试

在正确连接函数信号发生器的输出信号和数据采集模拟输入通道的接线端子的前提下，利用虚拟仪器进行函数信号发生器性能参数测试的步骤如下。

① 打开“函数信号发生器性能测试.VI”，前面板如图 3.2.7 所示。

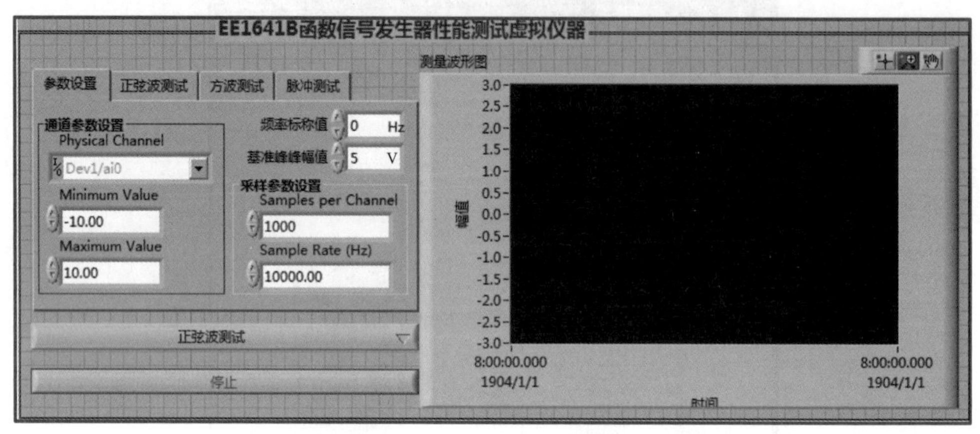

图 3.2.7 函数信号发生器性能测试.VI 的前面板

② 选择函数信号发生器性能测试.VI 前面板中的“参数设置”选项卡，如图 3.2.8 所示。“参数设置”选项卡中的设置包括通道参数设置、采样参数设置、频率标称值以及基准峰-峰值的设置。

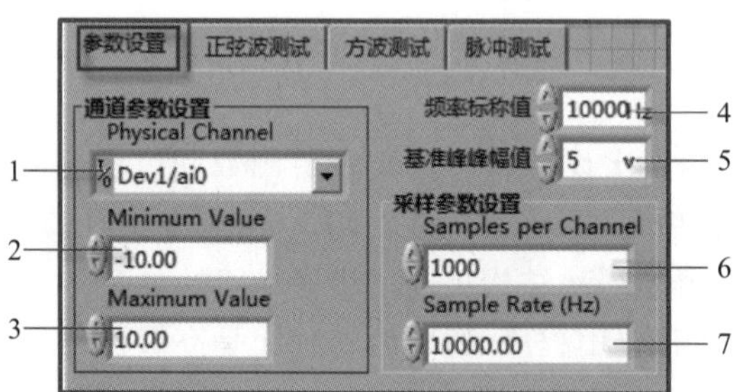

1—设置采集设备号和通道号；2、3—设置被采集数据的范围（最大值、最小值）；
4—设置频率标称值；5—设置基准峰-峰值；6—设置每通道的采样点数；7—设置采样频率

图 3.2.8 “参数设置”选项卡

③ 单击工具栏中的按钮，如图 3.2.9 所示。

图 3.2.9 单击工具栏中的按钮

④ 选择测试项。如选择“脉冲测试”选项，如图 3.2.10 所示。

⑤ 选择“脉冲测试”选项卡，程序运行结果如图 3.2.11 所示。

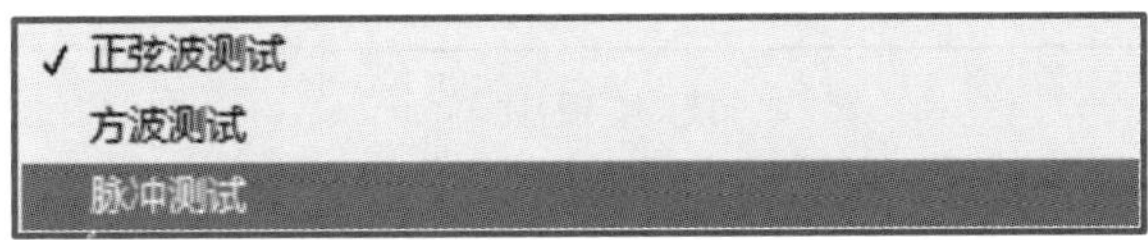

图 3.2.10 选择“脉冲测试”选项

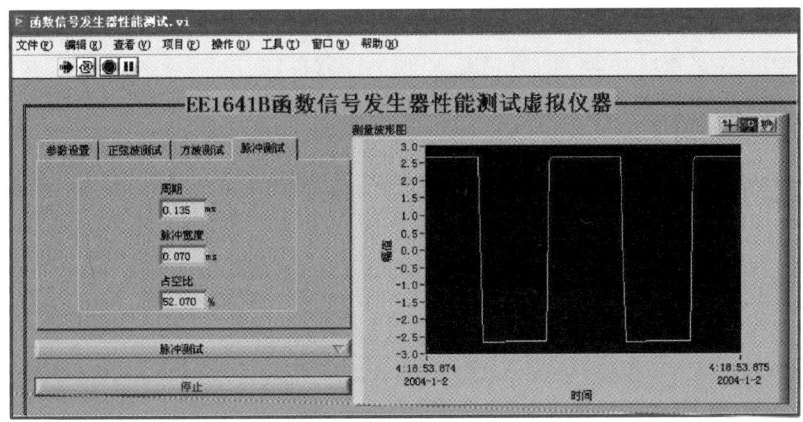

图 3.2.11 程序运行结果

三、低频函数信号发生器性能测试过程

1. EE1641B 型函数信号发生器概述

EE1641B 型函数信号发生器是一款精密的测试仪器，因其具有连续信号、扫频信号、函数信号、脉冲信号等多种输出信号和外部测频功能，故定名为函数信号发生器/计数器。本仪器是电子实验室、生产线及教学、科研需配备的理想设备。

EE1641B 型函数信号发生器的测试

EE1641B 型函数信号发生器为波段式（按十进制分类共分七挡）的低频函数信号发生器，采用大规模单片集成精密函数发生器电路，具有很高的可靠性及优良的性能/价格比。

EE1641B 型函数信号发生器的基本功能如下：

① 主函数信号输出（包括正弦、方波、三角波对称与不对称输出）；

② TTL 信号输出及 CMOS 信号输出；

③ 扫频信号输出；

④ 外测频功能（计数器功能）。

2. EE1641B 型函数信号发生器的测试

（1）测试准备

准备测试工艺文件，如表 3.2.3 所示，测试仪器通电预热，大约 10 min。

表 3.2.3 EE1641B 型函数信号发生器测试工艺文件

技 术 条 件

1. 技术要求

1.1 输出频率范围:0.3 Hz~3 MHz,按十进制分为七挡

1.2 输出阻抗:函数输出 50 Ω,TTL/CMOS 同步输出 600 Ω

1.3 输出波形:函数输出(对称或非对称输出):正弦波,三角波,方波;TTL/CMOS 脉冲波

1.4 输出信号幅度

① 函数输出(不衰减)(2~20 V_{P-P})(精度:±10%)(空载)。

② TTL 脉冲输出:“0”电平≤0.8 V;“1”电平≥1.8V(负载电阻≥600 Ω)。

③ CMOS 脉冲输出:3~15 V 可调。

1.5 函数输出信号直流电平(offset)调节范围:“关”或(-5~+5 V)(精度:±10%)(50 Ω 负载)[“关”位置时,输出信号所携带的直流电平为(0±0.1) V,负载电阻≥1 MΩ,调节范围为(-10~+10 V)(精度:±10%)]

1.6 函数输出信号衰减:0 dB,20 dB,40 dB,60 dB(0 dB 衰减即为不衰减)

1.7 输出信号类型:单频信号、扫频信号、调频信号(受外控)

1.8 函数输出,非对称性(SYM)调节范围:“关”或 20%~80%(“关”位置时,输出波形为对称波形,误差≤2%)

1.9 扫描方式:内扫描方式(线性/对数)、外扫描方式

① 内扫描方式:线性/对数扫描方式。

② 外扫描方式:由 VCF 输入信号决定。

1.10 内扫描特性

① 扫描时间:(10 ms~5 s)(精度:±10%)。

② 扫描宽度:≥频程。

1.11 外扫描特性

① 输入阻抗:约 100 kΩ。

② 输入信号幅度:0~2 V。

③ 输入信号周期:10 ms~5 s。

旧底图总号														
										标记	数量	更改单号	签名	日期

底图总号		拟制		EE1641B 型函数信号发生器测试工艺	×××2.×××.×××JT			
		审核						
		工艺			阶段标记		第 1 张	共 5 张
日期	签名							
		标准化						
		批准						

续表

1.12　输出信号特征

① 正弦波失真度:<1%。

② 三角波线性度:>90%(输出幅度的 10%~90%区域)。

③ 脉冲波上升沿时间:≤30 ns(输出幅度的 10%~90%)。

(下降沿时间与上升沿指标相同)

脉冲波的上升、下降沿过冲:≤5%(50 Ω 负载)。

1.13　输出信号频率稳定度:±0.1%/min

2. 测试方法

2.1　测试环境条件

电源电压:(220±11) V。

温度:(20±5) ℃。

相对湿度:<80%。

无影响正常鉴定工作的电磁场干扰和其他影响因素。

2.2　测试设备要求

2.2.1　通用计数器。

频率范围:1 μHz~20 MHz。

准确度:$\pm1\times10^{-7}$。

2.2.2　示波器。

频带宽度:DC~20 MHz。

幅度准确度:±3%。

频率响应不平坦度:是被检仪器幅频特性的 1/3。

2.2.3　高频电压表。

频率范围:20 Hz~20 MHz。

准确度:±1%。

2.2.4　失真度测量仪。

失真范围:0.1%~100%。

频率范围:10 Hz~200 kHz。

准确度:±10%。

2.2.5　额定负载。

1/2 W,50 Ω,±0.5%。

3. 测试步骤

3.1　输出频率准确度测试

3.1.1　函数信号发生器通电,测试仪器通电,预热约 10 min。

3.1.2　按照图 3.2.12 连接函数信号发生器与测试仪器。

媒体编号
旧底图总号
底图总号

日期	签名						拟　制		×××2.×××.×××JT
							审　核		
							工　艺		
		标记	数量	更改单号	签名	日期	标准化		第 2 张

续表

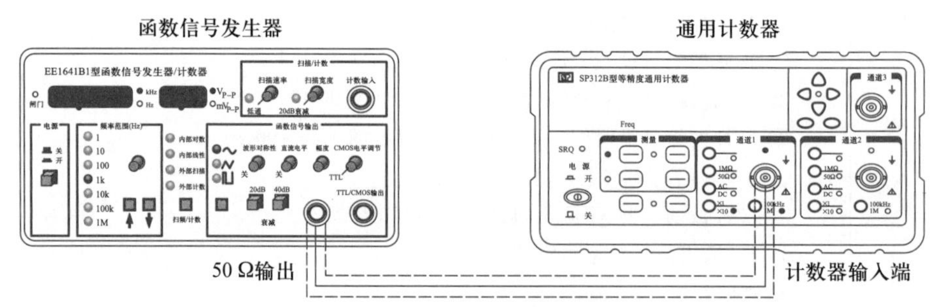

图 3.2.12 输出频率准确度测试

3.1.3 函数信号发生器输出波形置“正弦”或“脉冲”，输出幅度置 5 V_{P-P}，直流偏置置零。

3.1.4 通用计数器置相应的状态和功能，显示被测信号频率（或周期）的有效位数应满足测试信号源的准确度要求。

3.1.5 在规定的预热时间后，调节函数信号发生器输出频率，分别在每个波段选取高、中、低 3 个频率点进行频率测量，频率误差按式（3.2.1）计算：

$$\delta=\frac{f_b-f_s}{f_s}\times 100\% \qquad (3.2.1)$$

式中，f_b 为被测函数信号发生器输出频率标称值；f_s 为频率实际值。

3.1.6 记录测试数据。

3.2 幅度平坦度测试

3.2.1 函数信号发生器通电，测试仪器通电，预热约 10 min。

3.2.2 按照图 3.2.13 连接函数信号发生器与测试仪器，这里的测试仪器还可选用毫伏表。

函数信号发生器　　示波器

图 3.2.13 幅度平坦度测试

媒体编号

旧底图总号

底图总号

日期	签名							
							拟　制		×××2.×××.×××JT
							审　核		
							工　艺		
		标记	数量	更改单号	签名	日期	标准化		第 3 张

续表

3.2.3　函数信号发生器输出波形置“正弦”、幅度置 5 V_{P-P}，直流偏置置零，频率分别置 100 Hz、500 Hz、1 kHz、10 kHz、100 kHz、500 kHz、800 kHz、1 MHz。

3.2.4　电压表或示波器分别置相应的功能和状态。

3.2.5　调节函数信号发生器输出频率，依次读取电压表或示波器相应的电压值，幅度平坦度按式(3.2.2)或式(3.2.3)计算：

$$\delta_4=\frac{U_i-U_0}{U_0}\times100\% \tag{3.2.2}$$

式中，U_i为各频率点电压实际值；U_0为 1 kHz 基准频率点电压实际值。

$$\Delta_4=20\ \lg\frac{U_i}{U_0}(\text{dB}) \tag{3.2.3}$$

3.2.6　记录测试数据。

注意：幅度平坦度的测试通常需带有 50 Ω 的假负载，实际测试中也可以空载测试。

3.3　正弦波失真系数测试

3.3.1　函数信号发生器通电，测试仪器通电，预热约 10 min。

3.3.2　按照图 3.2.14 连接函数信号发生器与测试仪器。

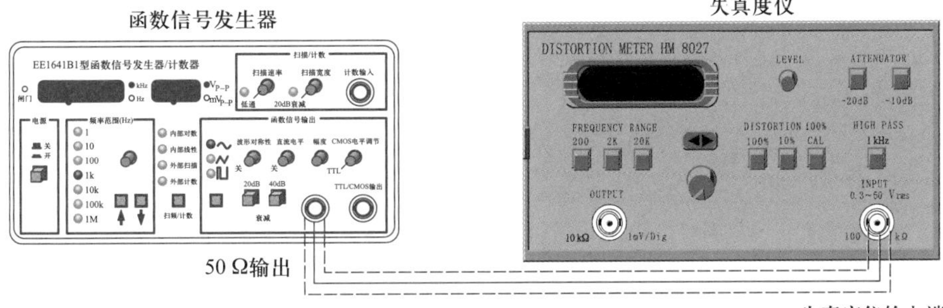

图 3.2.14　正弦波失真系数测试

3.3.3　函数信号发生器输出波形置“正弦”，幅度置最大，直流偏置置零，频率分别置 20 Hz、100 Hz、500 Hz、1 kHz、5 kHz、15 kHz、20 kHz。

3.3.4　失真度仪置相应的功能和状态，分别测出各频率点的失真系数。

3.3.5　记录测试结果。

注意：这里进行的是空载测试。

3.4　脉冲上升(下降)沿时间测试

3.4.1　函数信号发生器通电，测试仪器通电，预热约 10 min。

3.4.2　按照图 3.2.13 连接函数信号发生器与测试仪器(这里的测试仪器也可选通用计数器)。

媒体编号

旧底图总号

底图总号

						拟　制		×××2.×××.×××JT
日期	签名					审　核		
						工　艺		
		标记	数量	更改单号	签名	日期	标准化	第 4 张

续表

3.4.3 函数信号发生器输出波形置“方波”(或“脉冲波”),幅度置 5 V_{P-P},频率置 10 kHz,直流偏置置零。

3.4.4 调节示波器扫描因数,微调置校准位置,使被测波形占满屏幕的 80%,读取稳态幅度 10%~90%(或 90%~10%)部分所对应的时间,按式(3.2.4)计算上升(下降)沿时间:

$$t_r = L \times K \tag{3.2.4}$$

式中,L 为上升(下降)沿部分所占水平刻度;K 为示波器扫描时间因数。

3.4.5 读取波形过冲幅度,按式(3.2.5)计算过冲:

$$s = \frac{b}{H} \times 100\% \tag{3.2.5}$$

式中,b 为被测波形过冲幅度;H 为稳态脉冲幅度。

3.4.6 记录测试结果。

3.5 脉冲占空比系数测试

3.5.1 函数信号发生器通电,测试仪器通电,预热约 10 min。

3.5.2 按照图 3.2.13 连接函数信号发生器与测试仪器(这里的测试仪器也可选通用计数器)。

3.5.3 函数信号发生器输出波形置“脉冲波”,幅度置 5 V_{P-P},频率置 10 kHz,直流偏置置零,占空比系数分别置最大、最小。

3.5.4 用示波器分别测量相应的脉冲宽度及脉冲周期,占空比系数按式(3.2.6)计算:

$$C = \frac{\tau}{T} \times 100\% \tag{3.2.6}$$

式中,τ 为被测信号脉冲宽度;T 为被测信号脉冲周期。

3.5.5 记录测试结果。

3.6 用虚拟仪器进行上述各技术指标的测试

按图 3.2.15 连接电路,并按照上述 3.1~3.5 的测试要求,分别进行频率准确度测试、幅度平坦度测试、正弦波失真系数测试、脉冲上升(下降)沿时间测试、脉冲占空比系数测试。

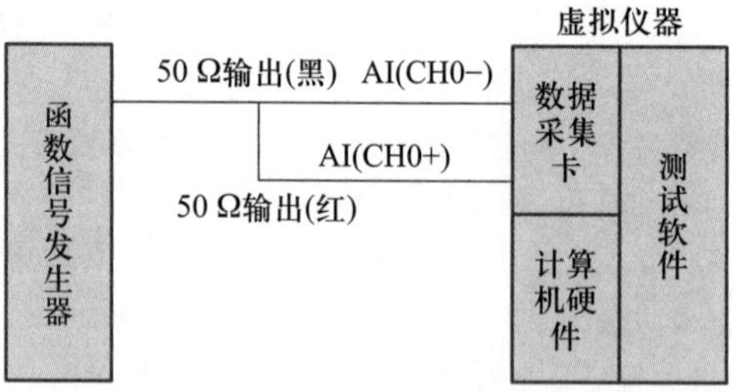

图 3.2.15 虚拟仪器测试电路

媒体编号
旧底图总号
底图总号

						拟 制		×××2.×××.×××JT
日期	签名					审 核		
						工 艺		
		标记	数量	更改单号	签名	日期	标准化	第 5 张

(2) 测试过程

① 输出频率准确度测试。

a. 按照测试工艺，函数信号发生器通电，测试仪器通电，预热约 10 min。

b. 连接函数信号发生器与测试仪器。

c. 在规定的预热时间后，函数信号发生器输出波形开关置“正弦”，直流偏置置零。

d. 调节函数信号发生器输出频率，分别在每个波段选取高、中、低 3 个频率点，用计数器测出其频率值。

e. 函数信号发生器输出波形分别置“方波”或“三角波”，直流偏置置零，重复上述步骤 d 的操作。

f. 在表 3.2.4 中记录测试结果。

表 3.2.4　输出频率准确度测试

波形	波段	频率标称值/Hz	频率实际值/Hz	准确度
正弦	100 Hz			
	1 kHz			
	1 MHz			
方波	100 Hz			
	1 kHz			
	1 MHz			

② 幅度平坦度测试。

a. 按照测试工艺，函数信号发生器通电，测试仪器通电，预热约 10 min。

b. 连接函数信号发生器与测试仪器。

c. 在规定的预热时间后，函数信号发生器输出波形置“正弦”，幅度置 5 V_{P-P}，直流偏置置零，频率分别设置为 100 Hz、500 Hz、1 kHz、10 kHz、100 kHz、500 kHz、800 kHz、1 MHz。

d. 依次读取电压表或示波器相应的电压值，计算幅度平坦度。

e. 在表 3.2.5 中记录测试结果。

表 3.2.5 幅度平坦度测试 基准频率 1 kHz，5 V_{P-P}

频率/Hz								
幅度 实际值/V								
幅度平坦度								

③ 正弦波失真系数测试。

a. 按照测试工艺，函数信号发生器通电，测试仪器通电，预热约 10 min。

b. 连接被测函数信号发生器与测试仪器。

c. 在规定的预热时间后，函数信号发生器输出波形置“正弦”，幅度置最大，直流偏置置零，频率分别设置为 20 Hz、100 Hz、500 Hz、1 kHz、5 kHz、15 kHz、20 kHz，分别测试各频率点的失真系数。

d. 在表 3.2.6 中记录测试结果。

表 3.2.6 正弦波失真系数测试

信号频率							
失真系数/%							

④ 脉冲上升(下降)沿时间测试。

a. 按照测试工艺，函数信号发生器通电，测试仪器通电，预热约 10 min。

b. 连接函数信号发生器与测试仪器。

c. 在规定的预热时间后，函数信号发生器输出波形置“方波”(或“脉冲波”)，输出幅度置 5 V_{P-P}，频率置 10 kHz，直流偏置置零。

d. 调节示波器扫描因数，微调置校准位置，使被测波形占满屏幕的 80%，读取稳态幅度 10%~90%(或 90%~10%)部分所对应的时间，按式(3.2.4)计算上升(下降)沿时间(或使用 SP312B 型通用计数器直接进行测量)。

e. 读取波形过冲幅度，按式(3.2.5)计算过冲。

f. 在表 3.2.7 中记录测试结果。

表 3.2.7 脉冲上升(下降)沿时间测试

项目	上升沿时间/ns	下降沿时间/ns	前过冲/%	后过冲/%
测得值				

⑤ 脉冲占空比系数测试。

a. 按照测试工艺，函数信号发生器通电，测试仪器通电，预热约 10 min。

b. 连接函数信号发生器与测试仪器。

c. 函数信号发生器输出波形置“脉冲波”，输出幅度置 5 V_{P-P}，频率置 10 kHz，直流偏置置零，占空比系数分别置最大、最小。

d. 用示波器分别测量相应的脉冲宽度及脉冲周期，占空比系数按式(3.2.6)计算。

e. 在表 3.2.8 中记录测试结果。

表 3.2.8　脉冲占空比系数测量

占空比系数要求	脉冲宽度/s	脉冲周期/s	占空比系数/%
最大			
最小			

⑥ 用虚拟仪器分别进行上述各技术指标的测试，并记录。

(3) 测试报告(记录与数据处理)

EE1641B 型函数信号发生器主要技术参数的测试

测试日期：________　　测试人：________

<table>
<tr><th>测试项目</th><th>技术指标</th><th colspan="2">测试结果</th><th>合格判定</th></tr>
<tr><td>频率准确度</td><td></td><td colspan="2"></td><td></td></tr>
<tr><td>幅度平坦度</td><td></td><td colspan="2"></td><td></td></tr>
<tr><td>正弦波失真系数</td><td></td><td colspan="2"></td><td></td></tr>
<tr><td>脉冲上升(下降)沿时间</td><td></td><td colspan="2"></td><td></td></tr>
<tr><td rowspan="2">脉冲占空比系数</td><td>(最大)</td><td></td><td></td><td></td></tr>
<tr><td>(最小)</td><td></td><td></td><td></td></tr>
</table>

EE1641B 型函数信号发生器工作原理

① 如图 3.2.16 所示，整机电路由两片单片机进行管理，主要工作如下：

- 控制函数发生器产生的频率；
- 控制输出信号的波形；
- 测量输出的频率或外部输入的频率并显示；
- 测量输出信号的幅度并显示。

② 函数信号由专用的集成电路产生，该电路集成度大，线路简单，精度高并易于与微机接口，使得整机指标得到可靠保证。

③ 扫描电路由多片运算放大器组成，以满足扫描宽度、扫描速率的需要。宽带直流功放电路的选用，保证输出信号的带负载能力以及输出信号的直流电平偏移均可受面板电位器控制。

④ 整机电源采用线性电路以保证输出波形的纯净性，具有过电压、过电流、过热保护功能。

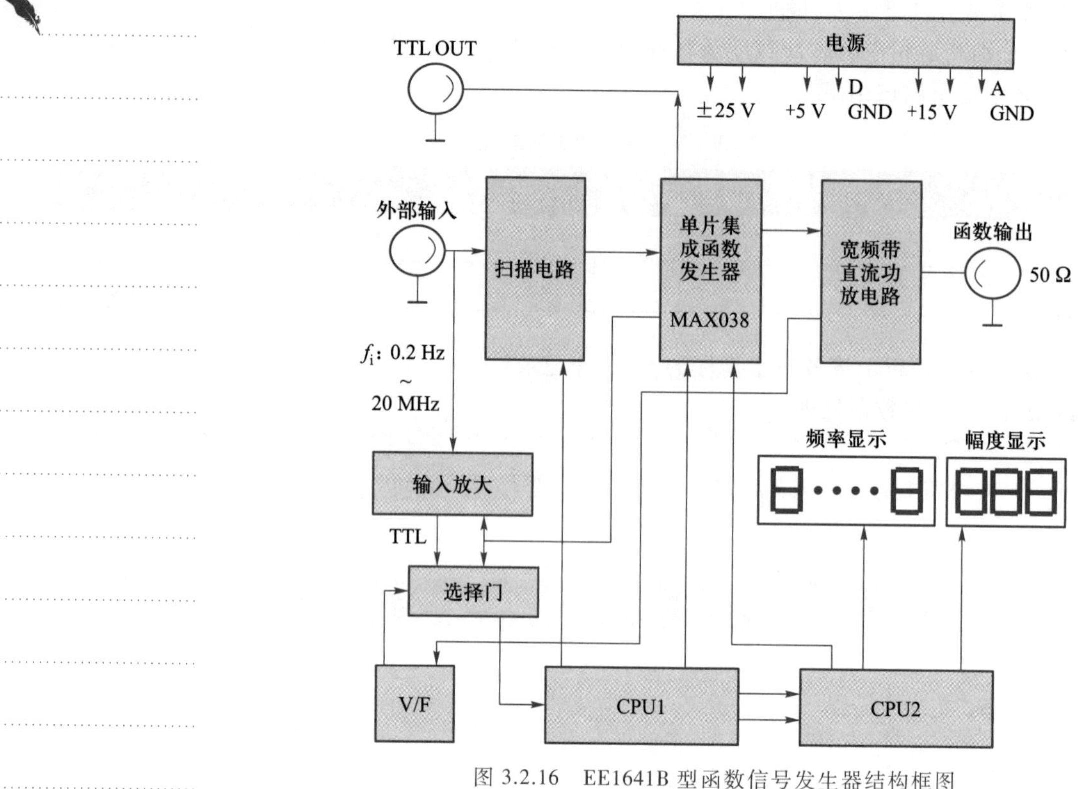

图 3.2.16 EE1641B 型函数信号发生器结构框图

知识小结

EE1641B 型函数信号发生器是具有连续信号、扫频信号、函数信号、脉冲信号等多种输出信号和外部测频功能的一款精密的测试仪器。虚拟仪器是利用计算机显示器(CRT)的显示功能模拟传统仪器的控制面板，以多种形式表达输出检测结果，利用计算机强大的软件功能实现信号数据的运算、分析、处理，由 I/O 接口设备完成信号的采集、测量与调理，从而完成各种测试功能的一种计算机仪器系统。

本项目采用虚拟仪器来测试 EE1641B 型函数信号发生器产生低频信号的性能，如输出频率准确度、幅度平坦度、正弦波失真系数、脉冲上升(下降)沿时间和脉冲占空比系数，并将测试结果与通用计数器、示波器、高频电压表和失真度测量仪测试的结果进行比较，体现了虚拟仪器集多功能于一身的优越性。

(一) 理论题

1. 输出信号幅度的两种表示分别为__________和__________。

2. 频率特性的三个主要技术指标为__________、__________和__________。

3. 什么是频率准确度？

4. 什么是频率稳定度?

(二) 实践题

1. EE1641B 型函数信号发生器的使用

目的:学习 EE1641B 型函数信号发生器的使用,令其输出 TTL/COMS 信号。

内容:(1)输出 1 kHz TTL 信号,测试其高低电平范围。

(2) 输出 1 kHz COMS 信号,测试其高电平范围。

2. SP312B 型通用计数器的使用

目的:学习 SP312B 型通用计数器的使用。

内容:F40 型函数信号发生器输出 10 kHz、10 V_{P-P} 的正弦信号,用 SP312B 型通用计数器测量其频率。

第四章

安全测试

学习目标

安全测试是指使用电子测量仪器对电子产品的安全性能进行综合测量或测试，考察或检测电子整机产品的安全性能是否可靠。安全测试对仪器仪表、设备和工作人员的安全是非常必要的。

学习完本章后，你将能够：

- 了解电工电子设备防触电保护的分类
- 了解电子安全测试的标准
- 了解安规系列测试仪
- 掌握计算机机箱的接地电阻、耐压、泄漏电流的测试方法
- 掌握接地电阻测试仪、耐压测试仪、泄漏电流测试仪的使用方法

引 言

随着当代科学技术的迅速发展,各种电器、电子设备全面进入社会生活各个领域,成为社会文明进步的重要标志。在我国,人民生活水平不断提高,对家用电器的需求量越来越大。各类电器、电子设备在全国城乡得到迅速普及,给生产带来极大方便。但同时,由于各类电器、电子设备的使用而导致的人身事故也大为增加,给生命财产带来了危害,触电伤亡和电气火灾便是常见的例子。因此,电器、电子设备的使用安全性在决定产品质量的各要素中跃居首要地位,安全标准成为最重要的技术标准之一。

1. 电工电子设备防触电保护的分类

0类设备:指靠基本绝缘作为触电防护的设备,一旦基本绝缘失效,设备的安全性能完全取决于周围环境。这就要求这类设备要用在“绝缘良好”的环境中,比如木质地板、木质墙壁、周围环境干燥的场所等。这种对使用环境要求非常严格的设备,使用范围很有局限。

Ⅰ类设备:指设备的防触电防护不仅靠基本绝缘,还需将能触及的可导电部分与设备固定布线中的保护(接地)线相连接。这样,一旦基本绝缘失效,由于能触及的可导电部分已与地线连接,因而使用人员的安全有了保证。

Ⅱ类设备:指设备的防触电防护不仅靠基本绝缘,还另有附加绝缘等安全措施。一旦基本绝缘失效,附加绝缘可保证使用者的安全。若是加强绝缘,本身则相当于基本绝缘、附加绝缘的水平。

Ⅲ类设备:这类设备靠安全特低电压供电。这类设备内部出现的电压也不能高于安全特低电压。其从电源方面就保证了安全。

0Ⅰ类设备:指任何部件至少都是基本绝缘并装有接地端子的设备。其电源软线不带接地导线,插头没有接地插脚,不能插入有接地插孔的电源插座。目前国内还不存在这类家用电器(其他电器中没有0Ⅰ类)。这类设备实际上是按Ⅰ类设计的,只是Ⅰ类电器的电源线与保护(接地)线固定在一起,且同用一个插头,插入插座后保护(接地)线即可接地;而0Ⅰ类电器的电源线没有保护接地导线,另设保护接地端子,或保护接地端子上连接的保护接地线不能直接同电源线一起插入带有接地插孔的电源插座而与保护接地线接通。这类电器若不接通保护接地线,则按0类对待,若接通保护接地线,则按Ⅰ类对待。GB 4706《家用和类似用途电器的安全》中有以下10类产品认可“0Ⅰ类”的存在(只是“认可”,这些产品不一定有“0Ⅰ类”):电水壶;电动剃须刀;电推剪及类似器具;家用电冰箱和食品冷冻箱;电烤箱;面包烘烤器;华夫烙饼模;皮肤及毛发护理器具;电池驱动的电动剃须刀、电推剪及充电电池组;电熨斗。

2. 标准化电子安全测试

产品生产出来后(生产线或是实验室),这个测试不仅能够检验防止电击的保护措施是否得当,还可以检验产品的质量和使用者的安全。主要的电子安全测试指标有耐压测试、绝缘测试、漏电电流测试。下面列举出最常用的安全测试标准。

- EN60065:音频、视频及类似电子设备的安全(GB 8898—2011)

例:扬声器、无线电接收装置、天线放大器、电子音乐设备、节奏发生器……

- EN60204-1:机械的安全

例:金属、木头、纺织品、皮革机器、操作设备、起重机……

- EN60335-1:家用和类似用途电器的安全(GB 4706.1—2005)

例:咖啡机、洗碗机、洗衣机……

- EN60598-1:灯具的安全(GB 7000.1—2015)

例:灯架插头、电灯、干燥灯、钠灯、水银灯……

- EN60601-1:医用电气设备的安全(GB 9706)

例:手术器械、牙科器械、扫描器……

- EN60950:信息技术设备的安全(GB 4943)

例:打字机、消磁器、电子式自动计费器、调制解调器、电话应答机……

- EN61010-1:测量控制和实验室用电气设备的安全(GB 4793)

例:控制器、测量器、实验用的电子设备、安全测试器……

- EN61131-2:自动机器的安全

例:程序控制器……

- CEI990:技术汇报——接触电流和保护导体电流的测量方法(GB/T 12113—2003)

3. 安规系列测试仪

安规系列测试仪主要是用来检测电气产品是否漏电、是否接地良好、是否会伤害人身安全的专用测量仪器,主要检测项目有耐电压、泄漏电流、绝缘电阻和接地电阻。

(1) 耐电压检测

在被测电器的外壳或人体易触及的部位与电源进线端子之间施加一个几千伏高压(交流或直流),检测在这种高电压下的漏电流,漏电流超过一定值时就可能对人身构成伤害。

(2) 泄漏电流检测

泄漏电流检测分为静态泄漏检测和动态泄漏检测。

① 静态泄漏检测:在被测电器的外壳或人体易触及的部位与电源相线、中性线端子之间分别施加额定工作电压的1.06倍电压,检测最大漏电流,此时被测电器不工作。施加的1.06倍电压应通过隔离变压器提供。

② 动态泄漏检测:在被测电器供电运行的同时,进行与静态泄漏相同的检测(也称热态泄漏)。

选择泄漏电流检测仪器时,应重点选择泄漏电流的输入阻抗和隔离变压器的容量。测试仪的输入阻抗要求模拟人体的阻抗网络,不同的电器产品标准有不同的人体网络模型,应正确选择,相应的国家标准有GB 9706、GB 3883、GB 12113、GB 8898、GB 4943、GB 4706。泄漏电流测试仪输出隔离变压器的容量应与被测电容容量相适合。当被测电器是电机等,其起动电流比额定电流大几倍时,应按起动电流考虑。

(3) 绝缘电阻检测

在被测电器的外壳或人体易触及的部位与电源进线端子之间施加直流电压(一般为1 000 V、500 V或250 V),检测在这种电压下的漏电流,折算成绝缘电阻。

(4) 接地电阻测试

在被测电器的外壳与接地端子之间施加恒定的大电流(一般为10 A或25 A),检测在这种电流下的导通电阻,电阻过大时电器起不到接地保护作用。

计算机机箱的接地电阻测试

项目 4-1 计算机机箱的接地电阻测试
——接地电阻测试仪的应用

学习目标

测试计算机机箱接地电阻所需的基本测量仪器是接地电阻测试仪。接地电阻测试仪的基本功能是测量仪器、设备的接地情况，以保障仪器、设备的安全性。

学习完本项目后，你将能够：

- 掌握电子设备安全测试的基本概念与规范
- 了解接地电阻测试的意义
- 理解接地电阻测试仪的基本原理和工作过程
- 掌握接地电阻测试仪对计算机机箱的接地电阻指标进行测试的方法
- 了解相关接地电阻测试及其他安全测试指标的操作规程、标准

一、计算机机箱接地电阻测试指标

接地电阻测试是电子电气设备电气安全测试的重要组成之一。根据国际标准(IEC 60950)及我国制定的有关信息设备的电气安全标准(GB 4943.1—2011)，针对计算机机箱接地电阻测试的部分技术参数如表 4.1.1 所示。

表 4.1.1 计算机机箱接地电阻测试部分技术参数

序号	技术参数	要求
1	电流	25 A
2	电压	12 V
3	接地电阻极限值	0.1 Ω
4	测试时间	>5 s

① 接地电阻：主要的电子设备安全测试指标有漏电电流测试、耐压测试、接地电阻测试等，其中接地电阻是指用电器的绝缘一旦失效时，电器外壳等易触及金属部件可能带电，需要有可靠的接地来保护电器使用者的安全，接地电阻是衡量电器接地保护可靠的重要指标。

② 接地电阻测试仪：接地电阻可用接地电阻测试仪来测量。由于接地电阻很小，正常一般在几十毫欧，因此必须采用四端测量才能消除接触电阻，得到准确的测量结果。接地电阻测试仪由测试电源、测试电路、指示器和报警电路组成。测试电源产生

25 A(或 10 A)的交流测试电流,测试电路将被测电器取得的电压信号通过放大、转换,由指示器显示,若所测接地电阻大于报警值(0.1 Ω 或 0.2 Ω),仪器发出声光报警。

二、计算机机箱接地电阻测试仪器选用:CS2678X 型接地电阻测试仪

1. 面板结构

CS2678X 型接地电阻测试仪的面板图如图 4.1.1 所示,图中各位置标识及功能描述如表 4.1.2 所示。

动画
接地电阻测试仪

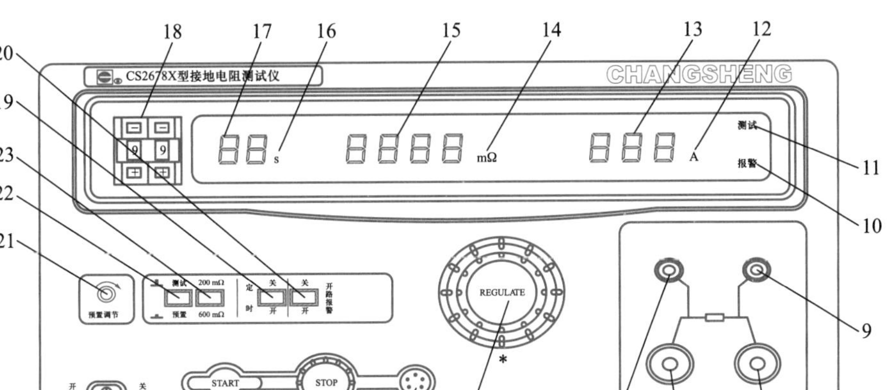

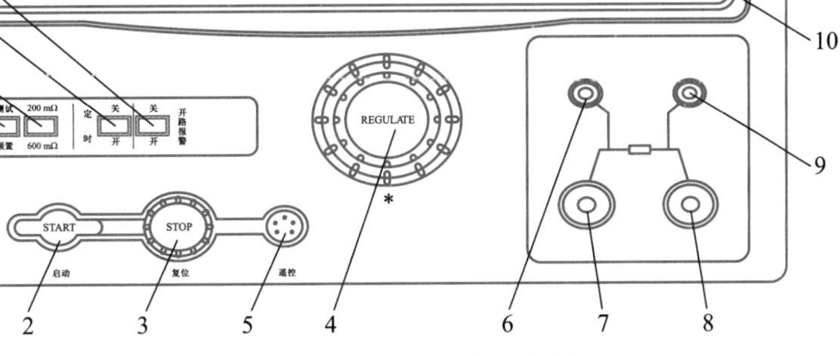

图 4.1.1 CS2678X 型接地电阻测试仪面板图

表 4.1.2 图 4.1.1 中各位置标识及功能描述

位置标识	功能描述
1	电源开关,用来控制是否接通电源
2	启动钮:按下时,测试灯亮,此时仪器工作
3	复位钮
4	电流调节旋钮:调节此旋钮使电流输出为 5~30 A
5	遥控接口:接遥控测试枪(按用户要求进行配备)
6	电阻检测端
7	电流输出端:若用遥控测试枪,此端接测试枪电流端(粗线端)
8	电流输出端:若用遥控测试枪,此端接测试枪电流端
9	电阻检测端:若用遥控测试枪,此端接测试枪电阻端
10	超阻和过电流报警指示灯
11	测试灯:该灯亮,表示电流已输出;该灯灭,表示电流断开
12	电流显示单位 A
13	电流显示:0~30 A
14	电阻显示单位 mΩ
15	电阻显示:0~199.9 mΩ(25 A)/0~600 mΩ(10 A)

续表

位置标识	功能描述
16	时间显示单位 s
17	时间显示:1~99 s 倒计时
18	时间预置拨盘:可设定所需测试时间值
19	定时开关
20	开路报警开关:按下时具有开路报警功能,弹出时没有开路报警功能
21	报警预置调节电位器
22	测试/预置键
23	200 mΩ/600 mΩ 挡选择开关

2. 主要性能指标(如表 4.1.3 所示)

表 4.1.3 CS2678X 型接地电阻测试仪主要性能指标

序号	性能指标	标称规格
1	测量范围	(0~200 mΩ)±(5%+2 个字) (25 A) (200~600 mΩ)±(5%+2 个字) (10 A)
2	测试时间	0~99 s(连续可调)
3	测试电压	AC 9 V/6 V
4	测试电流	AC (5~30) A(±5%)
5	过流报警	>AC 30 A
6	报警电阻值	(0~200 mΩ)±(5%+2 个字) (AC 25 A)连续可调 (200~600 mΩ)±(5%+2 个字)(AC 10 A)连续可调
7	供电电源	供电电源:AC 220 V(±10%),50 Hz

3. 工作原理

接地电阻测试仪由测试电源、测试电路、显示仪表和报警电路组成。测试电源产生测试电流,测试电路对电流信号和流经被测电阻上的电流所产生的电压信号进行处理,完成交直流转换,进行除法运算;显示仪表显示电流值和电阻值;若被测电阻大于设定的报警值,仪器发出断续的声光报警,若测试电流大于 30 A,则发出连续的声光报警,并切断测试电流,以保证被测电器的安全。接地电阻测试仪的原理框图如图 4.1.2 所示。

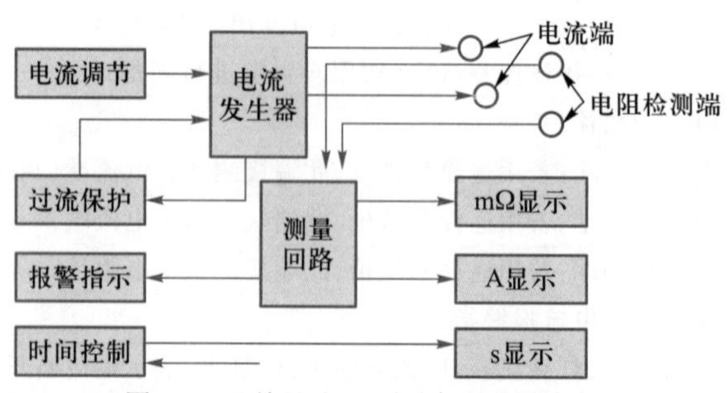

图 4.1.2 接地电阻测试仪的原理框图

接地电阻测试仪为了消除接触电阻对测试的影响,采用了 4 端测量法,即在被测电器的外露可导电部分和总接地端子之间加上电流(一般为 25 A 左右),然后再测量这两端的电压,算出其电阻值。

操作

4. 使用方法

① 复位钮：按下时，测试灯灭或超阻报警、过电流报警停止，此时无电流输出。

② 超阻和过电流报警指示灯：当被测电阻超过设定报警值时，此灯闪烁，同时蜂鸣器断续讯响；当出现过电流时，此灯连续亮，蜂鸣器持续讯响。

③ 报警预置调节电位器：在预置状态下调节此电位器，可设置报警电阻值。

④ 测试/预置键：按下时，在启动并调节电流调节旋钮到规定输出电流时，可设置并显示报警电阻值；弹出时，为正常测试状态。

⑤ 200 mΩ/600 mΩ 挡选择开关：按下时选择 600 mΩ 挡，测量范围为 0~600 mΩ，报警值为 0~600 mΩ；弹出时选择 200 mΩ 挡，测量范围为 0~199.9 mΩ，报警值为 0~200 mΩ。

⑥ 定时开关："开"时，为定时测试，测试时间在 1~99 s 内任意设定；"关"时，为手动测试。

探究

5. 注意事项

① 操作人员一定要熟悉该测试仪器的操作程序方可使用。

② 在整个测试过程中，不能随意调节其他按钮。

③ 测试电流需大于 5 A 才能报警。

④ 为保证测试稳定，建议使用交流稳压电源。

⑤ 测试完毕后，需处于"复位"状态，方可取下接线。

⑥ 本机电流输出端子上短接的短路片是设置报警电阻时用的，测量时要将其取下。

⑦ 本仪器采用除法器的原理测量低电阻，即 $R=U/I$。当仪器处于"复位"状态时，因 $I=0$，所以仪器电阻显示窗口显示为不定态，为正常现象。

三、计算机机箱接地电阻测试过程

操作

1. 测试准备

① 接通电源，开启电源开关，显示屏数码管点亮。

② 按需要选择测试量程开关 200 mΩ 或 600 mΩ。当开关按下时为 600 mΩ 量程，此时显示电阻测量范围为 0~600 mΩ；当开关弹出时为 200 mΩ 量程，此时显示电阻测量范围为 0~199.9 mΩ。

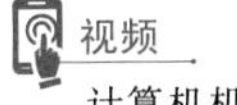

计算机机箱接地电阻测试

③ 将电流调节旋钮逆时针旋至零位。

④ 将两组测量线的夹子端相互短路。

测试工艺卡如表 4.1.4 所示。

2. 测试步骤

按图 4.1.3 所示接线，将测试夹一个夹在机器总接地端，一个夹在机器可触及金属部分，然后按表 4.1.4 中所述步骤进行测试。

表 4.1.4 接地电阻测试工艺卡

<table>
<tr><td colspan="2" rowspan="3"></td><td colspan="3">确认部门</td><td>发行:检验 QM</td></tr>
<tr><td>接地电阻测试</td><td>批 准</td><td>审 核</td><td>制订</td></tr>
<tr><td></td><td></td><td></td><td></td></tr>
<tr><td>序号</td><td colspan="3">注意事项</td><td></td><td></td></tr>
<tr><td>1</td><td colspan="3">操作人员一定要熟悉该测试仪器的操作程序方可使用</td><td></td><td></td></tr>
<tr><td>2</td><td colspan="3">在整个测试过程中,不能随意调节其他按钮</td><td></td><td></td></tr>
<tr><td>3</td><td colspan="3">测试电流需大于 5 A 才能报警</td><td></td><td></td></tr>
<tr><td>4</td><td colspan="3">为保证测试稳定,建议使用交流稳压电源</td><td></td><td></td></tr>
<tr><td>5</td><td colspan="3">测试完毕后,需处于“复位”状态,方可取下接线</td><td></td><td></td></tr>
<tr><td>6</td><td colspan="3">本机电流输出端子上短接的短路片是设置报警电阻时用的,测量时要将其取下</td><td></td><td></td></tr>
<tr><td>7</td><td colspan="3">本仪器采用除法器的原理测量低电阻,即 $R=U/I$。当仪器处于“复位”状态时,因 $I=0$,所以仪器电阻显示窗口显示为不定态,为正常现象</td><td></td><td></td></tr>
<tr><td>8</td><td colspan="3"></td><td></td><td></td></tr>
<tr><td colspan="6">图解</td></tr>
<tr><td colspan="6"></td></tr>
<tr><td colspan="6">备注:</td></tr>
</table>

续表

机型	项目编号	项目内容	测试工艺卡	接地电阻测试		制订	审核	批准
CS2678X	10	计算机机箱接地电阻		制订日期				

内容

序号	位号	编号	标值
1			
2			
3			
4			
5			

操作步骤：

① 测试前准备工作：接通电源，开启电源开关，显示屏数码管点亮；按需要选择测试量程开关，置于 200 mΩ 或 600 mΩ，并将电流调节旋钮逆时针旋至零位，将两组测量线的夹子端相互短路；并将“定时”开关置“关”状态。

② 检查上述步骤无误之后，按图 4.1.3 所示接线。

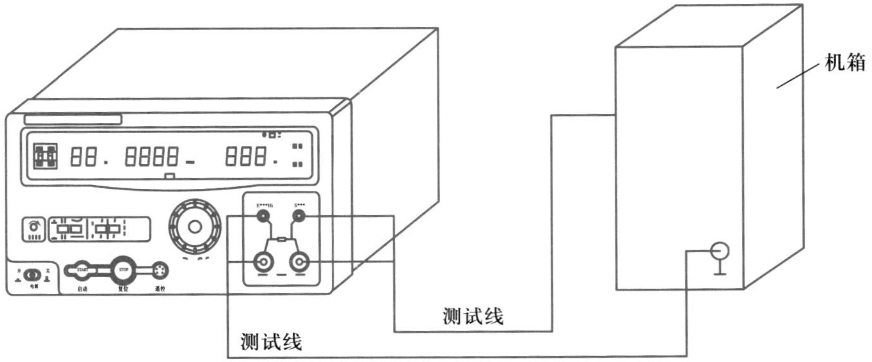

图 4.1.3　接地电阻测试连接

③ 按下启动钮，测试灯亮，调节电流调节旋钮并观察显示屏电流值至所选择的电流值。

④ 将测试/预置键置“预置”状态，调节报警预置调节电位器，预置报警电阻值。

⑤ 按下复位钮，切断输出电流，同时将电流调节旋钮旋至最小；将测试夹分开，分别接到被测物的测试点。

⑥ 按下启动钮，测试灯亮，调节电流调节旋钮至所需的电流值，然后读出显示屏显示的电阻读数，当被测物的接地区域电阻大于所设定的报警电阻值时，仪器即发出断续声光报警，反之，则不报警。

3		
2		
1	接地电阻测试仪	1

更改					

3. 测试报告(记录与数据处理)

计算机机箱接地电阻测试报告

测试日期:________________ 测试人:________________

项目名称		被测产品名称		检验人员	
产品编号		发布日期			
测试项目		测试认证标准要求		结果	结论
接地电阻		如果被测电路的电流额定值小于或等于16 A,则试验电流为被测电路电流额定值的1.5倍,试验电压不应超过12 V,试验时间为60 s,要求小于或等于0.1 Ω		① 电流值:____ A ② 电压值:____ V ③ 接地电阻值:____ Ω	

课外阅读

在"定时"方式下进行接地电阻测试

CS2678X 型接地电阻测试仪除了可以在"手动"方式下对接地电阻进行测试以外,还可以在"定时"方式下进行测试。其主要步骤如下。

① 仪器处于"复位"状态。

② 按下定时开关至"开"位置,根据需要预置所需的测试时间。

③ 检查"测试准备"部分的步骤①~④无误之后,按下启动钮,测试灯亮,显示屏时间计数器开始倒计数,调节电流调节旋钮并观察显示屏电流值至所选择的电流值。

④ 将测试/预置键置"预置"状态,调节报警预置调节电位器,预置报警电阻值。

注　意

必须在有电流输出的情况下,再设置报警电阻值。

⑤ 按下复位钮,切断输出电流,同时将电流调节旋钮旋至最小;将测试夹分开,分别接到被测物的测试点。

⑥ 按下启动钮,测试灯亮,调节电流调节旋钮至所需的电流值,然后读出显示屏显示的电阻读数,当被测物的接地电阻大于所设定的报警电阻值时,仪器即发出断续声光报警,反之,则不报警。测试时间到,回路电流自动切断,即可将测试夹从被测物上取下,以备下次测量。

知识小结

本项目主要介绍了电气安全测试中的一个重要测试项目,主要知识点如下。

① 接地电阻的概念及测试标准。

② 用接地电阻测试仪进行测试的方法、测试仪器的基本原理与使用。

③ 测试中的相关注意事项。

④ 电气安全测试的其他指标及标准。

习　题

（一）理论题

1. 电气安全测试的主要检测项目有耐电压、泄漏电流、绝缘电阻及________。

2. 电子设备的接地电阻可用________来测量。

3. 接地电阻测试所遵循的国际标准为________，一般要求小于________ Ω。

4. 计算机机箱与冰箱的接地电阻安全极限值________（相同，不相同）。

5. CS2678X 型接地电阻测试仪提供两种测试方式，为________及________方式。

6. 请画出接地电阻测试仪的原理框图，并说明每个部分的作用。

7. 请通过自我学习，将下列常用安全测试指标与其对应的测试仪器进行配对：

指标	仪器
a. CS2678X	A. 综合安规测试仪
b. CS2670Y	B. 医用电子设备耐压测试仪
c. CS2675D/E	C. 灯具漏电流测试仪
d. CS2678D	D. 接地电阻测试仪

8. 请通过图书馆、网络等公共学习资源，列举任意两款安全测试仪（国内、国外品牌各一款），并进行对比。

（二）实践题

1. 根据测试要求，对 CS2678X 型接地电阻测试仪进行测试前调整。

2. 根据测试规程，对直流稳压电源的接地电阻进行测试。

3. 根据测试规程，对示波器的接地电阻进行测试。

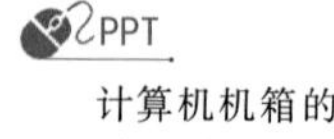

计算机机箱的耐压测试

项目 4-2 计算机机箱的耐压测试
——耐压测试仪的应用

学习目标

测试计算机机箱耐压所需的基本测量仪器是耐压测试仪。耐压测试仪的基本功能是测量仪器、设备外壳的耐电压强度情况，以保障仪器、设备的安全性。

学习完本项目后，你将能够：

- 掌握电子设备安全测试的基本概念与规范
- 了解耐压测试的意义
- 理解耐压测试仪的基本原理和工作过程
- 掌握耐压测试仪对计算机机箱的耐压指标进行测试的方法
- 了解相关耐压测试及其他安全测试指标的操作规程、标准
- 学会编制测量工艺文件

一、计算机机箱耐压测试指标

耐压测试是电子电气设备电气安全测试的重要组成之一。根据国际标准（IEC 60950）及我国制定的有关信息设备的电气安全标准（GB 4943.1—2011），针对计算机机箱耐压测试的部分技术参数如表 4.2.1 所示。

表 4.2.1 计算机机箱耐压测试部分技术参数

序号	技术参数	要求
1	试验电压	184 V（峰值或直流值）<额定电源电压≤354 V（峰值或直流值）时
2	时间	1 s
3	漏电流	小于 5 mA

① 耐电压强度：也可称为耐压强度、介电强度，是指绝缘物质所能承受而不致遭到破坏的最高电场强度。在试验中，被测样品在要求的试验电压作用之下达到规定的时间时，耐压测试仪自动或被动切断电压。一旦击穿电流超过设定的击穿（保护）电流，耐压测试仪也能够自动切断试验电压并发出声光报警，以保证被测样品不致损坏。

② 耐压测试仪：耐压测试仪是测量耐压强度的仪器，它可以直观、准确、快速、可靠

地测试各种被测对象的耐受电压、击穿电压、漏电流等电气安全性能指标，并能在 IEC 或国家安全标准规定的测试条件下，进行工频和直流以及电涌、冲击波等不同形式的介电性能试验。在国内外，此类仪器还有介质击穿装置、耐压试验器、电涌绝缘测试仪、高压试验器等不同的名称。

二、计算机机箱耐压测试仪器选用：CS2670Y 型耐压测试仪

1. 面板结构

CS2670Y 型耐压测试仪的面板图如图 4.2.1 所示，图中各位置标识及功能描述如表 4.2.2 所示。

动画
机箱耐压测试仪

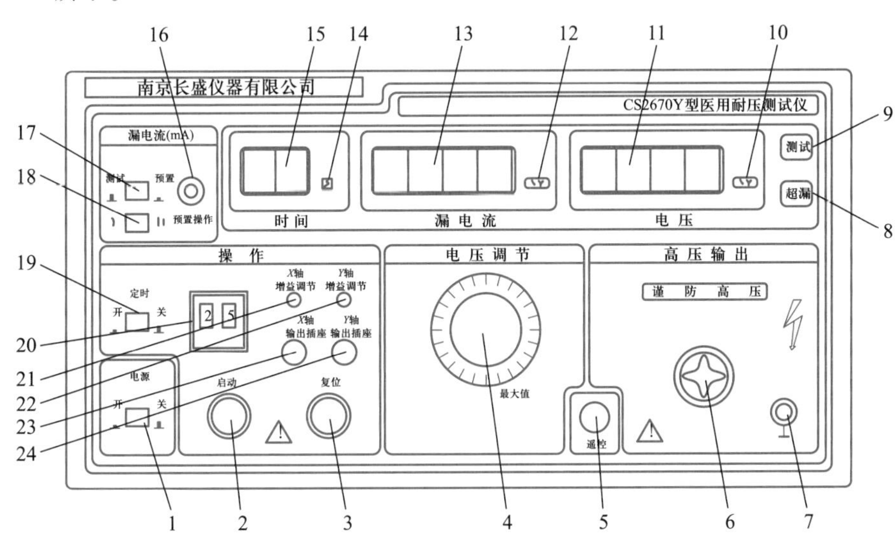

图 4.2.1 CS2670Y 型耐压测试仪面板图

表 4.2.2 图 4.2.1 中各位置标识及功能描述

标识	功能描述
1	电源开关
2	启动钮：按下时，测试灯亮，此时仪器在工作状态
3	复位钮：按下时，测试灯灭，此时仪器无高压输出
4	电压调节钮
5	遥控插座
6	高压输出端
7	接地柱
8	超漏灯：该灯亮，表示被测物击穿超漏，不合格
9	测试灯：该灯亮，表示高压已启动；该灯灭，表示高压断开
10	电压单位指示符
11	电压显示：0~5 kV

续表

标识	功能描述
12	漏电流单位指示符
13	漏电流显示:0.3~20 mA
14	测试时间单位指示符
15	时间显示:1~99 s
16	漏电流调节钮
17	电流预置开关
18	漏电流:2 mA/20 mA 挡
19	定时开关
20	时间预置拨盘:可设定所需测试时间值
21	*X* 轴增益调节,供调节李沙育图形 *X* 轴增益用
22	*Y* 轴增益调节,供调节李沙育图形 *Y* 轴增益用
23	*X* 轴输出插座(BNC 插座),接示波器 *X* 轴输入插座
24	*Y* 轴输出插座(BNC 插座),接示波器 *Y* 轴输入插座

2. 主要性能指标(如表 4.2.3 所示)

表 4.2.3 CS2670Y 型耐压测试仪主要性能指标

序号	性能指标	标称规格
1	电压测试范围	AC:(0~5)±3% ±3 个字(kV)
2	漏电流测试范围	AC:(0.3~2/2~20)±3%±3 个字(mA)
3	报警值预置范围	AC:(0.3~2/2~20)±5%±3 个字(mA)(连续设定)
4	时间测试范围	1~99 s(连续设定)(±1%)
5	变压器容量	500 V · A
6	电压测试范围	AC:(0~5)±3%±3 个字(kV)
7	供电电源	220 V(±10%),50 Hz(±2 Hz)
8	输出波形	50 Hz,正弦波

3. 工作原理

耐压测试仪由高压升压回路、漏电流检测回路、指示仪表组成。高压升压回路能调整输出需要的实验电压,漏电流检测回路能设定击穿(保护)电流,指示仪表能直接读出实验电压值和漏电流值(或设定击穿电流值)。样品在要求的试验电压作用下达到规定的时间时,仪器自动或被动切断实验电压;一旦出现击穿,漏电流超过设定的击穿(保护)电流,仪器也能够自动切断输出电压,并报警,以确定样品能否承受规定的绝缘强度试验。电弧(闪络)侦测电路输出的两路信号分别被送到示波器的 *X* 轴和 *Y* 轴,形成一个稳定的李沙育图形(即一个闭合的圆环)。若被测电气设备发生闪络现象,则李沙育图形的边缘会出现较大的毛刺。耐压测试仪的原理框图如图 4.2.2 所示。

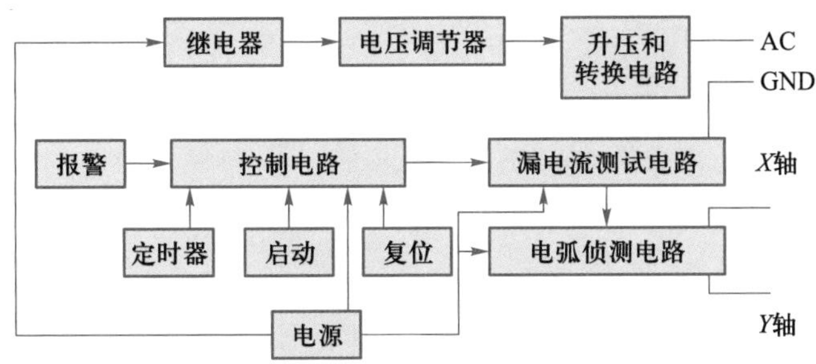

图 4.2.2 耐压测试仪的原理框图

操作

4. 使用方法

① 电压调节钮:调节输出电压的大小,逆时针旋转时减小,反之增大。

② 漏电流调节钮:按下预置开关后,可设定 0.3~20 mA 漏电流任意报警值。

③ 电流预置开关:按下预置开关后,可设定漏电流报警值。

④ 定时开关:“开”时,为定时测试,测试时间可在 1~99 s 内任意设定;“关”时,为手动测试。

探究

5. 注意事项

① 操作时必须戴好橡胶绝缘手套,坐椅和脚下垫好橡胶绝缘垫,只有在测试灯熄灭、无高压输出状态下,才能进行被试品连接或拆卸操作。

② 仪器必须可靠接地。

③ 连接被测体时,必须保证高压输出为“0”且仪器处于“复位”状态。

④ 测试时,仪器接地端与被测体要可靠相接,严禁开路。

⑤ 切勿将输出地线与交流电源线短路,以免外壳带有高压,造成危险。

⑥ 尽可能避免高压输出端与地线短路,以防发生意外。

⑦ 测试灯、超漏灯一旦损坏,必须立即更换,以防造成误判。

⑧ 排除故障时,必须切断电源。

⑨ 仪器空载调整高压时,漏电流指示表头有起始电流,均属正常,不影响测试精度。

⑩ 仪器避免阳光正面直射,不要在高温、潮湿、多尘的环境中使用或存放。

三、计算机机箱耐压测试过程

操作

1. 测试准备

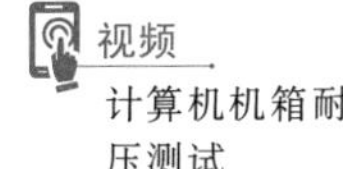

① 在电压表指示为“0”、测试灯熄灭时连接被测物体,并连接好地线。

② 设定漏电流测试所需值:按下电流预置开关后选择所需报警电流范围挡,并调节漏电流调节钮到所需报警值(漏电流:5 mA)。

耐压测试工艺卡如表 4.2.4 所示。

表 4.2.4 耐压测试工艺卡

		确认部门			发行:检验 QM
		耐压测试	批　准	审　核	制订
序号	注意事项				
1	操作时必须戴好橡胶绝缘手套,座椅和脚下垫好橡胶绝缘垫,只有在测试灯熄灭状态,无高压输出状态时,才能进行被试品连接或拆卸操作				
2	仪器必须可靠接地				
3	连接被测体时,必须保证高压输出为“0”且仪器处于“复位”状态				
4	测试时,仪器接地端与被测体要可靠相接,严禁开路				
5	切勿将输出地线与交流电源线短路,以免外壳带有高压,造成危险				
6	尽可能避免高压输出端与地线短路,以防发生意外				
7	测试灯、超漏灯一旦损坏,必须立即更换,以防造成误判				
8	排除故障时,必须切断电源				
图解					
备注:					

续表

机型	项目编号	项目内容	测试工艺卡	计算机机箱耐压测试		制订	审核	批准
CS2670Y	10	计算机机箱耐压测试		制订日期				

内容

序号	位号	编号	标值
1			
2			
3			
4			
5			

操作步骤：

① 测试前准备工作：在电压表指示为“0”、测试灯熄灭时连接被测物体，并连接好地线。然后设定漏电流测试所需值：按下电流预置开关后选择所需报警电流范围挡，并调节漏电流调节钮到所需报警值（漏电流：5 mA）。

② 检查上述步骤无误之后，按图 4.2.3 所示接线。

③ 将定时开关置“关”的位置，按下启动钮，测试灯亮，将电压调节钮旋到需要的指示值。

④ 测试完毕后，将电压调节到测试值的 1/2 位置后按复位钮，切断电压输出，测试灯灭，此时被测物为合格。

⑤ 如果被测物体超过规定漏电流值，则仪器自动切断输出电压，同时蜂鸣器报警，超漏指示灯亮，此时被测物为不合格，按下复位键，即可清除报警声。

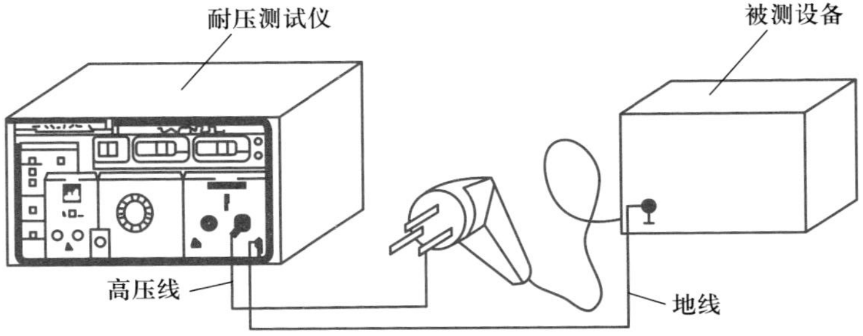

图 4.2.3 耐压测试连接

3		
2		
1	耐压测试仪	1

更改						

2. 测试步骤

测试线路和仪器连接如图 4.2.3 所示。连接好后按表 4.2.4 中所述步骤进行测试。

3. 测试报告

计算机机箱耐压测试报告

测试日期:________ 测试人:________

项目名称		被测产品名称		检验人员	
产品编号		发布日期			
测试项目		测试认证标准要求		结果	结论
耐压		用耐压测试仪,184 V(峰值或直流值)<额定电源电压≤354 V(峰值或直流值)时,基本绝缘 AC 1 500 V,加强绝缘 AC 3 000 V,60 s,不击穿。报警电流<5 mA		泄漏电流=____ mA	

漏电流报警值的计算

如对于被测整机产品,标准没有规定具体漏电流报警值,则推荐按下式计算:

$$I_Z = k_p(U/R) \tag{4.2.1}$$

式中:I_Z 为漏电流报警值,A;U 为试验电压,V;R 为允许最小绝缘电阻值,Ω;k_p 为动作系数,一般取 1.2~1.5。

例如,某电器规定其最小绝缘电阻值为 2×10^6 Ω,试验电压为 1 500 V,按式(4.2.1),则

$$I_Z = k_p(U/R) = (1.2\sim1.5)\times[1\ 500/(2\times10^6)]\text{A} = (1.2\sim1.5)\times0.75\times10^{-3}\text{ A}$$
$$=(0.9\sim1.125)\times10^{-3}\text{ A}$$

取 $I_Z = 1$ mA。

知识小结

本项目主要介绍了电气安全测试中的一个重要测试项目,主要知识点如下。

① 耐压的概念及测试标准。

② 用耐压测试仪进行测试的方法、测试仪器的基本原理与使用。

③ 测试中的相关注意事项。

④ 电气安全测试的其他指标及标准。

习 题

(一) 理论题

1. 电气安全测试的主要检测项目有________、泄漏电流、绝缘电阻及________。

2. 电子设备的耐压可用________来测量。

3. 耐压测试所遵循的国际标准为________。

4. 计算机机箱与冰箱的耐压安全极限值________(相同,不相同)。

5. 请画出耐压测试仪的原理框图,并说明每个部分的作用。

6. 请通过图书馆、网络等公共学习资源,列举任意两款耐压测试仪(国内、国外品牌各一款),并进行对比。

7. 对于被测整机产品,若标准没有规定具体漏电流报警值,应如何计算?

(二)实践题

1. 根据测试要求,对 CS2670Y 型耐压测试仪进行测试前调整。

2. 根据测试规程,对直流稳压电源的耐压进行测试。

3. 根据测试规程,对示波器的耐压进行测试。

计算机机箱的泄漏电流测试

项目 4-3 计算机机箱的泄漏电流测试
——泄漏电流测试仪的应用

学习目标

测试计算机机箱泄漏电流所需的基本测量仪器是泄漏电流测试仪。泄漏电流测试仪的基本功能是测量仪器、设备相互绝缘的金属零件之间,或带电零件与接地零件之间,通过其周围介质或绝缘表面所形成的泄漏电流的情况,以保障仪器、设备的安全性。

学习完本项目后,你将能够:

- 掌握电子设备安全测试的基本概念与规范
- 了解泄漏电流测试的意义
- 理解泄漏电流测试仪的基本原理和工作过程
- 掌握泄漏电流测试仪对计算机机箱的泄漏电流指标进行测试的方法
- 了解相关泄漏电流测试及其他安全测试指标的操作规程、标准

一、计算机机箱泄漏电流测试指标

泄漏电流测试是电子电气设备电气安全测试的重要组成之一。根据国际标准(IEC 60950)及我国制定的有关信息设备的电气安全标准(GB 4943.1—2011),针对计算机机箱(信息类电子产品)泄漏电流测试的部分技术参数如表 4.3.1 所示。

表 4.3.1 计算机机箱泄漏电流测试部分技术参数

序号	技术参数	要求
1	电压(提供电量)	额定电压
2	限定电流	0.5 mA

① 泄漏电流:在没有故障并施加电压的情况下,电气中带相互绝缘的金属零件之间,或带电零件与接地零件之间,通过其周围介质或绝缘表面所形成的电流称为泄漏电流。按照美国 UL 标准,泄漏电流是包括电容耦合电流在内的,能从家用电器可触及部分传导的电流。泄漏电流包括两部分,一部分是通过绝缘电阻的传导电流 I_1,另一部分是通过分布电容的位移电流 I_2。后者容抗为 $X_C=1/(2\pi f_C)$,与电源频率成反比,分布电容电流随频率升高而增加,所以泄漏电流随电源频率升高而增加,例如,用晶闸

管供电，其谐波分量使泄漏电流增大。

② 泄漏电流测试仪：用于测量电器的工作电源（或其他电源）通过绝缘或分布参数阻抗产生的与工作无关的泄漏电流，其输入阻抗模拟人体阻抗。

二、计算机机箱泄漏电流测试仪器选用：CS2675D 型灯具泄漏电流测试仪

1. 面板结构

CS2675D 型灯具泄漏电流测试仪的面板图如图 4.3.1 所示，图中各位置标识及功能描述如表 4.3.2 所示。

动画 泄漏电流测试仪

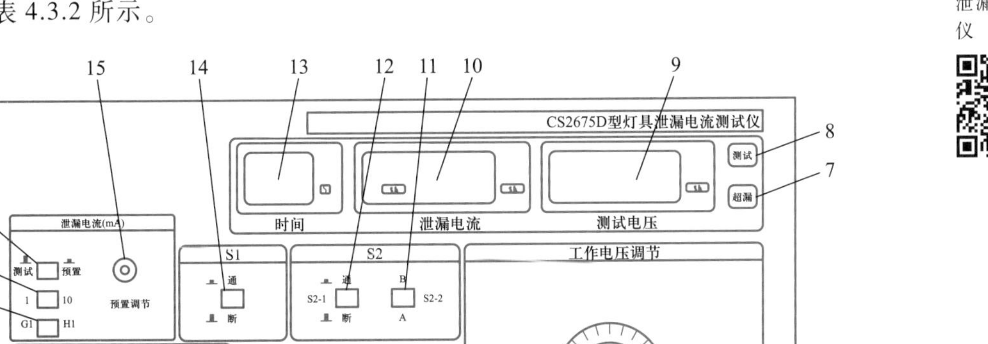

图 4.3.1　CS2675D 型灯具泄漏电流测试仪面板图

表 4.3.2　图 4.3.1 中各位置标识及功能描述

位置标识	功能描述
1	电源开关
2	启动钮：按下时，测试灯亮，输出测试电压
3	复位钮：按下时，测试灯灭，此时输出测试电压被切断
4	测试输入端：(BNC)插座，用于与被测灯具连接
5	测试电压输出端：用于给被测灯具提供测试电压
6	电压调节钮
7	超漏灯：该灯亮，表示被测物超漏不合格
8	测试灯：该灯亮，表示开始测试，测试电压输出端有电压输出；该灯灭，表示电压断开
9	测试电压显示屏：显示测试电压值
10	泄漏电流显示屏：显示泄漏电流值

续表

位置标识	功能描述
11	S2-2 开关:按下为 B,常态为 A(仅限 G1 泄漏电流测试方式)
12	S2-1 开关:与 S2-2 开关连用,按下为“通”,常态为“断”
13	时间显示屏:显示定时测试时间值(倒计时)
14	S1 开关:按下为“通”,常态为“断”
15	泄漏电流预置调节钮
16	泄漏电流测试与预置开关
17	泄漏电流量程转换开关:常态为 0~2 mA,按下为 0~20 mA
18	泄漏电流测试方式转换开关
19	定时开关
20	时间预置拨盘

2. 主要性能指标(如表 4.3.3 所示)

表 4.3.3 CS2675D/E 型灯具泄漏电流测试仪主要性能指标

序号	性能指标	标称规格
1	泄漏测试工作电压	100~250 V(连续可调)±5%±2 个字
2	泄漏电流测试范围	0~2 mA、0~20 mA 两挡,(0.5~20 mA)±5%±2 个字 (可连续任意设定报警值)
3	隔离变压器容量	300 V · A(2 675D)/1 000 V · A(2675E)
4	时间测量范围	(0~99) s(±1%)(倒计数连续设定)
5	供电电源	电源:220 V(±10%),50 Hz(±2 Hz)

3. 工作原理

泄漏电流测试仪主要由试验电源、阻抗变换、量程转换、交直流转换、指示和声光报警电路组成。CS2675D/E 型灯具泄漏电流测试仪的工作原理框图如图 4.3.2 所示。

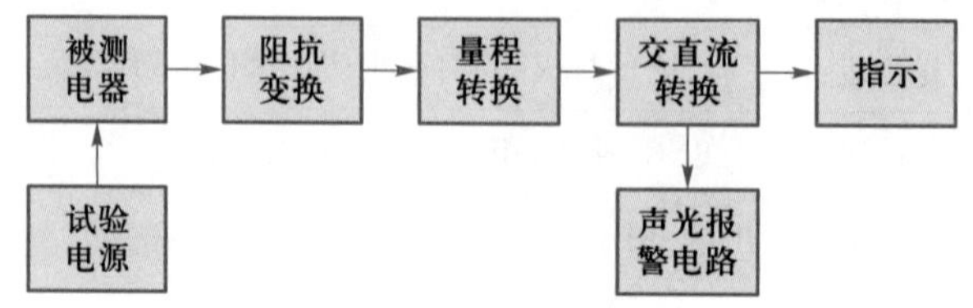

图 4.3.2 CS2675D/E 型灯具泄漏电流测试仪的工作原理框图

操作

4. 使用方法

① 电压调节钮:用于调节提供给被测灯具的测试电压的大小,顺时针旋转时增大,

反之减小。

② 泄漏电流预置调节钮:按下泄漏电流测试与预置开关,可设定 0.1~20 mA 间的任意报警值。

③ 泄漏电流测试与预置开关:按下时结合泄漏电流预置调节钮可设定泄漏电流报警值,常态时可测得实际泄漏电流值。

④ 泄漏电流量程转换开关:常态为 0~2 mA,按下为 0~20 mA。

⑤ 泄漏电流测试方式转换开关:常态为 G1 泄漏电流测试方式,按下为 H1 高频泄漏电流测试方式。

⑥ 定时开关:按下为"开",即定时测试,测试时间可在 1~99 s 内任意设定(倒计时);常态为"关",即手动测试。

⑦ 时间预置拨盘:当定时开关按下为"开"时,可设定所需测试时间值。

5. 注意事项

① 操作者必须戴绝缘橡皮手套,脚下垫绝缘橡皮垫,以防高压电击造成生命危险。

② 仪器必须可靠接地,并和被测体的地可靠相接。

③ 连接被测物时,必须保证电压输出为"0"且仪器处于"复位"状态。

④ 切勿将输出地线与交流电源线短路,以免外壳带有高压,造成危险。

⑤ 尽可能避免电压输出端与地线短路,以防发生意外。

⑥ 测试灯、超漏灯一旦损坏,必须立即更换,以防造成误判。

⑦ 仪器避免阳光正面直射,不要在高温、潮湿、多尘的环境中使用或存放。

三、计算机机箱泄漏电流测试过程

操作

1. 测试准备

① 将仪器置 G1 泄漏电流测试方式,将定时开关置为"关"状态。

计算机机箱泄漏电流测试

② 在电压指示为"0"且测试灯熄灭的情况下,将被测物与仪器的测试电压输出端连接。

③ 将测试线与被测物外壳线连接好。

④ 设定泄漏电流报警值:按下泄漏电流测试与预置开关,选择所需泄漏电流测试范围挡,调节泄漏电流预置调节钮,设定 0~20 mA 内的所需报警值,弹出泄漏电流测试与预置开关,恢复至测试状态。

泄漏电流测试工艺卡如表 4.3.4 所示。

2. 测试步骤

测试线路和仪器连接如图 4.3.3 所示,连接好后按表 4.3.4 中所述步骤进行测试。

表 4.3.4 泄漏电流测试工艺卡

		确认部门			发行:检验 QM
		泄漏电流测试	批 准	审 核	制订
序号	注意事项				
1	操作者必须戴绝缘橡皮手套,脚下垫绝缘橡皮垫,以防高压电击造成生命危险				
2	仪器必须可靠接地,并和被测体的地可靠相接				
3	连接被测物时,必须保证电压输出为“0”且仪器处于“复位”状态				
4	切勿将输出地线与交流电源线短路,以免外壳带有高压,造成危险				
5	尽可能避免电压输出端与地线短路,以防发生意外				
6	测试灯、超漏灯一旦损坏,必须立即更换,以防造成误判				
7	仪器避免阳光正面直射,不要在高温、潮湿、多尘的环境中使用或存放				
8					
图解					
备注:					

续表

机型	项目编号	项目内容	测试工艺卡	泄漏电流测试		制订	审核	批准
CS2675D	10	计算机机箱泄漏电流		制订日期				

内容

序号	位号	编号	标值
1			
2			
3			
4			
5			

操作步骤：

如图 4.3.3 所示接线，然后按如下步骤进行测试。

① 将 S1 开关置“断”，S2-1 开关置“断”，按下启动钮，测试灯亮，将电压调节到被测物的额定电压。

② 将 S1 开关置“断”，S2-1 开关置“通”，S2-2 开关置“A”，读取泄漏电流值；然后，将 S2-1 开关置“断”，S2-2开关置“B”。

③ 将 S2-1 开关置“通”，读取泄漏电流值，将 S2-1 开关置“断”。

④ 将 S1 开关置“通”，S2-2 开关置“A”，S2-1 开关置“通”，5 s 内读取泄漏电流值；然后，将 S2-1 开关置“断”，S2-2 开关置“B”，再将 S2-1 开关置“通”，5 s 内读取泄漏电流值。将 S2-1 开关置“断”。

⑤ 测试完毕后，按复位钮，电压输出切断，测试灯灭，此时被测物为合格。

⑥ 如果测试过程中，被测物泄漏电流超过规定泄漏电流值，则仪器自动切断输出电压，同时蜂鸣器报警，超漏指示灯亮，此时被测物为不合格，按下复位键，即可清除报警声。

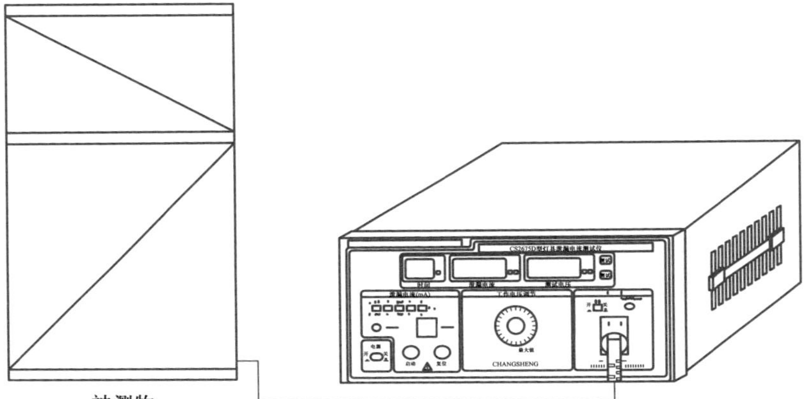

被测物

图 4.3.3 泄漏电流测试连接

				更改					
3									
2									
1	泄漏电流测试仪	1							

3. 测试报告

计算机机箱泄漏电流测试报告

测试日期：________________ 测试人：________________

项目名称		被测产品名称		检验人员	
产品编号		发布日期			
测试项目		测试认证标准要求		结果	结论
泄漏电流		根据相关标准，信息类设备的泄漏电流值应小于 0.5 mA		泄漏电流 =____ mA	

知识小结

本项目主要介绍了电气安全测试中的一个重要测试项目，主要知识点如下。

① 泄漏电流的概念及测试标准。

② 用泄漏电流测试仪进行测试的方法、测试仪器的基本原理与使用。

③ 测试中的相关注意事项。

④ 电气安全测试的其他指标及标准。

习 题

（一）理论题

1. 电气安全测试的主要检测项目有耐电压、________、绝缘电阻及接地电阻。

2. 电子设备的泄漏电流可用________来测量。

3. 泄漏电流测试所遵循的国际标准为________，一般要求小于________。

4. 请画出泄漏电流测试仪的原理框图，并说明每个部分的作用。

5. 请通过图书馆、网络等公共学习资源，列举任意两款泄漏电流测试仪（国内、国外品牌各一款），并进行对比。

（二）实践题

1. 根据测试要求，对 CS2675D 型接地电阻测试仪进行测试前调整。

2. 根据测试规程，对直流稳压电源的泄漏电流进行测试。

3. 根据测试规程，对示波器的泄漏电流进行测试。

参考文献

[1] 肖晓萍.电子测量仪器[M].北京:电子工业出版社,2010.

[2] 刘国林,殷贯西.电子测量[M].北京:机械工业出版社,2003.

[3] 张小林.职业技能鉴定指南,电子设备装接工分册[M].北京:科学技术文献出版社,2002.

[4] 张小林.职业技能鉴定指南,无线电调试工分册[M].北京:科学技术文献出版社,2002.

[5] 林占江.电子测量技术[M].北京:电子工业出版社,2003.

[6] 金明.数字电视原理与应用[M].南京:东南大学出版社,2008.

[7] 金明.彩色电视机维修[M].北京:机械工业出版社,2010.

[8] 张永瑞.电子测量技术基础[M].2版.西安:西安电子科技大学出版社,2009.

[9] 金明,李江雪.电子产品调试[M].上海:上海交通大学出版社,2011.

[10] 周泽义.电子技术实验[M].武汉:武汉理工大学出版社,2001.

[11] 李延延.电子测量技术[M].北京:机械工业出版社,2009.

[12] 金明.电子装配与调试工艺[M].南京:东南大学出版社,2005.

郑重声明